G

26911

ANNUAIRE SATISTIQUE

POUR 1838.

ANNUAIRE STATISTIQUE

POUR 1838

De l'Europe, l'Asie, l'Afrique, l'Amérique et l'Océanie,

ET CHACUN DES EMPIRES, ROYAUMES, ÉTATS ET
COLONIES QUI EN DÉPENDENT ;

Comprenant pour chaque partie et état du monde :

1° LA STATISTIQUE PHYSIQUE ET DESCRIPTIVE,
2° LA STATISTIQUE PRODUCTIVE ET COMMERCIALE,
3° LA STATISTIQUE MORALE ET ADMINISTRATIVE ;

SAVOIR : Situation, limites, étendue, nombre d'habitans, villes principales configuration du pays, montagnes, îles, rivières, lacs marais, climat, sol, minéralogie, agriculture, industrie, commerce, routes, canaux, population, cultes, instruction publique, mœurs et habitudes, langue, littérature, beaux-arts, gouvernement, finances, justice, armée, marine, places fortes, etc.;

Le tout d'après les documens officiels les plus récens et les recherches des statisticiens des divers pays;

Par MM. C. MOREAU et A. SLOWACZYNSKI,

TOME PREMIER.

L'Univers, la Terre, l'Europe.

PARIS :

AU BUREAU DE LA SOCIÉTÉ DE STATISTIQUE,
PLACE VENDOME, N° 12 ;
A LA LIBRAIRIE POLONAISE, RUE DES MARAIS ST-GERMAIN, 17 BIS,
ET CHEZ TOUS LES LIBRAIRES, LES DIRECTEURS DES POSTES
ET DES MESSAGERIES.

JUIN 1838.

AVIS.

Cet Annuaire sera renouvelé au commencement de l'année prochaine et des années suivantes, selon le plan qui lui sert de base.

Nous prions toutes les personnes qui s'occupent de la propagation des faits statistiques, de vouloir bien nous adresser des documens et des observations qui pourraient servir de perfectionnement à la science qui est l'objet spécial de nos travaux, et qui de jour en jour intéresse plus vivement tous les amis du progrès.

TABLE DES MATIÈRES

DU TOME PREMIER.

———◆———

Observations sur l'Univers.

Système solaire, zodiaque, comètes, planètes, page 1.

Statistique de la Terre.

Globe terrestre, ses divisions en climats, vents, surface de la Terre, eaux et continens, population, animaux, 7.

Statistique de l'Europe.

Position, configuration, montagnes, eaux, fleuves, climats, productions de la terre, animaux, mines, mouvement de la population, maladies, nationalités, cultes, division geographique, division politique, nombre d'habitans par mille carre, pauperisme, armées, finances, journaux, villes principales de l'Europe, chefs d'etats, 16.

Statistique des états de l'Europe.

ERRATA.

PAGES	LIGNES	AU LIEU DE	LISEZ
193	15	1855	1835
—	23	16,6z4,520	16,674,520
194	3	8835	1835
—	—	8,y57,580	8,157,780
315	1	58,257	85,257
338	1	1855	1835
353	17	7097	70,97
378	1	ses	ces
395	3	Dniéper	Dniester
402	13	Buweiss	Budweiss
458	9	Cornino	Comino
479	24	Sardaigne	Sicile
423	27	Catholiques	Chrétiens

NOTICE STATISTIQUE

SUR

L'EUROPE, L'ASIE, L'AFRIQUE,

L'AMÉRIQUE ET L'OCÉANIE,

ET CHACUN DES EMPIRES, ROYAUMES, ÉTATS
ET COLONIES QUI EN DÉPENDENT.

OBSERVATIONS SUR L'UNIVERS.

Sous le nom d'*Univers* on comprend tout ce qui se présente dans l'espace.

Le seul système de l'Univers que les astronomes soient parvenus à fixer avec certitude est celui dont notre soleil est le centre, et qu'ils appellent pour cela *système solaire*. Placé près du centre de gravité des corps qui forment son système, cet astre lumineux compte 11 *planètes*, 18 *satellites* et un nombre indéterminé de comètes qui tournent autour de lui par l'effet de la gravitation, en recevant de cet astre la lumière et la chaleur.

Les *étoiles* que nous voyons briller sous la voûte apparente du firmament, et qui semblent si nombreuses à prime vue, se réduisent pourtant à environ deux mille lorsqu'on essaie de

les compter à l'œil nu ; mais ce nombre va bien
augmenter si nous nous armons du télescope,
dont la force ampliative va nous en faire apercevoir plusieurs millions, sans que nous puis-
sions dire encore jusqu'à quel degré ce nombre
s'accroîtrait, si nous pouvions inventer des instrumens justes appréciateurs ou seulement supérieurs à ceux connus. Un nombre d'étoiles visibles se divise en *constellations* ou *astérismes.*
On compose maintenant la sphère apparente du
firmament de 108 constellations, qui, groupées,
forment les 12 étoiles fixes que nous appelons
le zodiaque. Voici leurs noms : le *Bélier*, le *Taureau*, les *Gémeaux*, l'*Ecrevisse*, le *Lion*, la
Vierge, la *Balance*, le *Scorpion*, le *Sagittaire*,
le *Capricorne*, le *Verseau* et les *Poissons.* Ces
constellations se composent de 1,444 étoiles ;
le Taureau en a le plus grand nombre, 207 ; le
Bélier le plus petit, 42.

Le nombre fixe des *comètes* qui toutes se meuvent autour du soleil, dans une courbe particulière, n'est pas connu. 18 *satellites*, ou *planètes
secondaires*, circulent autour des 4 planètes principales : 4 autour de Jupiter, 7 autour de Saturne, et 6 autour d'Uranus. 11 planètes que
nous décrivons plus loin, sont autant de corps
opaques qui ne sont visibles que parce qu'ils ré-
fléchissent la lumière du soleil; ils se meuvent
autour de cet astre d'occident en orient, dans des
orbites presque circulaires et très-peu inclinées
sur le plan de son équateur. Les orbites des pla-

nètes n'étant pas exactement circulaires, mais elliptiques, il en résulte qu'une planète n'est pas toujours à la même distance du soleil.

Le système planétaire comprend un orbe de plus de 2,160 millions de milles (1); le *Soleil* en occupe le milieu. Il est éloigné de la terre de 20,666,800 milles. Le diamètre du soleil a 194,000 milles, sa circonférence est de 611,000, sa superficie 118,095,000,000 milles carrés, et son épaisseur évaluée à 5,825,905,255,970,000 milles cubiques. Le 1er janvier le soleil est à une distance de 20,511,000 milles de la terre ; le 1er février et le 1er décembre de 20,558,400 ; le 1er mars et le 1er novembre à 20,678,700 ; le 1er avril et le 1er octobre à 20,851,500 ; le 1er mai et le 1er septembre à 21,025,400 ; le 1er juin et le 1er août à 21,143,500 ; enfin, le 1er juillet à 21,197,864 milles. La distance relative moyenne du soleil des autres planètes, en prenant la terre pour 1, est :

Mercure.....	0,	3870980
Vénus.......	0,	7233316
La Terre....	1,	0000000
Mars	1,	5236923
Vesta.	2,	3614807
Junon.......	2,	6694637

(1) Nous avons adopté, dans cet ouvrage, pour nos évaluations, le mille géographique de 15 au degré.

Pallas....... 2, $\frac{7726307}{}$

Cérès....... 2, $\frac{7709072}{}$

Jupiter...... 5, $\frac{2027760}{}$

Saturne...... 9, $\frac{5387851}{}$

Herschell..... 19, $\frac{1823900}{}$

D'après les calculs astronomiques, on verra encore dans notre siècle 28 éclipses de soleil aux époques suivantes :

Année.	Jour du mois.	Année.	Jour du mois.
1841	18 juillet.	1870	22 décembre.
1842	8 juillet.	1873	26 mai.
1845	6 mai.	1874	10 octobre.
1846	28 avril.	1875	29 septembre.
1847	9 octobre.	1879	19 juillet.
1851	28 juillet.	1880	30 décembre.
1858	15 mars.	1882	17 mai.
1860	18 juillet.	1887	19 août
1861	31 décembre.	1890	17 juin.
1863	17 mai.	1891	6 juin.
1865	19 octobre.	1895	26 mars.
1866	8 octobre.	1896	9 août.
1867	6 mars.	1899	8 juin.
1868	23 février.	1900	28 mai.

Mercure, le plus rapproché du soleil, en est pourtant distant de 7,978,000 milles, terme moyen ; il s'approche jusqu'à une distance de 6,413,000, et s'éloigne de 9,754,000 milles. Son diamètre comprend 602 milles, la circonférence 1,900 ; la superficie 1,161,000 milles carrés, et l'épaisseur 117,659,000 milles cubiques.

Vénus, appelée autrefois, le matin *Lucifer*, et le soir *Vesper*, le plus beau des astres, est à une distance moyenne du soleil, à 15,000,000 milles du soleil; elle s'avance jusqu'à 14,982,000, et s'éloigne à 15,191,000 milles de distance. Diamètre, 1,667 milles; superficie, 8,844,000 milles carrés; épaisseur, 14,840,958,460 milles cubiques.

La *Terre*, que nous habitons, distante de 20,666,800 milles, présente 1,719 milles de diamètre; 9,281,920 milles carrés de superficie, et 2,659,085,000 milles cubiques d'épaisseur. Elle décrit son orbite écliptique autour du soleil en 565 jours, 6 heures, 9 minutes, 11 secondes; dans chaque seconde elle fait 4 milles; dans une minute 240, dans une heure 14,800, dans une semaine 555,000, et dans un an 151,185,000 milles.

La *Lune* est éloignée de la terre d'un espace de 51,570 milles; elle s'en rapproche, dans son voisinage le plus près, de 48,000 milles, et se tient, dans son plus grand éloignement, à 55,000 milles de distance. On lui donne 469 milles de diamètre, 1,470 de circonférence, 691,000 milles carrés de superficie, et 54,010,000 milles cubiques d'épaisseur.

Mars est la quatrième planète (la Lune étant le satellite de la terre); sa distance la plus éloignée du soleil est de 54,778,294 milles, la moyenne

51,812,792, et sa plus rapprochée de 28,847,000 milles. Son diamètre n'a que 901 milles.

Vesta est à 53,705,450 milles dans sa plus grande distance, 49,319,050 dans la moyenne, et 44,932,670 milles dans la plus rapprochée; — 74 milles de diamètre.

Junon s'éloigne du soleil de 69,811,093 milles, et s'en rapproche jusqu'à 41,446,601 ; sa distance moyenne se borne à 55,628,847 milles. Le diamètre de cette planète est de 509 milles, et sa circonférence de 972 milles.

Cérès se trouve dans les distances suivantes : 53,197,524 milles du plus près, 57,719,789 de moyenne, 62,242,054 du plus loin ; son diamètre est de 550, et sa superficie de 1,106 milles.

Pallas se tient à ces distances : 45,601,598 du plus près, 57,751,975 de moyenne, 71,902,352 milles du plus loin; son diamètre 455, sa circonférence 1,429 milles, sa superficie 650,266 milles carrés.

Jupiter décrit ses cercles à 103,272,002 du plus près, 108,495,777 de moyenne, 115,749,553 du plus loin. 19,963 milles forment son diamètre, 61,000 sa circonférence et 1,202,280,000 milles carrés sa superficie ; 23,533,143,600,000 milles cubiques d'épaisseur. C'est la plus grande planète; la terre comparée à son volume, est comme 1 à 1,474.

Saturne s'approche du soleil à 187,719,120 milles d'espace, et s'en éloigne au plus de

210,249,152. Son diamètre est de 16,235 milles.

Herschell ou *Uranus* ne présente que 7,564 milles de diamètre, 24,517 de circonférence, 104,530,025 milles carrés de superficie, et 760,411,487 milles cubiques d'épaisseur. Il s'approche du soleil à une distance de 580,255,449 milles et s'en éloigne de 415,745,061 ; la distance moyenne est de 400 millions de milles.

STATISTIQUE DE LA TERRE.

Le globe terrestre est divisé en 560 degrés, chaque degré en 60 minutes et chaque minute en 60 secondes. Dans les descriptions géographiques le degré est représenté par °, la minute par ' et la seconde par ". Le globe est long de 560 degrés. Un degré comprend 15 milles géographiques (1) ou

---

(1) Nous y ajoutons les noms et la valeur des principales mesures itinéraires usitées en Europe. Un degré géographique comprend 15 milles géométriques, dits d'Allemagne et de Pologne.

17,50 lieues d'Espagne.

20 — marines.

25 — communes de France.

60 milles géographiques ou d'Italie.

69,12 salute milles d'Angleterre.

75 petites lega d'Italie.

104,33 werstes de Russie.

600 stades olympiques de Grèce.

25 lieues communes de France : donc toute la circonférence de la terre est de 5,400 milles ou 9,500 lieues. Notre planète est partagée en deux grandes hémisphères, l'hémisphère boréale et l'hémisphère australe, chacune de 90 degrés. Une grande ligne qui passe au milieu du globe en trace les limites : c'est l'équateur ou la ligne équinoxiale. Les degrés qui montent en haut, vers le nord, ressortant de cette ligne, portent les chiffres de la latitude boréale ou septentrionale, et ceux qui descendent vers le midi, sont de la latitude australe ou méridionale. Une seconde division coupe en deux chaque hémisphère orientale et occidentale ; chacune a 180 degrés, qui partent d'un premier méridien. On avait choisi autrefois pour point de départ le méridien qui passe par l'île du Ferro, l'une des Canaries, mais de nos jours on a généralement préféré en France celui de Paris, en Angleterre celui de Greenwich (près de Londres), en Allemagne celui de Berlin.

Nous devons encore faire remarquer les divisions sous les rapports de la température. On partage le globe en 5 parties ou zones : zone glaciale septentrionale, zone tempérée boréale, zone torride ou chaude, zone tempérée australe et zone glaciale méridionale. La première zone commencée au pôle arctique, remonte au 66° 50' de latitude boréale ; la seconde s'approche du 23° 50' de la même latitude ; la troisième s'arrête au 25° 50' de latitude australe ; la quatrième au 66 ° 50'

de la même latitude ; la cinquième finit au pôle
antarctique (1).

L'astronomie nous apprend que la terre est un
sphéroïde, aplati aux pôles et renflé à l'équateur.
Le célèbre Laplace, s'appuyant sur ses calculs et
sur tous les travaux entrepris sur plusieurs points
du globe pour en connaître l'aplatissement, avait
cru pouvoir formuler ce chiffre à $\frac{1}{334}$; mais il a
été démontré depuis qu'il était beaucoup plus
grand. Suivant les calculs récens de MM. Brous-
seau et Nicolet, l'arc du parallèle moyen, com-
biné avec les arcs des méridiens, dont les mesures
sont réputées les plus exactes, donna $\frac{1}{288}$. Cet
accord annonce combien on est près de la vérité
sur ce point, et semble prouver qu'il est probable
que l'aplatissement général de la terre s'écarte de
très-peu de $\frac{1}{290}$.

Voici, du reste, le tableau plus explicite de
cet aplatissement, de dix en dix degré :

------

(1) Nous nous sommes bornés, dans ce chapitre, à indiquer les principaux élémens de la statistique géographique, l'exiguité de notre cadre nous défendant d'en-
trer dans de grands développemens ; mais nous enga-
geons les lecteurs qui voudraient trouver de plus am-
ples détails sur la division astronomique et géométrique
de la terre, à consulter l'important ouvrage de notre
honorable collègue, M. Balbi, publié sous le titre d'*A-
brégé de Géographie*.

A l'équateur le degré est de 57,050 toises.
— 10°   —   56,465   —
— 20   —   53,609   —
— 50   —   49,406   —
— 40   —   43,705   —
— 50   —   56,671   —
— 60   —   28,525   —
— 70   —   19,512   —
— 80   —   9,907   —
— 90   —   0

Pour la climatologie, nous devons faire obser-
ver que nous préciserons le climat de chaque pays
dans sa description particulière, parce que la
température, malgré la même parallèle géographique, diffère néanmoins dans chaque pays selon sa position.

Nous donnons seulement ici la force ou la rapi-
dité des vents qui parcourent la terre. Ils sont divisés en 8 classes :

			Rapidité	
			par seconde.	par heure.
1	le vent silencieux.		2 pieds	1 millo.
2	—	doux	10 —	6
3	—	mesuré ...	20 —	15
4	—	fort	50 —	19
5	—	très-fort...	50 —	54
6	—	orageux...	80 —	54
7	—	orkan.....	120 —	81
8	—	orkan fort..	150 —	100

L'inégalité des jours et des nuits augmente à mesure que l'on avance de l'équateur vers les deux pôles ; et chaque endroit a, par an, son plus long et son plus court jour. Mais les plus longs jours sont d'une grandeur différente : c'est par cette raison que, le jour augmentant d'une demi-heure par chaque degré de latitude, on a tracé des cercles parallèles aux degrés. L'espace qui est compris entre deux de ces cercles est appelé *climat*. Nous les donnons ici :

Tableau des climats, d'après Varenius.

CLIMATS DE DEMI-HEURE. leur nombre.	PLUS LONG JOUR. heur. min.		LATITUDE. deg. min.		ÉTENDUE DES CLIMATS. deg. min.	
»	12	»	»	»	»	»
1	12	30	8	25	8	25
2	13	»	15	25	8	»
3	13	30	23	50	7	25
4	14	»	30	20	6	30
5	14	30	36	28	6	8
6	15	»	41	22	4	52
7	15	30	45	29	4	7
8	16	»	49	1	3	31
9	16	30	51	58	2	7
10	17	»	54	27	2	49
11	17	30	56	37	2	10
12	18	»	58	29	1	49
13	18	30	59	59	1	32
14	19	»	61	18	1	19

15	19	30	62	25	1	8
16	20	»	63	22	»	58
17	20	30	64 ·	6	»	48
18	21	»	64	49	»	40
19	21	30	65	21	»	32
20	22	»	65	47	»	26
21	22	30	66	6	»	20
22	23	»	66	20	»	14
23	23	30	66	28	»	8
24	24	»	66	31	»	4

CLIMATS DES MOIS. leur nombre.	MOIS.	LATITUDE. deg. min.		ÉTENDUE DES CLIMATS. deg. min.	
1	1	67	23	»	51
2	2	69	10	2	27
3	3	73	39	3	49
4	4	78	81	4	52
5	5	84	5	5	34
6	6	90	»	5	55

La Terre, comme nous l'avons vu, présente une surface de 9,282,000 milles carrés. Notre globe se compose des îles et de l'Océan. Sous le nom d'îles, nous comprenons les trois continens, savoir : l'ancien continent (l'Asie, l'Afrique, l'Europe); le nouveau continent (l'Amérique du Nord et du Sud ; le continent Austral ou l'Australie, appelé autrement la Nouvelle-Hollande, et enfin toutes les portions de terre qui apparaissent au milieu des eaux). Le globe, ainsi partagé, nous donne 6,977,000 mil. car. d'Océan et 5,505,000 d'îles.

La surface des eaux se partage en grands lacs ou mers, dont les principaux sont :

La mer Glaciale ou Arctique, sous le pôle du nord, aux confins de l'Europe, de l'Asie et de l'Amérique ;

2° La mer Glaciale ou Antarctique, au sud de l'Amérique méridionale ;

5° La mer Atlantique, entre l'Europe, l'Asie et l'Amérique ;

4° L'Océan Indien ou mer des Indes, à l'est de l'Afrique, à l'ouest de l'Australie et au sud de l'Asie ;

5° Le Grand-Océan ou mer Pacifique, à l'est de l'Australie et de l'Asie, et à l'ouest de l'Amérique.

Ces cinq grandes régions d'eaux se subdivisent en un grand nombres de mers, lacs, détroits, passages, golfes, manches, canaux, ports, havres, rades. Nous les dénommerons, ainsi que les rivières et les lacs intérieurs, à leurs places respectives.

Les continens ou terres-fermes sont au nombre de cinq. Nous en donnons ici la nomenclature, en y ajoutant la population absolue et relative de chacune de ces contrées (1).

_____

(1) Dans l'Almanach de Weimar pour 1837, nous

	Milles carrés.	Population absolue.	relative.
Asie	780,000	390,000,000	500
Amérique	665,000	39,000,000	60
Afrique..	545,000	60,000,000	110
Europe..	179,460	227,700,000	1,296
Australie	158,000	20,300,000	158
	2,305,000	737,000,000	620

Toute la population de la terre se divise, sous
le rapport de la parole, en 860 langues, qui se
subdivisent en 5,000 dialectes, lesquels constituent autant de nationalités. Dans ce nombre
prodigieux d'idiomes, 422 appartiennent à l'A-

---

trouvons les évaluations suivantes, qui diffèrent notable-
ment des calculs précédens, dus aux recherches de
M. Balbi.

	Surface en mil. car.	Population absolue.	relat.
Europe.........	167,232 83	232,200,649	1,431
Asie...........	879,609 52	654,610,049	685
Afrique........	640,719 00	101,313,478	191
Amerique.......	688,230 69	43,800,120	62
Régions polaires..	71,010 00	24,050	
Australie...... ..	159,917 00	1,473,955	9
	2,504,719 04	1,033,812,301	

mérique, 155 à l'Asie, 117 à l'Océanie ou Australie, 115 à l'Afrique et 53 à l'Europe. L'Europe est donc la moins divisée par les nationalités de ses habitans.

Sous le rapport des cultes, les recherches de M. A. Balbi nous donnent les résultats suivans. Nous devons faire remarquer que ces chiffres ne sont qu'approximatifs.

Le christianisme.........	260,000,000 (1)
Le judaïsme...........	4,000,000
L'islamisme, avec toutes ses sectes...............	96,000,000
Le brahmanisme.........	60,000,000
Le boudhisme, avec toutes ses sectes	170,000,000
Les religions de Confucius, de Ciuto, le culte des esprits, la religion de Sikas et le fétichisme........	147,000,000

D'après les recherches savantes de Tournefort, de Linnée, de Persoon, de Decandolle, etc., le total des espèces de plantes connues en 1850 s'élevait à 80,000.

Le règne animal comptait 100,000 espèces, dans lesquelles on trouve les mammifères pour

---

(1) L'église latine........ 139,000,000
L'église grecque....... 62,000,000
Les églises protestantes. 59,000,000

1,500, les oiseaux pour 7,000, les reptiles pour 1,500, les poissons pour 8,000, les animaux invertébrés pour 82,300.

STATISTIQUE DE L'EUROPE.

Position.

La position astronomique de l'Europe, avec ses iles, est entre 15° de longitude occidentale, 77° de longitude orientale, et de 55° à 71° de latitude boréale.

Elle est limitée au nord par la mer Arctique; à l'ouest, par l'Océan Atlantique; à l'est, par les monts Ourals, qui la séparent de l'Asie, et le grand lac dit mer Caspienne; au midi, par le versant septentrional des monts Caucases, les mers d'Azow, Noire, Marmara et Mediterranée.

La plus grande largeur de l'Europe, du nord au midi, est de 525 milles, et sa plus grande longueur, de l'ouest à l'est est de 751 milles.

Configuration.

Dans la configuration de l'Europe, il y a sept systèmes de montagnes. La premier, appelée Hespérique, comprend les hauteurs du Portugal et de l'Espagne· le deuxième, Alpique, parcourt la France, la Suisse, l'Italie, l'Allemagne, la Hongrie et la Turquie; le troisième, Sardo-Corse, est formé des montagnes de la Corse et de la Sardaigne; le quatrième, Taurique, se compose des montagnes de la Crimée ; le cinquième, Sarmatique, constitue le plateau de la Russie centrale d'Europe, où la Dzwina, le Wolga, le Don et le Dniéper prennent leurs sources ; le sixième, Britannique, se compose des montagnes de l'Angleterre, de l'Ecosse et de l'Irlande ; le septième, Scandinavique, est formée par les chaines du nord-ouest de l'Europe, la Norwège, la Suède, etc.

On peut remarquer généralement que les montagnes européennes, dont la chaîne s'étend dans la direction orientale et occidentale, sont beaucoup plus rapides dans leur versant méridional que dans celui du nord : ainsi, l'accès des Pyrénées est beaucoup plus difficile du côté de l'Espagne que du côté de la France.

Les sept systèmes de montagnes dont nous venons de parler se subdivisent en plusieurs chaînes de montagnes, que nous donnons à leur ordre avec leurs dénominations particulières, en y ajoutant toutefois le nom de la montagne principale avec sa hauteur en toises.

Système Hespérique.

Groupe méridional	le Cerro de Mulhacen	1823
— central	la Sierra de Gredos	1650
Pyrénées	le Maladetta	1787

Système Alpique.

Cévennes	le Puy de Sancy	973
Vosges	le Ballon de Szultz	734

Jura	le Reculet	879
Alpes Maritimes	Col de Longet	1618
— Côtiennes	Mont-Otane	2161
— Grecques	Mont-Iséran	2076
— Pennines	Mont-Blanc	2460
— Helvétiques	Fiusler-Aar-Horn	2201
—	Jung-Frau	1145
—	Passage du St-Gothard	1065
— Rhétiennes	Monte-Cristallo	2027
— Noriques	Gros-Glockner	1998
— Carniques	Marmolata	1800
— Juliennes	Mont-Terglou	1699
Apennin Septent.	Monte-Cimone	1091
— Central	Monte-Corno	1489
— Méridion.	Monte-Anaro	1428
Mont. de la Sicile	Mont-Etna	1700
Alpes Dinariques	Mont-Dinara	1166
Mont-Balkan	Mont-Scardin	1600
Mont-Rhodope	Mont-Menikiou	1000
Chaîne du Pinde	Faîte de la chaîne grec-que près de Mezzoro	1407
Monts Karpates Or.	Ruska Polana	1550
— Oc.	Krywan	1256
— —	Lomniça	1324
Geisenkergebirge	Schneeberg	748
Riesengebirge	Riesenkoppe	843
Erzgebirge	Sonninwirbel	645
Boehmerwald	Haydelberg	722
Mont. de la Moravie	Ploeckestein	696

Fichtelgebirge	Schneeberg	542
Rauch Alpe	Hohenberg	527
Schwarz Wald	Felberg	731
Odenwald	Katzenbackel	313
Thuringenwald	Beerberg	481
Hartz	Brocken	572
Rhongebirge	Heilige-Kreuzberg	473
Spesshardt	Orber-Reisig	333
Vogelsgebirge	Oberwaldt	380
Sauerlands Gebirge	Astenberg	423
Ebbe Gebirge	Nordstelle	352
Westerwald	Galgerberg	434
Sieben Gebirge	Lowenberg	316
Taunus Gebirge	Grand-Feldberg	434
Groupe Danois	Himmelberg	145

Système Sardo-Corse.

Corse	Monte-Rotondo	1418
Sardaigne	Monte-Genargentia	939

Système Taurique.

Monts Cimmériens	Tchadyrdagh	790

Système Sarmatique.

Plateau entre Otschatow et Waldai	175

Système Britannique.

Angleterre	Caernavon-Snowdon	556
Ecosse	Inverness-Meacfaurvounie	427
Irlande	Kerry-Carran-Tual	534

Système Scandinavique.

Norwège	Skagstoltind	1267

Le plus haut point des monts Ourals	825
— du Caucase	2800

Le plus haut plateau de l'Europe, celui qui forme l'intervalle qui sépare les Alpes et le Jura, est élevé.........		270 à 600 toises.
Le plateau d'Auvergne...		560
— d'Espagne.....		550
— de Piémont.....	100	500
— du Jura........	270	500
— de Bavière....		260
— de la Russie centrale	175	180
— de Thuringe...	100	120

Les bornes maritimes de l'Europe sont hérissées de 67 caps ou promontoires, et de 15 presqu'îles.

Les hauteurs d'une remarquable étendue qui surgissent au mileu des mers qui baignent cette partie du monde, sont au nombre de 85.

Eaux.

On compte en Europe plus de 12 volcans, dont 4 sous-marins ; un seulement, le Vésuve, brûle sur le continent ; les autres se trouvent sur des îles : dans l'Archipel grec, aux Açores ; parmi eux on remarque l'Etna en Sicile, le Sarytzew en Russie, dans l'archipel de la Nouvelle-Terre, Ce dernier est le volcan le plus boréal.

On compte 7 îles dans la mer Arctique ; la Baltique en a 18, la mer du Nord 10, l'Atlantique 9, et la Méditerranée 41.

L'*Océan Glacial Arctique*, qui ne baigne que l'extrémité boréale de l'Europe, présente plusieurs golfes, dont le plus considérable est nommé mer Blanche. Cette dernière est renfermée dans le gouvernement russe d'Akhanghel. Elle a quatre golfes principaux, savoir : de Kandalaskaia, d'Onéga, de la Dwina ou d'Arkhanghel, et de Mezen.

Les autres principaux fleuves de l'Océan Arctique sont : le West-Fiorden (golfe occidental), le Warauger-Fiord (golfe de Warangen), le golfe de Tcheskaia et celui de Kara. Ce derneir golfe est très-grand et appartient en commun à l'Europe et à l'Asie.

L'*Océan Atlantique*, qui borne l'Europe à l'ouest, est appelé par quelques géographes Océan occidental. Il reçoit plusieurs autres dénominations, dont la plupart sont empruntées aux noms des contrées dont il baigne les côtes:

On l'appelle mer du Nord ou d'Allemagne entre la Norwège (au sud du cap Stat), le Jutland, l'Allemagne, les Pays-Bas, la France, la Grande-Bretagne et les îles de Shetland. C'est une des méditerranées à plusieurs issues les plus remarquables de l'Europe. Sa plus grande profondeur est de 150 toises, la moyenne de 80, et la moindre de 15 toises. Les empiétemens de cette mer sur les côtes de l'Allemagne et des Pays-Bas, y ont formé les deux golfes de Dollart et de Zuyderzée. Un bras de la mer du nord est appelé Skager-Rack, entre le Jutland et la Norwège méridionale; il forme un enfoncement considérable sur la côte de la Norwège, qui reçoit le nom de golfe de Christiania. Un autre bras de cette mer prend la dénomination de Cattegat, entre la Suède méridionale et le Jutland septentrional : quelques géographes l'appellent golfe de Seeland. Deux autres enfoncemens de la mer du Nord, beaucoup plus petits, forment les golfes de Bukke et de Bergen.

L'Océan Atlantique, au nord du cap Stat, en Norwège, prend la dénomination de mer de Scandinavie, le long des côtes de cette contrée. A l'ouest du Pas-de-Calais, entre l'Angleterre et la France, il a reçu l'appellation de Manche. La profondeur des eaux y varie de 21 à 60 toises. On l'appelle mer d'Irlande, ou même canal de Saint-Georges, entre l'Ecosse et l'Angleterre d'un côté, et l'Irlande de l'autre; mer de Calédonie, au nord-ouest de l'Ecosse; golfe de Gascogne, le long d'une côte sud-ouest de la France, et baie de Biscaye le long d'une partie de la côte septentrionale de l'Espagne.

L'Océan Atlantique, pénétrant dans le continent européen, y forme deux vastes mers méditerranées, l'une au nord, l'autre au sud.

La méditerranée du nord, nommée généralement mer Baltique ou simplement la Baltique ou mer Orientale, est située entre le royaume de Danemarck, le Mecklembourg, la Poméranie, la Prusse, la Russie et la Suède. Sa surface est de 7,500 milles carrés; sa profondeur diffère de 50 à 80 toises. Le Sund n'a que 15 toises et 2 pieds de profondeur. La Baltique offre plusieurs golfes, dont les plus remarquables sont : le golfe de Bothnie, le golfe de Finlande, le golfe de Riga ou de Livonie, la baie Curonienne (Kurische Haff), la baie Fraîche (Frische Haff), le golfe de Dantzick, la baie de Stettin. Le détroit du Sund, qui n'a que 13 toises 2 pieds de profondeur, et ceux du Grand et du Petit Belt sont les trois issues par lesquelles la Baltique communique avec le Cattegat.

La méditerranée du sud, qu'on nomme mer Méditerranée ou simplement la Méditerranée, est comprise entre l'Europe, l'Asie et l'Afrique; c'est par le détroit de Gibraltar que se fait sa jonction avec l'Océan Atlantique. Sa profondeur varie de 500 à 980 toises; sa surface est évaluée à 50,000 milles carrés. Cette mer, du côté de l'Europe, porte le nom de canal des Baléares, entre les côtes du royaume de Valence (Espagne) et le groupe des îles Baléares; celui de golfe du Lion , le long des côtes de la France, entre le cap Creux et la Provence; celui de golfe de Gênes, depuis la côte de Nice jusqu'à celle du duché de Lucques. On l'appelle mer de Toscane entre la Corse, la Sardaigne et la côte opposée de l'Italie; mer de Si-

cile ou Thyrrénienne, entre la Sicile et le royaume
de Naples ; mer Ionienne, entre le pied de l'Italie, la Sicile et la Grèce. Un bras de cette mer
forme le golfe de Tarente, entre la Galabre, la
Basilicate et la terre d'Otrante ; un autre, le golfe
de Patras, entre les îles Saint-Maur, Céphalonie,
Zante et la côte opposée de la Grèce et du Péloponèse ; et au-delà du détroit de Lépante, le golfe
de Corinthe et de Lépante.

La Méditerranée pénétrant par le canal d'O-
trante forme, entre l'Italie d'un côté, l'Epire,
l'Albanie et la Dalmatie de l'autre, un vaste golfe
nommé communément mer Adriatique, dont
l'enfoncement, près de Venise, forme le golfe de
Venise ; celui près de Trieste, le golfe de Trieste ;
celui entre l'Istrie et la côte opposée de la Croatie
militaire et du littoral Hongrois, prend la dénomination de golfe de Carnero. La Méditerranée entrant par différens intervalles que laissent entre
elles les îles Cerigo, Cerigotto, Candie, Caso,
Scarpanto et Rhodes, les côtes opposées du Péloponèse et de l'Asie-Mineure, forme un autre grand
golfe que les anciens Grecs ont nommé Mer
principale (Archipelagos), dénomination que les
géographes modernes lui ont conservée en le
nommant l'Archipel. Les brisans extraordinaires
qu'offrent les côtes de la Grèce et de la Turquie
d'Europe forment un grand nombre de golfes secondaires, dont les plus considérables sont ceux
de Nauplie et d'Egine ou d'Athènes, dans le
royaume de Grèce ; de Salonique, de Contessa ou

d'Orphano dans l'Ancienne Macédoine, et de Saros dans l'ancienne Thrace.

L'Archipel au-delà du détroit des Dardanelles forme le petit golfe à plusieurs issues nommé improprement mer de Marmara, entre la côte de l'ancienne Thrace et l'Asie-Mineure. Enfin, par le détroit de Constantinople, la mer de Marmara communique à la mer Noire, située entre les côtes de la Russie méridionale, de la Turquie européenne et l'Asie-Mineure. Cette mer a 8,700 milles carrés d'étendue; elle offre aussi plusieurs golfes dont les plus remarquables sont : le vaste marais que l'usage décore du titre de mer d'Azow, le golfes de Pérécop et d'Odessa.

Toutes ces mers enveloppent notre continent d'une ceinture d'eaux qui se mêlent par des canaux ou détroits dont voici les principales:

Le détroit de	Fait communiquer
Gibraltar	l'Atlantique avec la Méditerranée.
Messine	la mer Ionienne avec celle de Sicile.
Euripe	le canal de Négrepont avec celui de Lalanta.
Dardanelles	l'Archipel avec la mer de Marmara.
Constantinople	la mer de Marmara avec la mer Noire.
Yenikalé	la mer Noire avec celle d'Asow.

Pas-de-Calais	la Manche avec la Mer du Nord.
Penteland	l'Ecosse avec les Orcades.
Sund	la mer du Nord avec la Baltique.
Grand Belt	» »
Petit Belt	» »
Waygats ou Kara	l'Europe avec la Nouvelle-Terre (Zièmla).

Après ce tableau général des plus remarquables hauteurs et bas-fonds de notre partie du globe, il nous reste encore à indiquer les grands fleuves qui alimentent les mers, à préciser l'élévation de leurs sources au-dessus de la mer, la longueur du pays parcouru, et l'étendue du bassin de ces artères. Cette description achèvera de compléter et fera facilement saisir l'aspect de la région que nous décrivons.

Noms des fleuves.	Noms des mers qui les reçoivent.	Hauteur des sources en tose.	Longueur du parcours en milles.	Larg. moy. en toises.	Etendue du bassin en m¹. carrés.
Wolga	Caspienne	178	460		50,500
Danube	Noire	365	581	500	14,200
Daniéper	—	208	240	550	8,540
Don	d'Asow	185	214	500	7,960
Dwina	Blanche		200		5,900
Rhin	du Nord	1,207	190	250	4,700
Ural	Caspienne		190		4,700

Vistule	Baltique	555	144	250	5,664
Petschora	Océan Arct.		150	175	3,050
Dzwina	Baltique		145		5,200
Elbe	du Nord	705	155	150	2,900
Loire	Atlantique		152	125	2,540
Oder	Baltique	284	120	125	2,400
Niémen	—		115	125	1,000
Dniester	Noire		110	100	2,500
Duéro	Atlantique		104	100	2,500
Rhône	Méditerranée	855	109	65	1,245
Seine	Manche		91	100	1,240
Pô	Adriatique		95	100	1,468
Ebre	Méditerranée		92		1,225
Garonne	Atlantique		80	100	1,440
Wéser	du Nord	565	68	75	1,220

Nous n'offrons ici que les fleuves principaux qui se précipitent dans les mers ; de même nous mentionnons seulement que le total des eaux navigables de l'Europe est évalué à 250,000 rivières. Nous laissons à la statistique de chaque état la dénomination des lacs, fleuves, rivières et ruisseaux qui les arrosent.

A la suite des plus importans fleuves de l'Europe, nous plaçons ceux des autres parties du monde, pour qu'on en puisse faire la comparaison.

En Amérique.

L'Amazone, le plus grand des fleuves connus,

parcourt 754 milles de l'Amérique méridionale; son bassin est évalué à 88,400 milles carrés.

La Plata, dans les Etats-Unis, donne 460 milles de cours, et 71,660 milles carrés de bassin.

Le Saint-Laurent, dans l'Amérique septentrionale, a un bassin de 62,000 m. c.

En Asie.

L'Amour, 55,560 m. c. de bassin.

Le Iang-Tse-Kiang, 648 m. de cours, et 54,200 de bassin.

Le Léna, en Sibérie, fait 440 m. de trajet, et son bassin s'étend sur 26,500 m. c.

Le Yenissei, dans les mêmes steppes, parcourt 410 m., et a un bassin de 47,000 m. c.

En Afrique.

Le Nil est long de 564 milles, et s'étend sur 55,000 milles carrés.

La navigation intérieure dans la plupart des états de l'Europe s'améliore de jour en jour: le nombre des canaux augmente; on travaille continuellement à rendre plus régulier le lit des rivières. Mais un vaste système de navigation à travers de l'Europe, avec les mers qui baignent ses côtes est encore à désirer. Il n'y a que la France, la Pologne et la Russie qui possèdent des lignes navigables entre les mers du nord et celles du midi; mais ces pays en jouissent exclusivement. Une entreprise vraiment européenne est actuelle-

ment en projet : on doit joindre le Danube, le
Rhin , l'Orient avec l'Occident, la mer Noire à la
mer du Nord.

Climats.

L'Europe ne présente pas, du côté du pôle septentrional, le même développement que l'Asie et
l'Amérique, puisque seulement 12,000 milles
carrés de sa superficie se trouvent situés dans les
régions glaciales. Sa position est oblique dans la
direction du sud-ouest, du nord au nord-est; elle
est plus étroite dans sa forme que les autres parties du monde ; d'où il résulte qu'elle est, en général sous un climat tempéré, qui se divise relativement en zone chaude, zone moyenne et zone
froide.

L'atmosphère de l'Europe étant plus qu'aucune
autre saturé de fluides électriques , les orages et
la grêle y sont très-fréquens. Les vents qui y do-
minent et qui soufflent le plus long-temps, sont
ceux de l'ouest : ils dégénèrent souvent sur la
terre et sur l'eau en ouragans furieux. Ces vents
règnent presque continuellement sur certaines
montagnes. Le vent de nord-est est un des grands
obstacles qui entravent les communications dans
l'Istrie, où il renverse quelquefois les voitures
les plus lourdement chargées.

Productions.

L'Europe, considérée sous le rapport de la force
de la végétation, est inférieure à toutes les autres

parties du globe. Le meilleur terrain n'y donne
pas de récoltes aussi abondantes que le sol ordinaire du Brésil , où les arbres à café mûrissent de
2 à 6 livres de café, et où le produit du riz est
souvent de 50 pour 100 supérieur à celui du blé
récolté en Europe sur un terrain identique en
étendue.

L'Europe est un pays stérile pour la diversité
des produits, et ne saurait être mise en parallèle
avec les autres parties du globe. Sur les 80,000
espèces de plantes qui nous sont connues , elle
n'en renferme dans son sein que 6,000. Elle ne
possède pas une seule race indigène de mammifères, et n'en compte en tout que 91 espèces.
Elle n'offre que 400 espèces d'oiseaux et seulement
42 de reptiles.

Sous le rapport de l'agriculture, on divise l'Europe en trois régions, qui se partagent encore en
différens climats. La première de ces régions
s'étend jusqu'au 50ᵉ degré de latitude et renferme
toutes les productions du sud , les fruits de l'espèce la plus noble. Les citronniers, les orangers ,
les oliviers et les plantations de riz ne prospèrent
que jusqu'au 45ᵉ degré ; la vigne et le maïs jusqu'au 50ᵉ seulement. — La deuxième région ne
dépasse pas le 62ᵉ degré de latitude ; elle comprend , outre les céréales de la meilleure espèce.
les végétaux qui entrent dans le commerce, tels
que le lin, le chanvre et le tabac. Au 62ᵉ degré,
le chanvre, le pavot, le colza, les pruniers; la
garance cessent de prospérer. Au-dessous du

66e degré disparaissent déjà même le froment et
l'orge, le houblon, les légumes, les fruits pota-
gers, le chêne, le peuplier, le frêne et le tilleul.
Le seigle et l'avoine, le tabac, les fruits à cosse,
le pin, le sapin, le bouleau se maintiennent jusqu'au 62e degré. — La troisième région s'étend
jusqu'au 76e degré, et ne renferme que les plantes
et les herbages communs dont on fait commerce.
On trouve encore des pins, des sapins, du seigle
et de l'avoine jusqu'au 65e degré; ainsi que des
bouleaux et des herbes communes au 70e. Les
diverses espèces de mousses sont spécialement
propres à cette troisième région. Cependant l'industrie de l'homme force quelquefois le sol à lui
fournir, en dépit du climat, des productions
d'une espèce plus rare.

Il est admis que la culture, dans les divers
états, pays d'Europe, est dans les proportions suivantes :

	Terres labourées.	Prairies et pâturages.	Forêts.	Terres incultes et landes.
	La proportion est comme : à			
France.........	1	7	7	6
Angleterre, Irl.	5	5	25	4
Italie..........	4	8	10	1
Prusse........	5	5	4	6
Pays-Bas......	5	5	»	»
Belgique.	»	5	5	10
Autriche propre- ment dite....	5	»	»	»

Bavière.......	5	»	»	»
Wurtemberg...	5	»	»	»
Allemagne proprement dite..	4	4	5	5
Naples et Sicile..	4	10	»	»
Empire d'Autriche sans l'Illyrie.........	5	6	4	5
Russie d'Europe	6	»	5	2 1|2
Hongrie.......	6	»	»	»

La surface cultivée de l'Europe se partage, à l'exception de la Turquie, en $\frac{1}{3}$ de terres labourées, $\frac{1}{3}$ de forêts, $\frac{1}{8}$ de prairies, $\frac{1}{157}$ de vignobles. Entre les grands pays cultivés, la Suède et la Grande-Bretagne forment les extrêmes.

En Suède, $\frac{3}{100}$ seulement du mille carré sont convertis en terre labourée, $\frac{2}{100}$ en prairies et $\frac{95}{100}$ en forêts. En Angleterre, par opposition, $\frac{59}{100}$ du mille carré sont en terre labourée, $\frac{34}{100}$ en prairies et $\frac{11}{100}$ en forêts.

À l'égard des animaux, il faut diviser l'Europe en deux régions. La première va jusqu'au 60e degré, et comprend les races les plus nobles des animaux domestiques. Les ânes de bonne espèce ne peuvent se multiplier au-delà du 40e degré, les buffles du 45, les chevaux du 55e et les cochons du 60e; même avant le 60e degré l'âne disparaît tout-à-fait. — La seconde région s'étend jusqu'au 70° degré, et renferme, outre les chevaux, les moutons et les veaux de mauvaise es-

pèce ; la race des rennes et celle des chiens. Aux
64e et 66e degrés disparaissent totalement les
chevaux, les moutons et les veaux. Le renne ne
commence à se montrer qu'au 61e degré.

On estime en Europe :

Bêtes à laine....	185,000,000
— cornes...	71,000,000
Porcs..........	45,000,000
Chevaux et mulets	26,000,000
Chèvres........	7,000,000
Anes..........	500,000
Chameaux......	75,000

La répartition des minéraux est subordonnée à
la position des couches de terre. La chaîne des
montagnes et roches primitives traverse l'Europe
par le milieu. Leurs veines calcaires se répandent
surtout en France, en Italie et en Turquie. Les
montagnes de grès se trouvent plus particulièrement dans l'est et dans quelques parties du nord.
Le lot de l'Europe méridionale se compose des
minéraux les plus précieux, tels que l'or, le
marbre et le vif-argent. Au nord appartiennent
spécialement le fer, l'étain, le cuivre et la houille.
L'argent et le sel se rencontrent le plus fréquemment dans le milieu de l'Europe.

Les produits des mines présentent annuellement :

500,000,000	quintaux de	charbon de terre.
56,000,000	—	sel.

20,000,000	—	fer.
1,565,000	—	plomb.
456,000	—	cuivre.
175,000	—	zinc.
127,000	—	vitriol.
106,000	—	étain.
88,000	—	alun.
56,000	—	cobalt.
28,000	—	souffre.
27,000	—	mercure.
10,000	—	antimoine.
6,600	—	arsenic.
1,170	—	argent.
156	—	or.
100	—	bismuth.

Dans le tableau suivant, on trouvera la valeur attribuée par les documens officiels ou par des publicistes, aux produits territoriaux bruts des principales puissances de l'Europe.

Produit brut territorial.

			Produit par	
			habitat.	hectare.
Angleterre..	1836	3,411,650,000	245	227 f.
Irlande. ...	1836	1,733,450,000	223	207
Pays-Bas...	1830	1,178,000,000	280	190
Danemarck.	1827	173,680,000	150	125
France.....	1825	6,315,000,000 f.	200 f.	122

Wurtemberg	1820	235,690,000	161	120
Ecosse.....	1836	580,620,000	246	76
Espagne....	1833	1,847,000,000	126	50
Autriche....	1824	4,108,000,000	130	48
Pologne....	1827	560,000,000	151	45
Prusse......	1818	1,200,000,000	96	40

Mouvement de la population.

Le nombre des mariages diminue sensiblement : dans le dernier siècle on comptait 1 mariage sur 108 à 115 personnes, tandis que de nos jours on ne voit que 1 mariage sur 116 à 180 personnes.

C'est dans la classe pauvre qu'on voit le plus de naissances ; la mortalité parmi les enfans y est aussi plus grande que dans la classe aisée (1). La proportion des garçons aux filles est comme 106 à 100 ; en Russie il naît 109 garçons sur 100 filles, chiffre remarquable, parce que le total des hommes est partout inférieur à celui des femmes.

L'accroissement annuel de la population dans les principaux états de l'Europe est dans les proportions suivantes :

(1) Dans tous les quartiers où habitent les classes aisées de Paris, la mortalité n'est que de 1 sur 53; tandis qu'elle s'élève à 1 sur 40 dans les quartiers habités par les classes pauvres.

En	de 1 à	En	de 1 à
Prusse	56	Norwége	85
Autriche	64	Sicile	88
Russie	69	Portugal	90
Danemarck	70	Italie	97
Pologne	71	France	109
Iles Britann.	75	Espagne	120
Suisse	80	Pays-Bas	122

Depuis Lisbonne jusqu'à Bruxelles, on compte 45 naissances sur 100 mariages ; de Bruxelles à Stockholm seulement 45. L'influence du climat y est visible.

Le nombre des enfans naturels est plus grand dans les cités populeuses que dans les petites villes; dans les villages il est moindre encore à proportion que dans les petites villes.

On trouve en

Bavière	1 enfant naturel sur	4 enfans légit.
Autriche	1 —	5 —
Wurtemberg	1 —	8 —
Bohême	1 —	8 —
Portugal	1 —	10 —
Moravie	1 —	10 —
Meklembourg	1 —	10 —
France	1 —	13 —
Prusse	1 —	14 —
Finlande	1 —	15 —
Danemarck	1 —	20 —
Suède	1 —	20 —

Les villes principales de l'Europe nous présentent les chiffres suivans:

Ville	sur	enfant légitime	enfant nat.
Munich,	sur 1 enfant légitime	1 enfant nat.	
Vienne,	— 2	1	—
Prague,	— 2	1	—
Mayence,	— 7	3	—
Copenhague,	— 5	2	—
Lisbonne,	— 5	2	—
Paris,	— 5	1	—
Stockholm,	— 5	1	—
Augsbourg,	— 5	1	—
Breslau,	— 6	1	—
Pétersbourg,	— 7	1	—
Berlin,	— 7	1	—
Dresde,	— 9	1	—
Varsovie,	— 12	1	—
Palerme,	— 19	2	—
Hambourg,	— 12	1	—

Le climat favorise éminemment la prolongation de la vie lorsqu'il est frais, et même lorsqu'il est rigoureux, ou lorsque l'humidité du voisinage de la mer se joint à une basse température. Cette vérité est confirmée par les chiffres que nous donnons dans la suite; la Russie seule, parmi les états de l'Europe, fait exception à cette règle : l'influence du climat n'y est pas secondée par celle de la civilisation.

Les pays où la chaleur est tempérée ne sont pas ceux qui présentent le plus petit total de mortalité;

il faut pour obtenir cet avantage les bienfaits d'un ordre social perfectionné.

Les contrées méridionales dont le doux climat semble si favorable à l'espèce humaine, sont au contraire les régions où la vie court le plus de hasards. Il y a dans la riante Italie moitié plus de chance de mort que dans la brumeuse et froide Ecosse; et sous le beau ciel de la Grèce la vie a plus de dangers qu'au milieu des glaces de l'Islande.

D'après les recherches statistiques il meurt annuellement dans:

Etats romains et province de Venise 1 sur 28 h.
Italie, Grèce, Turquie.......... 1 — 50
Pays-Bas, France, Prusse .... 1 — 59
Suisse, Autriche, Portugal, Espa-
    gne....................... 1 — 40
Russie, Pologne.............. 1 — 44
Allemagne, Danemarck, Suède... 1 — 45
Norwège.................... 1 — 49
Islande..................... 1 — 55
Angleterre.................. 1 — 58
Ecosse, Irlande.............. 1 — 59

On reconnaît les progrès de la civilisation en comparant les rapports des décès à la population d'un même pays. Voici une série de termes numériques qui présente ce rapprochement instructif.

Pays.	Anc. époque.	sur	Nouv. époque.	sur
Suède.....	1754-1765	54	1821-1825	45
Danemarck.	1751-1756	52	1819	45
Allemagne..	1788	52	1825	45
Prusse.....	1747	50	1821-1826	59
Wurtemberg	1749-1754	52	1825	45
Autriche...	1822	40	1828 1850	45
Hollande...	1800	26	1824	40
Angleterre..	1690	55	1821	58
G.-Bretagne	1785-1789	45	1800-1804	47
France....	1770	25 ½	1825 1827	59 ½
Cant. de Vaud	1756-1766	55	1824	47
Lombardie.	1769 1774	27	1825-1827	51
Romagne...	1767	21	1829	28
Ecosse.....	1801	44	1821	59

La mortalité est restée la même, en Russie et en Norwège, depuis 50 ans. Elle s'est accrue dans le royaume de Naples. Ailleurs la mortalité est partout moins considérable. Si autrefois elle était de 5 p. 100 elle n'est plus maintenant que de 2 p. 100. Aussi peut-on admettre présentement que $\frac{65}{100}$ d'hommes atteignent l'âge de 60 ans, tandis que naguère $\frac{18}{100}$ seulement pouvaient espérer d'y parvenir. En général, l'Européen doit être classé parmi les hommes les mieux conformés. la taille des garçons à leur naissance est de 18 pouces 5 lignes, celle des filles de 18 pouces 1 ligne 1|2. La croissance des uns et des autres, équivalant chaque année au 12e de celle qui s'opère dans le sein de la mère, continue régulièrement ses progrès depuis la 5ᵉ jusqu'à la 12ᵉ année. A l'âge de 20 ans, les jeunes hommes ont ordinairement atteint la taille d'un mètre 71 centimètres, et il n'est pas certain que la croissance cesse totalement à l'âge de 25 ans. Le poids d'un Européen complètement formé doit être vingt fois celui d'un enfant; à la naissance, il y a une différence sous ce rapport, entre le garçon et la fille; mais à la douzième année, cette différence tend à s'effacer; ce poids du corps de l'homme atteint son maximum à l'âge de 40 ans; celui de la femme à 50 ans, et il diminue à partir de la 60ᵉ année.

Maladies.

Les infirmités propres au sol de l'Europe sont la surdité et le mutisme réunis, maladie dont $\frac{1}{1539}$ est affecté en général et $\frac{1}{500}$ dans la Suisse; la mélancolie ou *spléen*, dont souffrent $\frac{1}{1000}$ en Angleterre, $\frac{1}{1000}$ dans le pays de Galles, $\frac{1}{448}$ en Ecosse, $\frac{1}{1000}$ en France, $\frac{1}{1900}$ dans les Pays-Bas, $\frac{1}{650}$ en Norwège, $\frac{1}{2000}$ en Silésie; la goître qui se fait remarquer plus particulièrement chez les habitans des montagnes; la pierre, dont, depuis 10 ans, 278 individus se sont trouvés atteints sur le territoire de Venise, 794 dans le gouvernement de Milan et 106 dans la Bohême; enfin, une infirmité plus spécialement propre au sol de l'Europe est la cécité, qui afflige, en Prusse, $\frac{1}{1324}$ de la population. C'est au midi que cette maladie fait plus de victimes: si entre 50° et 70° de latitude, on compte 1 aveugle sur 100, entre 40° et

50° on trouve 1 sur 80. L'aliénation mentale est encore une des grandes maladies de l'Europe. Le rapport des aliénés au total des habitans, dans les principales villes de l'Europe, est :

A	de 1 à	A	de 1 à
Londres	200	Dresde......	466
Paris.........	202	Rome.......	481
Milan	242	St-Pétersbourg	3,153
Turin........	344	Madrid......	5,350
Florence......	588	Le Caire.....	50,714

La conséquence de ce tableau, c'est que la folie suit une proportion arithmétique basée sur l'activité, l'intelligence, l'énergie des passions, le degré de liberté de chaque capitale. En considédant les pays entiers, nous trouvons que les nations qui comptent le plus de fous, sont celles qui ont le plus haut rang dans la civilisation. Ainsi, en Espagne, il y a 1 fou sur 7,181 habitans ; en Italie, 1 sur 4,879 ; tandis qu'en France il y en a 1 sur 1,000, et en Angleterre 1 sur 785.

Nationalités.

La population de l'Europe se compose de différentes familles, dont voici les principales :

	Nombre des membres.
La famille romano-celtique, qui comprend les Français, les Portugais, les Espagnols, les Italiens, les Valaques....................	70,000,000
La famille allemande ou germa-	

4.

	Nombre des membres.
nique, qui habite l'Allemagne, la moitié méridionale de la Suède, de la Norwége, du Danemarck, une grande partie de l'Angleterre, le sud de l'Ecosse, le nord-est de l'Irlande, l'est de la France, une grande partie de la Suisse, et en partie l'Italie, la Hongrie, la Kourlande, la Livonie et la Finlande..	60,000,000
La famille slave, entre l'Oural, la Baltique, l'Adriatique, le Danube et la mer Noire, composée principalement des Russes, Russiens, Rousniaques, Polonais, Serviens, Croates, Tschèks ou Bohèmes, Wendes, etc.................	60,000,000
La famille grecque..........	5,000,000
— magiare, hongroise.	5,500,000
— turke...........	2,500.000
— finnoise.........	2,000,000
— lettone..........	2,000 000
— sémitique ou juive..	2,000,000
— basque..........	650,000
— indoue ou zigane...	815,000
— albannise........	500,000
— arménienne......	75,000

Le reste embrasse les divers peuples asiatiques ou africains qui sont disséminés dans l'est et l'ouest de l'Europe.

Cultes.

La diversité des cultes parmi les habitans de l'Europe nous présente les chiffres suivans :

Chrétiens.	212,000,000
Mahométans.	5,150,000
Juifs.	2,000,000

Les chrétiens se divisent en :

Catholiques-romains	115,000,000
Grecs-orientaux . . .	47,000,000
Luthériens	25,000,000
Episcopaux	14,000,000
Calvinistes	8,000,000
Presbytériens	2,000,000

Division.

L'Europe est divisée en *Europe occidentale* et en *Europe orientale* (1).

L'*Europe occidentale* se subdivise en trois régions : 1° région centrale : la France, l'Autriche, la Belgique, la Hollande, la Prusse, la Confédération Germanique et la Suisse ; 2° région méridionale : le Portugal, l'Espagne, l'Italie ; 5° région septentrionale : les îles Britanniques, la Norwège, la Suède, le Danemark.

(1) Nous avons adopté la nouvelle division de l'Europe qui est admise par les meilleurs géographes ; elle répond mieux à la position actuelle des différens états.

L'*Europe orientale* comprend : la Pologne, la Russie, la Turquie, les îles Ioniennes, la Grèce, la Servie, la Valachie et la Moldavie.

Les îles des mers qui baignent le continent font partie des états qui lés avoisinent.

Gouvernemens.

Sous le rapport de la forme gouvernementale, l'Europe se partage en quatre catégories : monarchies absolues, monarchies limitées, gouvernemens représentatifs et républiques.

Monarchies absolues :

L'Autriche, moins la Hongrie et la Transylvanie ; la Hesse électorale, le grand-duché d'Oldenbourg, le landgraviat de Hesse-Hombourg, les principautés de Sonderhausen, de Hohenzollern-Sigmaringen, la seigneurie de Kniphausen, le royaume Sarde, à l'exception de la Sardaigne ; le royaume des Deux-Siciles, les Etats de l'Eglise, le grand-duché de Toscane, les duchés de Modène, de Parme, la principauté de Monaco, l'empire Russe (en Europe), le royaume de Pologne, l'empire Ottoman et l'île de Candie.

104,818,000 habitans.

Monarchies limitées :

Les royaumes de Prusse, de Hanovre, les duchés d'Allemagne (hors les précédens et suivans), de Lucques, le royaume de Grèce, les principautés de Moldavie, de Valachie, de Servie, le royaume de Hongrie, la principauté de Transylvanie, l'île de Sardaigne.

50,698,000 habitans.

Gouvernemens représentatifs.

Les royaumes de Suède et de Norwège, de Danemarck, de la Grande-Bretagne, de Hollande, de Belgique, de France, de Wurtemberg, de Saxe, de Bavière, de Portugal, d'Espagne, les grands-duchés de Bade, de Hesse-Darmstadt, le duché de Nassau, les principautés de Hohenzollern-Hechingen, de Neuchâtel.

97,555,000 habitans.

Républiques.

Villes libres : Francfort, Brême, Hambourg, Lubeck, Krakovie; celles de la Suisse (excepté Neuchâtel), îles Ioniennes, républiques d'Andorre et de Saint-Marin.

2,667,000 habitans.

Population relative.

En général, il faudrait compter en Europe 1,500 hommes par mille carré, si on voulait répartir les individus dans une proportion absolument égale. Dans la réalité, la distribution de la population offre de grands contrastes. Il est des contrées où on ne compte que 15 hommes par mille carré, et d'autres où la population monte jusqu'à 10,000 sur le même espace. On a long-

temps prétendu que les climats doux influaient
sur l'augmentation des habitans ; les chiffres que
nous établissons prouvent qu'il n'en est pas ainsi
dans différens états de l'Europe.

On trouve, par mille carré :

Belgique	8,120 hab.	Suisse....	3,000 hab.
Krakovie	5,880 —	Autriche..	2,800 —
Saxe...	5.870 —	Prusse....	2,550 —
Hollande	4,550 —	Pologne...	1,770 —
Anglet..	4,350 —	Turquie...	950 —
Sicile ..	3,780 —	Russie....	600 —
France .	3,450 —	Suède....	550 —
Allemag.	3,300 —	Norwége..	180 —

Sur le total de 227 millions d'habitans, on
compte 11,000,000 de pauvres. L'Angleterre est
le pays le plus affligé du paupérisme ; on y voit :

	1 indigent sur 6 habitans.		
En France...	1	— 20	—
— Allemagne	1	— 20	—
— Italie	1	— 22	—
— Portugal..	1	— 25	—

Armée.—Finances.

Nous donnerons dans la description de chaque
état le chiffre de l'armée et des finances.

Néanmoins nous constaterons ici que le total
des forces de terre, en Europe, en temps de
guerre, est évalué à 4,356,000 hommes, et pendant la paix à 2,267,000 ; ainsi 1 soldat sur 102

hommes. La marine se compose de 1,440 bâtimens en temps de paix et 1 de 2,450 en temps
de guerre.

On a calculé, en 1836, que les finances s'élevaient à 5,909,117,000 francs. Les dettes des
puissances de l'Europe montaient, en la même année, à 51,041,782,000 francs.

Les états de l'Europe ont donc actuellement un
passif 9 fois plus considérable que leur actif.

Une note sur les journaux, dans les différens
pays de l'Europe, peut donner la mesure de la
préoccupation politique des peuples. Mais il faudra avant tout considérer, pour l'appréciation
exacte de cette partie de la statistique littéraire,
quelle est l'influence de la forme du gouvernement sur la presse, dans chaque pays, le degré
d'instruction, puis enfin la spécialité des journaux publiés.

En Espagne..	1 journal pour	864,000 habit.
— Russie....	1 —	674,000
— Autriche..	1 —	576,000
— Suisse....	1 —	66,000
— France. ..	1 —	52,000
— Angleterre.	1 —	46,000
— Prusse....	1 —	45,000
— Hollande..	1 —	40,450

Le rapport du nombre des abonnés à celui des
habitans est :

En France comme 1 à 457
— Angleterre.... 1 à 184
— Hollande..... 1 à 100

Situation et population des villes de l'Europe qui ont plus de 100,000 habitans.

Villes.	Pays.	Longit. de l'île de Fer.			Latitude.			Populat.
		o	'	"	o	'	"	
Londres	Anglet.	17	33	49	51	30	49	1,624,000
Paris	France	20	0	0	48	50	13	909,126
S-Pétersbourg	Russie	47	58	34	59	26	31	513,000
Constantinop.	Turquie	46	38	50	41	0	16	380,000
Naples	D. Siciles	31	55	30	40	51	55	358,000
Moskou	Russie	55	17	30	55	45	13	334,000
Vienne	Autriche	34	2	36	48	12	36	320,000
Dublin	Irlande	11	18	8	53	23	14	300,000
Berlin	Prusse	31	3	30	52	21	13	266,000
Lisbonne	Portugal	8	31	15'	38	42	24	240,000
Manchester	Angleterre	15	25	14	53	29	0	238,000
Amsterdam	Hollande	22	32	54	52	22	17	236,000
Glascow	Ecosse	13	23	0	55	51	32	203,000
Madrid	Espagne	13	57	45	40	24	57	200,200
Liverpool	Angleterre	14	40	41	53	24	40	190,000
Milan	Lombardie	26	50	56	45	28	1	170,000
Palerme	Sicile	31	1	0	38	6	44	168,000
Lyon	France	22	29	10	45	45	44	165,000
Edimbourg	Ecosse	14	29	45	55	57	20	163,000
Rome	Romagne	30	6	41	41	54	8	150,000
Birmingham	Angleterre							147,000
Marseille	France	23	1	48	43	17	52	145,000
Varsovie	Pologne	38	36	37	52	13	1	130,000
Prague	Bohême	32	4	58	50	51	19	124,000
Leeds	Angleterre							124,000
Turin	Sardaigne	25	21	12	45	4	8	120,000

Villes.	Pays.	Longitude.	Latitude.	Populat.
		o ' "	o ' "	
Barcelonne	Espagne	19 49 42	41 21 44	120,000
Copenhague	Danemarck	30 14 20	55 40 53	120,000
Venise	Italie	29 59 58	45 25 58	116,000
Cork	Irlande	9 25 1	51 48 10	115,000
Hambourg	Allemagne	27 38 9	53 32 51	114,000
Bruxelles	Belgique	22 12 2	50 50 59	112,000
Bordeaux	France	17 5 4	44 50 19	110,000
Bristol	Angleterre	15 4 7	51 27 6	104,000
Andrinople	Turquie			100,000

Liste nominative des souverains d'Europe régnant en 1837, avec les époques de leur avènement au trône et l'âge qu'ils avaient lorsqu'ils en ont pris possession.

Noms.	Date de l'avèn.	Age.
Le prince de Lippe-Schaumbourg.........	15 févr. 1787	2
Le roi de Prusse.....	16 nov. 1797	27
Le prince de Lippe-Detmold............	4 avr. 1802	5
Le duc de Saxe-Meiningen...............	24 déc. 1805	5
Le duc de Saxe-Cobourg-Gotha.........	9 déc. 1806	22
Le prince de Schwarzbourg-Rudolstadt......	28 avr. 1807	15
Le roi de Danemarck.	15 mars 1808	40
Le Sultan..........	28 juil. —	24

Le prince de Hohenzollern-Hechingen.	2 nov.	1810	54
Le prince de Waldeck	9 sept.	1815	25
Le roi des Pays-Bas. . .	6 déc.	—	41
La duchesse de Parme	50 mai	1814	22
Le duc de Modène. . .	8 juin	1815	55
Le duc de Nassau	9 janv.	1816	25
Le roi de Wurtemberg	50 oct.	—	55
Le grand-duc de Mecklembourg-Strélitz.	6 nov.	—	57
Le duc d'Anhalt-Dessau	9 août	1817	22
Le roi de Suède.	5 fév.	1818	54
Le prince Reuss-Schleiz	17 avril	—	52
L'électeur de Hesse. . .	27 fevr.	1821	45
Le prince Reuss-Ebersdorf-Lobenstein.	10 juil.	1822	25
Le duc de Lucques. . .	15 mars	1824	25
Le grand-duc de Toscane.	18 juin	—	26
Le roi de Bavière.	15 oct.	1825	59
L'empereur de Russie.	1 déc.	—	29
La reine de Portugal. .	2 mai	1826	6
Le grand-duc de Saxe-Weimar.	14 juin	1828	45
Le landgrave de Hesse-Hombourg.	2 avr.	1829	59
Le grand-duc d'Oldenbourg.	21 mai	—	46
Le grand-duc de Bade.	50 mars	1850	40
Le grand-duc Louis de Hesse.	6 avril	—	55

Le roi Louis-Philippe des Français..........	9 août	1850	57
Le duc Henri d'Anhalt-Cœthen..............	25 —	—	52
Le roi Ferdinand des Deux-Siciles..........	8 nov.	—	21
Le pape Grégoire XVI.	2 fév.	1851	65
L'empereur D. Pedro II du Brésil............	7 avril	—	6
Le duc Guillaume de Brunswick	25 —	—	25
Le roi Charles-Albert de Sardaigne.	27 —	—	52
Le roi des Belges....	24 juil.	—	41
Le prince de Hohenzollern-Sigmaringen......	17 oct.	—	46
Othon, roi de la Grèce.	5 —	1852	17
La reine Isabelle II d'Espagne..............	29 sep.	1853	3
Alexandre, duc d'Anhalt-Bernbourg........	24 mars	1854	29
Le duc Joseph de Saxe-Altenbourg..........	29 sep.	—	45
L'emper. Ferdinand Ier d'Autriche...........	2 mars	1855	42
Le prince de Schwarzbourg-Sondershausen ...	19 août	—	54
Le prince de Liechtenstein	20 avril	1856	40
Le roi de Saxe.......	6 juin	—	59
Le prince Reuss-Greitz	51 oct.	—	42

Le grand-duc de Meck-lenbourg-Schwerin.....	1 fév.	1857	36
La reine de la Grande-Bretagne..............	20 juin	—	18
Le roi de Hanovre....	20	—	— 66

ILES BRITANNIQUES,

ANGLETERRE, ECOSSE ET IRLANDE.

STATISTIQUE PHYSIQUE ET DESCRIPTIVE.

Le puissant empire Britannique, appelé communément le royaume-uni de la Grande-Bretagne et d'Irlande, s'étend dans toutes les parties du monde; sa population générale s'élève à plus de 150,000,000 d'habitans. La partie européenne est formée par un archipel de plus de 500 îles, qui gisent à l'extrémité occidentale de l'Europe, entre la mer du Nord, la Manche et l'Atlantique. Ce vaste pays insulaire semble avoir été détaché du continent et morcelé par les eaux de l'Océan polaire, dont les irruptions balayèrent plusieurs fois sa surface, renversèrent ses forêts et les transformèrent en mines de houilles ou en marais tourbeux.

L'Angleterre, l'Ecosse et l'Irlande sont séparées

des Pays-Bas et de l'Allemagne par la mer du Nord, et de la France par le détroit du Pas-de-Calais, la Manche et le golfe de Gascogne.

L'Angleterre, jointe au pays de Galles, gît entre le 50° et 56° de latitude, et les 4° 20' et 8° 40' de longitude.

L'Ecosse est située entre les 54° et 59° de latitude, et les 3° 20' et 8° 40' de longitude.

Enfin, l'Irlande gît entre les 51° et 55° 30' de latitude, et les 8° 20' et 12° 20' de longitude.

L'Angleterre a 270 lieues de circonférence, 102 de longueur et 100 de largeur. Le périmètre de l'Ecosse est de 342 lieues, sa longueur de 125, et sa largeur de 55. L'Irlande a 250 lieues de côtes profondément sinuées; sa plus grande largeur est de 45 lieues, et sa plus grande longueur de 102.

Les mers qui environnent les îles Britanniques sont, avec l'Océan Atlantique, par lequel elles sont embrassées à l'occident, celles que nous allons énumérer ci-après :

Longitude.			Plus grand diamètre.	Moindre.	Surface.
51°	60"	mer du Nord	250 lieues	40	32,000 l. c.
49	51	Manche	130	7	3,800
51	56	Canal d'Irl.	170	5	3,500

Ces mers sont les grands moyens de communication des îles Britanniques avec les états et colo-

5.

nies de toutes les parties du monde ; elles sont à son commerce maritime, ce que ses canaux et ses chemins de fer sont à son commerce intérieur.

Montagnes. — Les aspérités du sol britannique sont médiocrement élevées , mais en très-grand nombre : des trois groupes qu'elles forment, le plus septentrional, celui de Caithnes, élève un de ses sommets à 1,100 mètres ; celui des Grampians ou central, atteint 1,350 ; celui des monts Cheviots ou méridional, ne dépasse guère 800 à 950 mètres.

En Irlande, les montagnes les plus hautes sont assises au centre de l'île et y forment des groupes détachés. Le granit constitue la base de ces montagnes ; il passe , en Ecosse , au schiste et au gneiss. Les terrains qui les environnent sont riches en mines de fer, d'étain , de cuivre et de plomb ; et aucun autre pays de l'Europe ne possède autant de houillères.

Hydrographie. — Les quinze principaux fleuves des îles Britanniques ont un cours total d'environ 500 lieues, qui font trois fois le diamètre moyen du territoire. Leurs embouchures, presque partout entrées de mer, forment d'excellens ports ; et leurs eaux, jointes par de nombreux canaux, donnent à l'intérieur du pays un vaste système de navigation.

Le nombre des rivières servant à l'arrosement

des terres et aux usages domestiques est fort considérable; l'Angleterre seule en compte 325, et les îles Britanniques plus de 1,000

Les fleuves dont les bassins sont les plus étendus, dans la Grande-Bretagne, sont ceux ci-après :

Bassins.			Nombre de rivières affluentes.
Savern 1,154 kil.	Mont Plinlim.	Can. de Bristol	5
Tamise 756	M . Cambries.	Mer du Nord	4
Trente 683	Stone	—	4
Tay 630	Ben-Lomond	—	2

Lacs.

Angleterre.	Ecosse.	lieues car.	Irlande.	lieues car.
Joham-Mere.	Lomond	15	Lough-Earn	49
Whittesca-M.	Loch-Leven	10	Lough-Neagh	36
Ramsay-Mere	Loch-Ness	10	Lac de Corrib	16
Winander-M.	Mentheith		— de Killarney	
Derwent-wat.	Lac-Awe	10	Lough-Lorriband	

Climat. — Temperature.

Parallèle moyen	53° 30'	
Températ. moy.	10 11	au centre du territoire.
—	7 89	à l'extrémité nord.
—	12 33	à l'extrémité sud.

Quantité moyenne de pluie, 534 millim. ou 19 pouces 9 lignes.

— 56 —

La quantité de pluie annnelle est de 16 à 83 pouces en Angleterre, ou autrement, elle est à un terme quintuple de ce qu'elle est ailleurs. C'est un effet des localités que déterminent l'afflucnce et la condensation des vapeurs aqueuses. La moyenne de la quantité de pluie est estimée ainsi qu'il suit :

Angleterre 36 pouc. 94 cent. Mes. angl. 938 mill.
Ecosse   31   »   738

On a calculé qu'il tombe annuellement, sur l'Angleterre et le pays de Galles, 28,000 cubes de pluie, qui font 115,000,000 de tonneaux, pesant chacun 2,000 livres ou 1,000 kilogrammes. C'est un arrosement de 8,333 tonneaux par hectare de la surface totale. On admet que le brouillard et la rosée augmentent cette quantité d'eau d'un cinquième, et la portent à 10,000 tonneaux, ou un mètre carré d'arrosement par mètre de superficie du sol de l'Angleterre.

L'humidité du climat des îles Britanniques agit puissamment sur les êtres organisés ; elle favorise la végétation ; mais elle devient pour les habitans la cause de maladies funestes. On lui attribue la fréquence de la consomption, qui produit le quart de la mortalité à Londres.

STATISTIQUE PRODUCTIVE ET COMMERCIALE.

Population. — L'Angleterre possède des documens curieux sur sa population ancienne. En

consultant les archives on obtient les données
suivantes :

Angleterre et Galles, 7,600 lieues carrées (2,520
milles carrés).

	Habitans.			Habitans.
En 1377	2,353,000	En 1780	7,953,000
1570	5,000,000	1801	8,872,000
1710	5,240,000	1811	10,163,676
1750	6,467,050	1821	11,978,875
1760	6,736,000	1831	13,894,574

Ecosse, 4,500 lieues carrées (1,620 milles carrés)
avec les lacs.

	Habitans.			Habitans.
En 1688	1,025,000	En 1811	1,860,000
1760	1,264,000	1821	2,093,000
1801	1,650,000	1831	2,365,000

Irlande, 5,000 lieues carrées (1,800 milles carrés) avec les lacs.

	Habitans.			Habitans.
En 1672	1,320,000	En 1792	4,088,000
1712	2,099,000	1814	5,937,000
1754	2,372,000	1821	6,801,000
1785	2,845,000	1831	7,767,000

En 1700, l'Angleterre, l'Ecosse et l'Irlande

avaient 7,500,000 habitans répandus sur 17,000 lieues carrées ; c'était pour chacune, moins de 450 personnes. En 1821, on en comptait 21 millions, ce qui donne près de 1,250 par lieue carrée.

La population des trois grandes parties du Royaume-Uni était, en 1831 :

	Habitans.	par lieue car.
Angleterre et Galles	13,894,574	1,833
Ecosse et ses îles	2,365,807	610
Irlande	7,767,400	1,815
Population	24,027,781	1,531
Armée et marine	243,981	

Total général   24,271,762 habitans.

En 1831, on évaluait le nombre des maisons et chaumières comme il suit :

Angleterre et Galles	2,625,718	ayant 5 locataires.
Ecosse	384,680	6
Irlande	1,178 202	6 1/2
Total général	4,188,600	6

Population des villes principales.

17 villes de 20 000 à 30,000 habitans.
5   30,000   40,000

2	40,000	50,000 habians.
8	50,000	100,000
3	100,000	150,000
3	150,000	200,000
2	200,000	1,000,000
1	de plus de 1,000,000 d'habitans.	

La population des principales villes des trois royaumes, d'après le dernier recensement exécuté en 1831, a été constatée ainsi qu'il suit :

En Angleterre,	Londres	1,473,069 habitans.
	Manchester	182,812
	Liverpool	165,175
	Birmingham	146,986
	Leeds	123,393
En Ecosse	Glascow	202,426
	Edimbourg	162,156
En Irlande	Dublin	204,155
	Cork	107,016

Mouvemens annuels, de 1821 à 1831, des naissances et des decès.

Anglet. et Galles	375.300 naiss.	1 sur 35 habit.
Ecosse et ses îles	65,000	1	34
Irlande	270,000	1	27
Total annuel	710,300	1	82

Anglet. et Galles	246,300 décès	1 sur 52 habit.
Ecosse et ses îles	38,000	1	59
Irlande	167,000	1	44
Total annuel	451,300	1	51

L'accroissement total donné par l'excédant des naissances sur les décès est, année moyenne, de 259,000 habitans. Cet accroissement suppose qu'il ne faut guère que 50 ans à la population britannique pour opérer son doublement.

Population en 1831, d'après les âges et l'état civil :

	Sexe masculin.	Sexe féminin.	Excédant des femmes.
Angleterre	6,771,190	7,125,997	354,807
Ecosse	1,114,816	1,250,298	135,482
Irlande	3,794,880	3,972,521	177,641

En 1831 on comptait 7,010,000 hommes mariés, 7,030,000 femmes mariées, 4,670,000 enfans mâles, garçons et veufs; et 5,318,000 filles et veuves. Les veuves sont aux veufs comme 3 sont à 1, et les veuves qui se remarient sont aux veuves qui ne convolent pas à de nouveaux liens, comme 7 sont à 4. On assure que sur 100,000 mariages, 30 seulement sont sans enfans. On compte 4 enfans par mariage à la campagne, et 7 pour deux dans les villes. Il y a 2 jumeaux sur 65 enfans. Le terme moyen annuel des mariages en Angleterre, de 1826 à 1831, a été de 106,300; son rapport à la population est donc de 1 sur 128 habitans.

AGRICULTURE.

Résultats, en 1838, *du cadastre dans les îles Britanniques.*

	NOMBRE D'ACRES EN			
PAYS.	Jardins et terres labourabl.	Prairies et pâturages.	Terrains incultes cultivabl.	Terrains stériles improd.
Anglet.	10,252,800	15,379,200	3,454 000	3,256,400
Galles	890,570	2,226,430	530,000	1,105,000
Ecosse	2,493,950	2,271,050	5,950,000	8,523,930
Irlande	5,389,040	7,736,240	4,900,000	2,416,664
Iles adjac.	109 630	274,060	166,000	569,469
Tot.	19,135,990	27,886,980	15,000,000	15,871,463

Les termes numériques attribués aux produits territoriaux bruts et nets, par les publicistes anglais, à différentes époques du dix-huitième et du dix-neuvième siècle, sont :

1º ANGLETERRE ET GALLES.

	Produit brut.	Produit net.	Autorités.
1690	650,000,000	325,000,000	King.
1702	864,000,000	432,000,000	Gentz.
1779	1,022,370,000	610,000,000	A. Young.

6

1800 2,400,000,000 1,220,000,000 Becks.

1810 2,280,000,000 1,140,000.000 D. off.

1821 2,400,000,000 1,200,725,000 D. pub.

1836 3,411,650,000 1,025,000,000 M. de Jonès.

2° ÉCOSSE.

1698   12,000,000   4,000,000 Sinclair.

1821   381,000,000   85,900,000 D. pub.

1836   580,620,000   170,000,000 M. de Jonès.

4o IRLANDE.

1804   456,000,000   114,000,000 Middleton.

1821   800,000,000   200,000,000 D. pub.

1836 1,733,450,000   430,000,000 M. de Jonès.

5° ROYAUME-UNI.

1800 3,000,000,000 1,584,000,000 A. Young.

1802 3,623,250,000 1,864,000,000 Middleton.

1805 4,101,000,000 2,450,000,000 Gentz.

1813 5,645,000,000 2,681,150,000 Colquhoun.

1824 5,341,000,000 2,400,000,000 Marshall.

1836 5,725,720,000 2,200,000,000 M. de Jonès.

Le revenu net des terres du Royaume-Uni est énuméré comme il suit, dans des documens publics, pour trois époques comprises dans les 15 dernières années :

	1821.	1828.	1832.
Ang.	1,200,725,000	1,025,000,000	1,012,000,000
Ecosse	85,900,000	150,000,000	170,000,000
Irlande	200,975,000	350,000,000	350,000,000
Tot.	1,487,600,000	1,525,000,000	1,532,000,000

PRODUIT BRUT DU ROYAUME-UNI, EN 1836.

Produit brut de la culture...	3,476,800,000 fr.
— des bois et pâturages.	2,248,920,000
— des maisons.........	506,419,000
— des mines et houillèr.	687,288,000
— de l'industrie agricole	5,746,866,000
— de l'industrie manufacturière.........	4,720,000,000
— de la pêche.........	50,000,000
Valeur totale du produit brut du Royaume-Uni.........	17,386,293,000
Articles omis, par approximation..............	613,707,000
Total général.........	18 milliards de fr.

PRODUIT NET DU ROYAUME-UNI EN 1836.

1° Propriété foncière.

Sol.	Hectares.		Francs.
Angleterre.	16,000,000 à 63 f. » c.		1,025,000,000
Ecosse....	7,575,000	22 50	170,000,000
Irlande....	7,900,000	54 75	430,000,000
Totaux,.	31,475,000	51 33	1,625,000,000

Maisons.

Angleterre...	2,618,891	à 150 f.	392,833,650
Écosse.......	384,680	100	38,468,000
Irlande......	1,502,359	50	75,117,950
Totaux....	4,505,930	112	506,419,600

Mines.

Angleterre...	à 10 pour cent.	65,088,000
Ecosse.......	idem	3,462,000
Irlande......	idem	178,500
Total..........		68,728,500

Totalité du revenu de la propriété foncière.

	Sol.	Maisons.	Mines.	Totaux.
Anglet.	1,025,000,000	392,833,650	65,088,000	1,482,921,650
Ecosse.	170,000,000	38,468,000	3,462,000	211,930,000
Irlande.	430,000,000	75,117,950	178,500	505,295,450
Totaux.	1,625,000,000	506,419,600	68,728,500	2,200,147,100

2° Produit de l'industrie agric. a 10 p. 100.   575,000,000

3° — de l'industrie manufactur., idem   472,000,000

4° — de la pêche.   5,000,000

5° — des canaux, docks et chemins de fer.   150,000,000

6° — du commerce intérieur a 5, sur 15 milliards de valeur. . . .   750,000,000

7° — de la navigation, pour 20,000 navires et 2,312,000 tonneaux. .   41,600,000

8° — du commerce extérieur, à 10 sur 2 milliards de transactions   2.0,000,000

9° Dividende des compagnies d'assurances, et autres.   62,500,000

10° Intérêts des fonds publics, 1834. . . . 694,550,000
11° Placement dans l'Inde. 37,500,000
12° Revenu des fonds placés a l'étranger. . 120,000,000
13° Bénéfice des banquiers. 225,000,000
14° Articles omis. 466,702,000

Total général du produit net du
      Royaume-Uni. 3,779,999,100

Les salaires se distribuent approximativement comme il suit :

Laboureurs.................. 993,750,000 f.
Domestiques................. 168,750,000
Artisans, ouvriers.......... 450,000,000
Ouvriers des fabriques et manufactures................ 1,387,500,000

On compte 16 millions d'individus, ou 66 sur cent, voués à l'agriculture et à l'industrie ; c'est seulement pour chacun d'eux 188 fr. par an, ou 932 fr. par famille de 5 personnes.

Les bénéfices ou revenus, donnés par la production de toute espèce, se répartissent approximativement ainsi qu'il suit :

	Produit brut.	Produit net.	Proport.
Propr. foncière	6,919,427,000	2,200,148,000	29 p. 100
—industrielle	11,080,573,000	3,779,852,000	34
Totaux...	18,000,000,000	5,980,000,000	33 p. 100

Ces revenus sont énormes, mais ils sont atténués

considérablement par les charges de l'impôt, qui surpassent tout ce qu'a jamais payé aucun autre peuple. Le revenu de la propriété foncière est diminué directement :

Par la dîme ecclésiastique, estimée à................	100,000,000 fr.
— les taxes des paroisses, y compris celles des pauvres..................	208,450,000
— les contributions foncières:.	100,000,000
Total...........	408,450,000

Ces 1630 millions prélevés annuellement réduisent le revenu net du pays à 4,370,000,000 ; ils en enlèvent plus de 24 pour cent, ou environ un quart.

RICHESSE NUMÉRAIRE.

L'Angleterre est, après la France, celui de tous les états de l'Europe qui possède la plus grande richesse numéraire ; et cependant, par un contraste remarquable, c'est presque le seul pays qui n'ait ni mines d'or, ni mines d'argent.

Les nombres suivans expriment la richesse publique formée, dans les îles Britanniques et en France, par la réunion de la valeur des produits territoriaux et des produits industriels, indépendamment des autres branches accessoires du revenu.

ROYAUME-UNI.

	Produit territorial et individuel.	Population.	Contingent par habit.
1783	2,438,000,000	11,300,000	215 fr.
1801	3,000,000,000	14,610,000	210
1806	6,653,000,000	16,300,000	408
1813	8,500,000,000	18,000,000	472
1824	8,909,000,000	21,000,000	424
1836	9,450,000,000	25,000,000	400

En résumé, la richesse créée annuellement par la production territoriale et manufacturière du Royaume-Uni, s'est accrue, depuis 53 ans, par une succession de progrès qu'on peut exprimer ainsi qu'il suit :

En 1783, pendant la guerre d'Amérique..... 4

1801, — la guerre contre la république française.......... 5

1806, — la guerre contre l'empire français............... 11

1813, vers la fin de cette guerre......... 14

1824, après neuf ans de paix............ 15

1836, — vingt-un ans de paix........ 16

PRINCIPALES MINES EXPLOITÉES EN ANGLETERRE.

Houille. — Au nord : Ashton, Burnley, Chester-Street, Cockermouth, Colne, Leigh, Macclesfield, Manchester, Newcastle, Oldham, Ravenhill, North Shields, South Shields, Stockton, Sunderland, Tynemouth, Withehaven, Wigan, Workington. Au nord-ouest : Bakewell, Barnsley, Birmingham, Bradford, Cheadle, Chesterfield, Dudley, Ingleborough, Leeds, Mold, Newcastle-under-Line, Rochdale, Sheffield, Wednesbury, Wellington (*Salop*), Wolverhampton. A l'ouest : Abergavenny, Bristol, Caermarthen, Caerphilly, Dean-Forest (*Gloucester*), Muthyr-Tydvill, Neath, Pontypool, Swansea, Tenby.

Fer. — Au nord : Barnsley, Bradford, Dalton, Newcastle, Rotherham, Sheffield, Ulverston. Au nord-ouest: Birmingham, Colebrookdale, Wellington (*Salop*), Wolverhampton. A l'ouest : Abergavenny, Dean-Forest (*Gloucester*), Mirthyr-Tydvil, Neath.

Plomb. — Au nord : Allondale, Alstonmoor, Bakewell, Borrowdale, Burnley, Castletonvale, Chesterfield, Darlington, Richmond, Stockton. Au nord-ouest et à l'ouest : Aberconway, Aberystwith, Bristol, Holywell, Mirthyr-Tydvill, Mold, Wolverhampton. Au sud : Helston.

Etain. — Au sud : Helston, Redruth, St-Austel, St. Just, Tavistock, Truro.

Cuivre. — Au nord Hawkshead, Newcastle-under-Line. Au nord-ouest : Aberconway, Anglesea (île), Holywell. Au sud : Helston, Redruth, St. Austel, St. Just, Tavistock, sur les bords de la Tamar (*Devon* et *Cornouailles*), Truro.

Salines.— Au nord-ouest : Droitwich, Middle-wich, Nantwich, Norwich.

Chemins de fer.

Voici la nomenclature des chemins de fer qui sont les plus remarquables et construits le plus récemment :

Chemin de	Milles anglais.	Mètres.
Liverpool à Birmingham....	112	180,208
Birmingham à Newton......	80	128,720
Newcastle à Carlisle.........	80	128,720
Londres à Southampton.....	80	128,720
Liverpool à Manchester......	40	64,360
Stockton à Darlington.......	40	64,360
Glasgow...................	37	59,533
Canterbury à Wistable......	35	56,315
Clarence à Durham.........	30	48,270
Cromford à Peakforest.......	31	49,879
Leeds à Selby.............	25	40,225
Preston à Wyre............	18	28,962
Leicester à Swannington.....	16	25,744
Bolton, Bury et Manchester..	15	24,135
Vigan, Newton et Warrington	14	22,526
Dundée à Newtyle.........	12	19,308
Sainte-Hélène à Runcorn....	12	19,308
Bolton, Leigh et Kenyon....	10	16,090
Hetton...................	10	16,090
Edimbourg à Dalkeith......	10	16,090
Seaham...................	7	11,263

Report........	715	1,160,789
Dublin à Kingstown (Irlande).	6	9,654
Londres à Greenwich.......	4	6,436
	725	1,166,526

Les chemins de fer principaux en construction sont ceux ci-après :

De Londres à Bristol........	183	milles.
De Birmingham à Londres....	181	
De Londres à Southampton...	120	
De l'Union du Nord.;.......	33	

La plupart de ces chemins de fer passent sur de nombreux viaducs et par d'immenses souterrains, afin d'éviter les descentes et les montées, et de conserver un niveau constant ou de n'avoir que des pentes insensibles.

NAVIGATION INTÉRIEURE ET CANAUX.

L'Angleterre est de tous les états du monde, celui qui possède le plus grand nombre de canaux. Le parcours, de ces différentes lignes de navigation est de plus de 2,500 milles, et les frais généraux de construction ont été portés par quelques ingénieurs, en 1835, à 1,250,000,000 de fr. Ces entreprises ont nécessité le percement de 52 galeries souterraines, sur une longueur de 80 kilomètres (environ 40,000 toises), et la construction de plus de 3,600 écluses et de 423 ponts. Mais ainsi, les quatre grands ports de l'Angleterre, Londres, Liverpool, Hull et Bristol communiquent entre eux, et avec les principales villes de l'intérieur, malgré les chaînes de montagnes qui les séparent.

Au nord : Ashton et Peak , Barnsley, Bolton et Bury, Bridgewater actuellement Marquis de S'afford, Chesterfield,, Dean et Dove, Derby, Ellesmere, Gran Trunk, Haslingden, Huddersfield, Lancastre, Leeds et Liverpool, Peak-Forest, Rochdale et Halifax , Rochdale et Manchester, Sankey, Staffordshire, Stoke. Au nord-ouest : Ashby de-la-Zouch, Birmingham et Fazely, Birmingham et Oxford , Birmingham et Worcester, Chester, Coventry, Dee, Dudley, Grand-Junction, Grantham, Leicester, Nottingham, Shrewsbury, Union, Weaver, Wednesbury, Wirley et Essington. A l'ouest : Aerdara, Berkeley et Gloucester, Brecknock, Crumlin , Tamise et Saverne, Hereford-et-Gloucester, Kennet et Avon, Kingston, Pontypool, Montgomery, Neath , Wills et Berks. Au sud-ouest et au sud : Andover, Arundel et Portsmouth, Basingstoke , Bude, Croydon, Guildford, Salisbury, Somerset et Dorset, Surrey, Taunton et Bridgewater, Topsham. Au sud-est : Braunston et Paddington, New-River, Tamise et Medway. Au nord est : Ancholme, Erewash, Peterborough, Stainford et Headley, Velland, Witham.

Commerce. — Le commerce commença à fleurir
en Angleterre sous le règne d'Elisabeth ; il s'y
est élevé depuis à un grand point de prospérité.
Les Anglais explorent en 1838 toutes les parties du
monde, pour en rapporter les matières premières
nécessaires à leur industrie. Ils tirent de la Suède,
de la Russie et des autres pays baignés par la
Baltique, du bois, du fer, du cuivre et du chanvre ; l'Espagne, l'Allemagne et la Hongrie leur
fournissent des laines ; les deux Indes des cotons
écrus. Partout leur commerce et leur industrie
sont liés par des intérêts réciproques. Les mêmes
bâtimens qui exportent les produits de leur fabrication, prennent en retour du blé, du vin, des
marchandises coloniales, des matières premières ;
ils approvisionnent encore presque exclusivement
l'Europe de thé de la Chine et d'épices des deux
Indes.

On chercherait en vain dans les annales du
globe l'exemple d'un peuple dont le commerce
ait égalé celui de l'Angleterre ; jamais l'art de
fabriquer, d'acheter et de vendre n'a donné naissance à une puissance aussi colossale ; et trente
siècles se sont écoulés avant qu'un peuple réunît
assez d'habileté, de persévérance et de bonheur
pour fonder sur cette base un grand empire. Il
est également important et difficile de déterminer
d'une manière positive les élémens dont se compose le commerce de la Grande-Bretagne. Une

étude approfondie de ce sujet nous a donné les résultats suivans : la Grande-Bretagne reçoit annuellement, d'après les termes moyens des dernières années de paix :

1° De son industrie pour.......	3,568,000,000
2° De son agriculture et des mines	5,420,425,000
	8,988,425,000
3° De l'importation coloniale...	342,000,000
4° De l'importation étrangère...	411,825,000
	753,825,000
Total. francs.	9,742,250,000

La destination de cette masse immense, qui constitue la matière du commerce anglais, est répartie ainsi qu'il suit :

1° L'exportation des produits industriels est de..:...........	810,850,000
2° Des produits naturels	75,725,000
3° Des produits coloniaux et étrangers...................	553,875,000
	1,140,450,000
4° La consommation des produits industriels	2,757,150,000
5° Des produits naturels.......	5,344,700,000
6° Des produits coloniaux et étrangers	99,950,000
	8,501,800,000
Total. francs.	9,742,250,000

D'après ces termes généraux et approximatifs, le commerce intérieur agit sur une masse :

1° De produits indigènes et industriels de 8,101,850,000

2° De produits coloniaux et étrangers 499,950,000

Valeur du commerce intérieur formé par la consommation. fr. 8,601,800,000

Le commerce intérieur se forme :

1° D'une exportation de produits indigènes nationaux et industriels de 886,575,000

2° De produits coloniaux et étrangers de 253,875,000

3° D'une importation coloniale et étrangère de 753,825,000

Valeur du commerce extérieur formé de l'exportation et de l'importation,........ francs. 1,894,275,000

Montant total du commerce britannique, tant intérieur qu'extérieur............. francs. 10,496,000,000

Plus de 30,000 bâtimens marchands, dont les équipages comportent 225,000 marins, servent ces entreprises commerciales, sans contredit les plus étendues et les plus lucratives que l'histoire connaisse.

Voilà la richesse prodigieuse qui donne à l'Angleterre l'ascendant des emprunts, du crédit et des subventions, le patronage de l'Amérique, la possession de l'Asie, l'empire des mers, et cette prépondérance européenne que la France lui a fait acheter par 28 années de guerre.

STATISTIQUE MORALE ET ADMINISTRATIVE.

Religion. — La liberté des cultes est garantie par la constitution. La religion de la majorité, en Angleterre et en Ecosse, est la religion protestante; en Irlande, la religion catholique. Le roi est le chef de l'Eglise anglicane; le haut clergé se compose d'archevêques, d'évêques et de recteurs.

On comptait en 1835, en Angleterre, en Ecosse et en Irlande, 14,180,827 habitans du culte anglican; 6,950,000 catholiques; 2,000,000 presbytériens; 520,347 méthodistes; 168,000 mennonites; 68,000 quakers; 45,000 frères Moraves; 16,000 juifs, et 809,000 d'autres sectes religieuses, qui ne sont presque toutes que des modifications très-légères de celles qui précèdent.

Population en Angleterre d'après la différence des conditions sociales.

	Nombre.	Revenus
Haute noblesse, clergé, *gentry*......	532,455	1,576,089,000 f.
Professions libérales	391,500	522,000,000
Agriculteurs.......	2,975,000	1,942,250,000
Commerçans et marchands.........	735,000	927,500,000
Classes ouvrières, industrielles	7,934,531	2,280,038,000
Infirmes et pauvres	1,550,500	246,773,000 '
Total..	14,118,986	7,484,652,000 f.

Proportions.

	Habitans.		Richesses ann.
Hautes classes......	1 sur 27		1/5
Professions libérales.	1	37	1/15
Agriculteurs.	1	5	1/4
Commerçans et mar.	1	13	1/8
Classes ouvrières....	1	2	1/2
— infirmes.....	1	9	1/30

(1) La taxe des pauvres est une maladie sociale tellement invétérée en Angleterre, que la cure en est sinon désespérée, du moins extraordinairement difficile. En 1819, les sommes levées pour les pauvres étaient de 221,700,000 francs; en 1833, de 218,475,000 ; en 1836 elles ont été réduites à 160,350,000 francs.

Caractère du peuple.

Nous reproduirons à ce sujet le parallèle qu'un auteur anglais, M. Mudie, a fait des trois nations, ses compatriotes : « L'Anglais, dit-il, est guidé par l'habitude; l'Ecossais, par la réflexion et par l'impulsion ; l'Irlandais, par l'impulsion seule. Le premier est persévérant, mais tardif; le second a plus de légèreté dans l'esprit, mais aussi plus de fixité ; le dernier a la mobilité du vent, mais rien n'est solide en lui : c'est le ballon rempli d'air L'Anglais en crédit est hautain ; l'Ecossais, intrigant ; l'Irlandais, toujours vain. »

Dans les trois périodes de sept années de 1810 à 1817 on a jugé en Angleterre 56,300 individus; de 1818 à 1824, 92,800 ; de 1825 à 1831, 121,500: Les condamnations ont été, pour ces trois périodes, de 35,000; 62,000; 85,000 ; c'est-à-dire dans une progression considérable. En 1834 il a été condamné 22,451 personnes; en 1835, 20,731; en 1836, 20,984; et durant ces trois années 6,002 et 6,213 individus ont été acquittés.

Sciences et Arts. — Il n'existe aujourd'hui aucune science dans l'étude de laquelle la littérature anglaise n'ait à montrer, en 1838, des ouvrages approfondis. Nous regrettons de ne pouvoir nommer ici tous les auteurs qui ont illustré la langue anglaise ; nous nous bornerons à citer ceux qui ont le plus contribué à former son style, sa philosophie et sa littérature. C'est vers le quatorzième siècle que la littérature anglaise commence à attirer les regards ; un des poètes célèbres de cette époque est Geoffroy Chaucer (mort en 1400). Au seizième siècle, Edmond Spencer florit également dans la poésie. Le dix-septième siècle s'illustre des sublimes génies de Shakspeare (mort en 1616) et de Milton (mort en 1674); puis nous voyons vers ce temps le légiste Bacon, le philosophe Hobbes, l'orateur Algernon Sidney. Au dix-huitième siècle, le grand mathématicien Isaac Newton vient opérer une révolution dans les sciences exactes et conjecturales ; puis viennent le philosophe Locke, le naturaliste Humphry David, le savant Johnson, les historiens David Hume, Robertson et Gibbon. — Robert Walpole, Edmond Burke, Chatam, Fox, Pitt, Sheridan, viennent donner à l'économie politique, jusqu'à eux seulement pressentie, une face nouvelle. Dans les belles-lettres, surtout dans les vastes champs de l'imagination et de la poésie, Steele, Addison, Swift, Richardson, Fielding, Sterne, Goldsmith, diamantent ce grand siècle. Vers cette époque l'influence de la littérature française donne un nouveau caractère à la littérature anglaise; John Dryden, poète célèbre, ouvre avec succès une nouvelle école. Après lui, se produisent Pope et Thompson, l'auteur des *Saisons*. Young publie aussi ses *Complaintes* ou *Pensées de nuit*. Enfin, de nos jours, au dix-neuvième siècle, on admire

es Cowper,-poète lyrique et didactique; Woods-
worth, connu par ses ballades; l'illustre lord
Byron, dont le nom a retenti dans toute l'Europe;
Campbell, Southey, Coledridge, dans la poésie
descriptive; le célèbre romancier Walter Scott,
Edward Bulwer; Thomas Moore, génie du premier ordre, et enfin George Crabbe, peut-être le
plus populaire des poètes anglais modernes, par
la vérité de ses descriptions des scènes de la vie
vulgaire.

Les sociétés savantes sont fort nombreuses en
Angleterre; nous citerons les sociétés royales et les
instituts des sciences de Londres, d'Edimbourg et
de Dublin; la société royale des antiquaires, les
académies royales des arts et de peinture, la société Linnéenne, les sociétés phrénologique, géo-
logique, zoologique, et entomologique; celles
de mathématiques, de minéralogie, des pharma-
ciens (qui possède un jardin botanique), d'horticulture, de statistique, de géographie; celles pour
l'encouragement des arts, des fabriques et du
commerce, la société royale asiatique, la société
biblique (qui a répandu un nombre immense de
bibles en 145 langues différentes).

Plus de deux cent cinquante sociétés savantes
et cinq à six mille institutions d'utilité publique,
que nous ne citerons pas afin d'éviter de trop
longs détails, et qui cependant n'en sont pas
moins utiles.

Pour le soulagement des malheureux, les îles

Britanniques entretiennent de nombreux hôpitaux ou hospices et des dispensaires où l'on donne gratuitement aux pauvres les consultations et les médicamens ; et pour la tranquillité des habitans, des prisons saines, vastes et tenues, sous les rapports matériels et moraux, avec une supériorité de vues qui fait honte à la plupart de celles de l'Europe.

La langue anglaise dérive : 1° du latin, à cause du séjour qu'y firent les Romains ; 2° du saxon, (qui y domine), les Saxons étant venus s'y établir vers le milieu du V⁵ siècle ; 3° du français, depuis l'invasion de Guillaume le-Conquérant et de ses Normands.

Les termes moraux de la langue anglaise appartiennent pour la plupart au latin ; ceux de guerre et ceux qui expriment des habitudes et des usages au saxon ; ceux employés par les gens de loi, au français pour la plupart, et quelques uns au saxon.

La langue anglaise s'écrit avec les caractères du latin. Elle n'a point d'idiome, mais varie dans la prononciation, selon les accens des différentes provinces.

La langue anglaise est destinée à être plus généralement parlée que toutes les langues du globe ; on a calculé en 1837 que près de 100,000,000 d'habitans la parlent dans les diverses contrées monde.

On compte en Angleterre 18,300 écoles indé-
pendantes ; on enseigne le latin et le grec dans
3,100, le français dans 5,720, l'allemand et l'italien dans 1,800, les mathématiques dans 1,200,
le dessin dans 2,000. — Il y a 6,250 écoles qui
suivent le système interrogatif de Philipp, 1,450
le système monitorial de Bell et de Lancastre, et
450 le système hamiltonien.

Universités.

Villes.	Epoque de la fondation.	Nombre d'étudians.
Oxford.......	1249	5,150
Cambridge....	1279	5,500
Saint-Andrews.	1411	180
Glasgow......	1454	1,500
Aberdeen.....	1471	470
Edimbourg ...	1581	2,000
Dublin.......	1591	1,250
Londres	1828	450

Gouvernement. — La constitution est basée sur
la grande charte de Henri Ier, donnée en 1100,
modifiée en 1215, en 1265, en 1272, et principalement sur la déclaration de 1688 ; elle garantit
toutes les libertés par l'exercice complet de celle
de la presse, et relève la qualité de citoyen, en
plaçant sa vie et ses propriétés sous la sauvegarde
des lois. Une chambre des lords, où siège l'élite

dé la noblesse, composée de 4 princes du sang, 3 archevêques, 21 ducs, 19 marquis, 109 comtes, 18 vicomtes, 27 évêques, 181 barons, 16 pairs d'Ecosse élus pour la durée d'une législature, et 28 pairs d'Irlande élus à vie; une chambre des communes composée de 658 membres, dont 500 représentent l'Angleterre et la principauté de Galles, 53 l'Ecosse, et 105 l'Irlande; des ministres responsables dans toute l'acception de ce mot; un roi qui unit la dignité de magistrat suprème à celle de chef de l'Eglise; la faculté dont jouissent les femmes de participer à l'hérédité de la couronne; enfin la prérogative accordée au parlement de proposer des lois, donnent à la constitution anglaise toutes les garanties suffisantes contre les envahissemens du pouvoir royal.

La noblesse n'accorde aucun privilége essentiel; chaque Anglais, quelle que soit sa position sociale, est libre de sa personne. Chacun contribue dans la proportion de sa fortune aux charges de l'état; tous sont égaux devant la loi; tous ont le droit d'exprimer librement, oralement ou par écrit leur opinion sur tout objet; de se réunir en quelque nombre que ce soit; de délibérer sur les affaires publiques, et de présenter des adresses au parlement.

Quatre corps de hauts fonctionnaires aident le roi dans la direction publique et l'administration des affaires de l'état; ce sont: 1° le conseil intime privé (*the privy council*); 2° le conseil des ministres ; 3° la trésorerie, suprême collége des finances, et 4° l'amirauté, qui est à la tête de la marine.

Il n'y a point en Angleterre de tribunaux permanens, et la justice est toujours rendue avec l'assistance des jurys, à l'exception de la cour de la chancellerie, qui est le tribunal suprême d'appel, et en même temps le seul qui soit en activité permanente et qui juge sans jury. Trois autres tribunaux connaissant des affaires importantes, mais assistés de jurés, savoir : la cour du banc du roi, pour les causes criminelles ; la cour de la trésorerie, pour les intérêts d'argent, et la cour des procès communs pour les causes civiles.

Dans les provinces ou comtés, la justice, ainsi que la police administrative, est entre les mains d'employés pour la plupart éligibles, et qui s'acquittent gratuitement de leurs fonctions.

FINANCES.

Revenus nets de l'Angleterre, à l'avènement de chaque règne, depuis 1603 jusqu'en 1835.

		Liv. sterl.	Francs.
A l'avénement de			
Jacques Ier, en	1603	600,000	15,000,000
Charles Ier......	1625	896,819	22,420,475
La république...	1648	1,517,247	37,930,975
Charles II	1660	1,800,000	45,000,000
Jacques II,.....	1685	2,000,000	50,000,000

Guillaume et Ma-
rie.......... 1688   2,001,855   50,046,175
Anne 1701   3,895,305   87,420,475
George Ier...... 1714   5,691,803   142,295,075
George II....... 1727   6,762,643   168,866,075
George III...... 1760   8,523,540   213,088,500
George IV....... 1820 46,132,634 1,153,315,850
Guillaume IV... 1830 47,139,813 1,178,495,315

Dans toutes ces diverses sommes ne sont point
compris les frais de perception, qui sont de 80 à
100 millions de francs; les taxes pour les pauvres,
qui sont de plus de 200,000,000, et celles pour
l'entretien des routes, des établissemens publics
du clergé, qui sont considérables (1).

_____

(1) Le revenu seulement du clergé anglican a
été constaté comme il suit :

Dîmes ecclésiastiques,.....   172,120,000 fr.
Revenus des diocèses, sans
  compter celui de Sodor et
  de Man................   5,427,875
Biens des doyens et des chapitres.................   12,350,000
Maisons presbytériales (1,875
  francs chacune)........   6,250,000
Cures perpétuelles   1,875,000
Bénéfices non attachés au paroisses (2,250 fr. chacun).   811,250
Sommes provenant des ma-
  riages, enterremens, baptê-

La dette publique de l'Angleterre à différentes
époques a été :

En 1688	16,000,000	francs.
En 1702	400,000,000	
En 1714	1,500,000,000	
En 1727	1,300,000,000	
En 1739	1,150,000,000	
En 1748	1,950,000,000	
En 1755	1,850,000,000	
En 1762	3,650,000,000	
En 1776	3,375,000,000	
En 1786	6,350,000,000	
En 1793	6,350,000,000	

mes, offrandes, oblations, et équivalant aux dons en nature à l'occasion des quatre grandes fêtes de l'année	2,000,000
Colléges et écoles de charité.	17,053,750
Emplois de prédicateurs dans les villes et les endroits d'une forte population...	1,500,000
Places de chapelain et autres charges dans les établissemens publics............	250,000
Eglises et chapelles nouvellement construites.......	2,376,250
Total.........	222,014,125

8

En 1815   28,025,000,000
En 1830   19,275,000,000 (1)

_____

(1) En Angleterre, la masse des capitaux était devenue si considérable en 1825, qu'après avoir couvert une
dette publique de 20 milliards, après avoir fourni à tous
les besoins d'une industrie et d'un commerce dont le
mouvement annuel embrassait pour environ deux milliards de francs de valeurs exportées ou importées, ils
se précipitaient pour trouver de l'emploi dans des entreprises de toute espèce, dont la plupart offraient peu
de chances de succès. On vit alors se former 22 compagnies pour les chemins de fer, 12 pour l'éclairage par le
gaz, 18 pour l'exploitation des mines étrangères, 8 pour
l'exploitation des mines de l'Angleterre, et 53 pour divers objets, dont les capitaux réunis montaient a 3 milliards de francs ; une compagnie ayant demandé 50 millions de francs pour un chemin de fer, les offres dépas-
sèrent en deux jours 250 millions. On vit aussi ce que
nous avons vu en France à la même époque, les constructions de bâtimens se multiplier au-delà de toute
proportion raisonnable, et de nouveaux quartiers s'élever comme par magie dans les grandes villes. Enfin,
toute cette activité intérieure ne suffisant pas encore en
Angleterre pour absorber la totalité des fonds disponi-
nibles, ils émigrèrent et allèrent chercher, hors du pays,
les spéculations les plus hasardeuses et les plus lointai-
nes. En quelques années, l'Angleterrre fournit 400 millions de francs pour l'exploitation des mines de l'Amérique, et 1,195,000,000 de francs pour les emprunts
étrangers. Ces opérations extravagantes ont eu le sort au-

Ainsi, pendant la guerre, l'Angleterre a emprunté chaque année, terme moyen, au-delà de 1,500,000,000 ; et depuis la paix elle s'est libérée chaque année d'une somme de 600,000,000. Nous laissons au lecteur le soin de tirer des conséquences de ce fait important.

Résumé des recettes au 5 janvier 1836 et 1837.

	fr.	fr.
Douanes............	695,867,875	743,763,425
Droits indirects ...	217,647,525	225,363,850
Total pour les douanes et les droits indirects.......	913,515,400	969,127,275
Timbre...........	180,622,675	183,759,425
Contributions di-		

quel on devait s'attendre. Dans presque tous ces emprunts, les prêteurs ont perdu plus de 5o pour 100 sur le taux de l'émission primitive ; dans quelques uns même ils n'ont retiré ni capital ni intérêts, et des centaines de millions ont ainsi disparu de la circulation, non-seulement sans laisser de vide, mais même sans que l'encombrement en ait été aucunement diminué. Il semble qu'en présence de ces faits, il faudrait nier l'évidence pour ne pas admettre que, depuis 1825, la masse des capitaux en Angleterre a été trop considérable pour les besoins du pays.

Report.	1,094,138,075	1,152,986,700
rectes.........	97,034,925	98,037,625
Poste...........	56,082,350	58,765,050
Domaines de la couronne......	9,574,325	9,039,825
Produits divers et ressources éventuelles........	5,538,625	3,653,250
Total égal des recettes.........	1,262,368,300	1,322,382,450

Résumé des dépenses au 5 janvier 1836 et 1837.

Finances.	fr.	fr.
Frais de recouvrement.........	73,587,400	71,280,625
Dette publique ...	712,641,875	730,871,825
Gouvernement civil.		
Liste civile.-Bourse privée.........	40,686,875	39,921,700
Justice	25,568,775	25,254,600
Diplomatie	8,974,100	7,885,900
Forces de terre et de mer........	291,437,175	302,824,200
Objets divers.....	66,794,675	92,443,775
Total égal des dép.	1,219,690,975	1,270,482,62

Récapitulation.

	fr.	fr.
Total des recettes .	1,262,368,300	1,322,382,450
— dépenses.	1,219,690,975	1,270,482,625
Excédant	42,677,325	51,899,825

N. B.	fr.	fr.
Le montant des annuités à terme étant de.......	101,064,775	105,610,675
Equivaut, suivant les calculs de M. Finlayson, à une rente perpétuelle d'environ......	48,365,100	48,893,500
Différence au profit de l'amortissem .	52,708,675	56,717,175

FORCES DE TERRE ET DE MER EN **1835.**

ARMÉE DE TERRE.

Garde royale.

Infanterie.	3 régimens.......	5,717 h.
Cavalerie.	3 régimens.......	1,304

Troupes d'élite.

| Cavalerie. | 7 régim. de dragons | 2,660 |

8.

Report....... 9,681 h.

Ligne.

Infanterie. 99 régimens, dont 2
(le 1er et le 60e) ont 2 bataillons,
et les 97 autres, 1............. 84,385

N. B. Sur ces 99 régimens, il y en
a 20 qui sont aux Indes et payés
par la Compagnie.

Carabiniers, une brigade forte de
2 bataillons................ 1,671

Cavalerie 3 régimens de dragons 1,089
— 5 id. de dragons légers 1,815
— 4 id. de drag.-hussards 1,452
— 4 id. de dragons-lanciers 1,452

N. B. Sur ce nombre, 4 régimens
sont aux Indes, à la solde la Compagnie.

Artillerie, 9 brigades à pied formant 72 compagnies 6,480
— 1 brigade à cheval ou
6 compagnies 540
— 1 compagnie de Rocket
(fusées à la Congrève) 90

Génie, 19 comp. de sapeurs-mi-
neurs et pompiers... 1,710

Total général de l'armée.... 110,315

Milices.

Bataillons de milice dans les trois royaumes......................	60,000
Yeomanry..........................	50,000
Milices dans les colonies des Indes, outre les régimens qui se relèvent à tour de rôle............	150,000
Total général des milices.....	260,000

Etat-major général.

Maréchaux......................	7
Généraux.......................	98
Lieutenans-généraux	204
Majors-généraux...............	226
Aides-de-camp du roi, ayant le grade de colonels............	53
Total de l'état-major général.	588

ARMÉE DE MER.

Marins royaux ou d'élite........	9,000
Matelots......................	20,000
Etat-major de la marine........	7,244
Total de l'armée de mer.....	36,544

Materiel de la marine.

Vaisseaux de plus de 100 canons...	22
— de plus de 74 canons....	99
— de 42 canons et au-dessus	104

Report....	225
Bâtimens à vapeur...............	22
Bâtimens de 4 à 40 canons.........	310
Total des bâtimens.....	557

L'organisation du corps entier de la marine se
compose de quatre divisions de ligne et d'une division d'artillerie royale, dont la totalité forme
101 compagnies, réparties de la manière suivante :

1re division, 26 compagnies, à Chatham.
2e — 29 — à Portsmouth.
3e — 27 — à Plymouth.
4e — 17 — à Wolwich.
Artill. royale de la marine, 2 comp., à Portsmouth.

STATIONS MILITAIRES.

Ports militaires — Sur la Tamise et ses affluens :
Chatham, Deptford, Sheerness, Woolwich.
Sur la côte méridionale : Douvres, Falmouth,
New-Haven, Portsmouth, Plymouth, et dans les
îles de Guernesey, Jersey, Ste-Marie (archipel des
Sorlingues). Sur la côte occidentale : Liverpool,
Milfordhaven. Sur la côte septentrionale : Hull,
Newcastle. Sur la côte orientale : Harwich, Yar-
mouth.

Garnisons et forts.— Au sud-est : Cantorbéry,
Chatham, Deal, le château de Sandown, la Tour
de Londres, Maidstane, le château de Sandgate,

Sheerness, le fort Tilbury, le château d'Upnor,
Windsor, Woolwich. Au sud : Brighton, le château de Calshot, Dartmouth, Dorchester, Exeter,
Hastings, le château d'Hurst, Hythe, les châteaux
de Pendennis, et de St-Mawes à Falmouth, Plymouth, Portsmouth, Seaford, le château de South-
sea, Steyning, Truro, Weymouth, île de Wight,
aux îles d'Aurigny, Guernesey Jersey, Ste-Marie,
(archipel des Sorlingues). A l'ouest : Bristol, Chester, Milford, Shrewsbury, Taunton. Au nord :
Birmingham, Carlisle, Coventry, Derby, Hull,
Lancastre, Liverpool, l'île de Man, Manchester,
Newcastle, Preston, Scarborough, Sunderland,
Tynemouth, York. A l'est : Colchester, Ipswich,
le fort Languard vis-à-vis de Harwich, Norwich,
Yarmouth.

Ordres de chevalerie. — On compte en Angleterre quatre ordres de chevalerie : l'ordre de la
Jarretière, fondé en 1349 ; l'ordre de Bath, divisé
en trois classes et fondé en 1799 ; l'ordre écossais
du Chardon, appelé aussi ordre de Saint-André,
fondé en 1540 ; enfin l'ordre irlandais de Saint-
Patrick, fondé en 1783.

POSSESSIONS ANGLAISES DANS LES CINQ PARTIES
DU MONDE.

Europe.

	population.
Helgoland (Danemarck)	4,000

Gibraltar (Espagne)...............	16,000
Malte, Gozzo et Comino (Médit.)	96,000
Iles Ioniennes (mer Ionnienne)..	230,000

Asie.

Indoustan anglais	83,000,000
Tributaires et alliés indous.....	40,000,000
Ceylan	1,200,000

Afrique.

Sierra-Leone et dépendances....	18,000
Ile de Fernando-Po...........	17,000
Cap-de-Bonne-Espérance......	133,000
Ile de France ou Maurice.........	90,000
Seychelles	7,000

Amérique.

Haut et Bas-Canada, Nouveau-Brunswick, Nouvelle-Ecosse..	1,092,000
Ile du Cap-Breton.............	24,000
Ile de Terre-Neuve...........	85,000
Bermudes	14,500
Petites-Antilles...............	100,000
Lucayes ou Bahama...........	15,500
Jamaique.....................	406,000
Ile du Prince-Edouard	8,000
Dominique (Antilles)..........	20,000
Sainte-Lucie (idem)..........	17,000
Saint-Vincent (idem)..........	28,000
Tabago (idem)...............	16,000

Trinité (idem)................	50,000
Iles sous le Vent (idem).......	93,000
Etablissement de la baie de Hon-	
duras	4,200
Guyane	168,000
Hopparo (Terre-de-Feu).......	400

Oceanie.

Nouvelle-Galles méridionale...	44,000
Terre-de-Diémen.............	16,000
Total des possessions anglaises.	127,006,600
Population des îles Britanniques.	24,707,174
Troupes de terre et de mer dans	
les diverses possessions......	401,785
Population de l'empire Britann.	152,115,559

DANEMARCK (ROYAUME DE).

STATISTIQUE PHYSIQUE ET DESCRIPTIVE.

Le royaume de Danemarck est situé entre 50° 45' et 10° 14' de longitude orientale, et entre 53° 22' et 57° 45' de latitude.

Ses limites sont : au nord, le Skager-Rack, le Cattegat; au sud, le royaume de Hanovre; à l'ouest, la mer du Nord; à l'est, le Cattegat, le Sund, la Baltique et les pays de Mecklembourg.

Sa plus grande longueur est de 58 milles ; sa largeur ne dépasse pas 24 milles.

La monarchie danoise comprend 3,092 milles carrés de superficie, et 2,101,280 habitans (1). Elle se compose :

1° En Europe,

	Mil. car.	Population.
Le royaume de Danemarck, avec le duché de Schleswig	847	1,522,280
Le duché de Holstein......	153	404,750
— de Lauenbourg ..	19	35,650
	1,019	1,962,680
2o Iles,		
Faero et Groenland	240	11,300
Islande	1,800	50,000
	3,059	2,023,980
3o En Asie.............	15	28,000
4o En Afrique.........	10	3,000
5e En Amérique........	8	46,300
	3,092	2,101,280

Le royaume de Danemarck proprement dit se divise en 20 baillages. Le duché de Schleswig ou

_____

(1) En 1812 il y eut dans les états danois d'Europe 34,947 naissances, 38,353 décès, et 10,781 mariages.

Jutland méridional en comprend 12, celui de Holstein 14, et le duché de Lauenbourg 5; pour tout le royaume, 51 baillages.

Les villes les plus remaquables sont :

Copenhague.....	116,000 habitans.
Altona	26,000
Flensbourg	15,000
Schleswig	11,000
Kiel............	10,500
Rendsbourg......	8,000
Aalborg	7,500
Helsinger........	7,500
Odense.........	7,500
Aarhuus.........	7,000
Randers	5,500
Gluckstadt.......	5,200
Christianstadt	5,000

Copenhague, principal port militaire, Rendsborg et Kronborg, sont regardées comme les trois places les plus fortes du royaume. Il y a en outre 7 autres places fortes.

Le royaume et ses duchés présentent en total:

98 villes.	1,907 paroisses.
45 bourgades.	4,985 villages.

Le royaume de Danemarck n'offre aucune élévation qu'on puisse décorer du nom de montagne si ce n'est dans l'archipel Faero, dont le point

9

culminant, Slatterind, a 469 toises ; on n'y trouve, à proprement parler, que des collines.

Les îles sont nombreuses et forment la partie principale et la plus florissante du Danemarck. L'archipel danois, entre la Gothie et le Jutland, se compose de Seeland, Fionie, Falster, Femern, Moen, Langeland, Arro, Als, Samso, Bornholm, dans la Baltique ; Antholt et Leso, dans le Cattegat ; Fano, Romo, Sylt, Fohr, Amron, Pelworn, Norpstrand, dans la mer du Nord ; Stromo, Ostero et Sydero, de l'archipel de Faero, dans l'Océan Atlantique septentrional.

Viennent après l'archipel danois, les îles de Feroës, situé dans le nord-ouest de l'Europe, entre l'archipel britannique, de Schetland et d'Islande. Ces îles sont au nombre de 35, dont 17 habitées. Leur population est évaluée à 6,630 ames. Stromoë est la plus grande ; elle a 8 milles de longueur sur trois de largeur. Ensuite, Suderoë, au sud ; Sandoë, au centre ; Osterroë, à l'est, et Wagoë, à l'ouest, sont les plus importantes.

Cet archipel est divisé en 6 districts et 17 paroisses, dont la capitale, la seule ville qu'il possède, est Thorshavn, dans l'île de Stromoë ; elle a 500 habitans.

Les montagnes que l'on y remarque sont toutes d'origine volcanique ; quelques unes s'élèvent jusqu'à 330 toises.

Le terrain graveleux et noirâtre qui forme le

reste du sol est couvert de pâturages arrosés par des ruisseaux limpides.

Le climat n'est pas trop rigoureux pour la latitude de cet archipel; les baies sont rarement encombrées par les glaces.

Les champs produisent du seigle, de l'orge et des légumes; les pâturages y nourrissent des moutons et des bestiaux.

Les principales branches d'industrie sont la fabrication des bas de laine, la chasse aux oiseaux aquatiques, la pêche du hareng et de la baleine.

Parmi les fleuves, qui sont de peu d'importance dans ce pays de bas-fonds, on en remarque seulement deux qui sortent de son sein, l'Eider, dans le Holstein, et le Guden, dans le Jutland. La Trave sort du duché de Holstein; l'Elbe forme la ligne frontière entre les états du Danemarck et du Hanovre.

On compte plus de 400 lacs; mais leur dimension est en général très-petite. Les plus remarquables sont ceux d'Arre et d'Esrom, dans l'île Seeland; de Marieboë, dans l'île Laland; de Ploen et de Salant, dans le duché de Holstein; de Ratzebourg et de Schaal, dans celui de Lauenbourg.

Plusieurs beaux canaux facilitent les communications; le canal de Schleswig-Holstein joint la Baltique à la mer du Nord; le canal de la Steckenitz forme la jonction de l'Elbe à la Baltique; le canal de Nestwed, dans l'île Seelland, réunit le lac Bavelse à la Baltique ; le canal d'Odense joint la ville de ce nom avec la mer.

La climat est plus humide que froid ; l'été est très-court ; l'hiver neigeux et pluvieux. La température moyenne est + 7, 6. Il y tombe annuellement 20 pouces d'eau.

STATISTIQUE PRODUCTIVE ET COMMERCIALE.

Le territoire agricole se divise comme il suit :

15,000,000 arpens de terres labourées.
 1,100,000   —   de forêts.
 1,000,000   —   de prairies.
   753,000   —   de pâturages.

La végétation est favorisée pas une humidité continuelle ; mais les vents et les tempêtes dévastent les champs. On cite le blé de Laaland, l'orge de Seeland, du Schleswig et de Holstein, l'avoine de Bornholm et le seigle du Jutland ; le lin, le chanvre sont cultivés avec peu de soin. On récolte des légumes et des fruits excellens ; peu de raisin, de pêches et d'abricots ; beaucoup de prunes, de cerises, de poires et de pommes. Les pâturages sont gras et abondans ; les plus grands soins sont apportés maintenant aux prairies artificielles et au dessèchement des marais.

Les arbres les plus communs sont le frêne, l'aulne, le chêne, et surtout le bouleau ; la lisière des bois et les côtes sont couvertes de soude, de genièvriers, de myrtiles, de ronces et de buissons à baies.

Parmi les animaux, qui sont nombreux dans ce royaume, on remarque des chevaux de deux races, l'une petite et vigoureuse, l'autre grande, forte et remarquable par ses formes gracieuses et élancées; les races de moutons sont belles et procréent beaucoup ; on a compté jusqu'à 2,000,000 têtes.

Les bêtes à cornes ont été estimées à 1,000,000.

Les animaux propres au Danemarck sont deux espèces de chiens (canis danicus et canis variegatus) connus par leur intelligence et leur attachement.

La pêche est fort abondante. La plie, les huîtres, les homards, les marsoins, les chiens de mer, les harengs et le saumon sont les poissons les plus communs.

Les mines du pays fournissent de bon fer et de la tourbe.

Les manufactures et les fabriques, quoique dans un état inférieur, fournissent au pays des tissus de laine, de soie, des porcelaines, des toiles à voiles, des cuirs, des gants, du papier, des armes, du tabac, des dentelles, des batistes, des selles, des bijoux, des pendules, des instrumens de musique et de mathématiques, des chapeaux, des teintures et des chaussures. La fabrication de l'eau-de-vie et de la bière est répandue dans tout

9.

le pays. Les paysans confectionnent ordinairement eux-mêmes ce qui sert à leur habillement et meuble leur habitation.

Le commerce du Danemarck est très-important comparativement à l'étendue de son territoire ; ses développemens sont plus sensibles à Altona, Aarhuus, Aalborg, Taaborg, etc., que dans la capitale. On exporte : céréales, beurre, farine, fromage, bœufs, chevaux, cuirs, suifs, viande salée, lard, poissons salés, laines, eaux-de-vie de grains, etc. On importe : vins, sel, bois de charpente, goudron, charbon de terre, fruits de l'Europe méridionale, sucre brut, café et autres denrées coloniales, coton, soie, verrerie, métaux bruts et travaillés, draps fins, étoffes de soie, fil de coton, articles de mode et de quincaillerie. La marine marchande de Danemarck recueille des profits considérables du commerce de commission.

La douane du Sund verse annuellement au trésor près de 2,000,000 de thalers. On y voit passer par an environ 13,300 bâtimens, dont 3,800 anglais, 2,180 prussiens, 1,100 norwégiens, 1,120 suédois, 1,100 hollandais, 850 danois, 620 mecklembourgeois, 360 russes, 180 américains, 180 français, 100 lubeckois, 65 brémois, 46 hambourgeois, etc.

STATISTIQUE MORALE ET ADMINISTRATIVE.

La population du Danemarck se compose de :

1,210,000 Danois.   50,000 Normands.

  626,000 Allemands.   6,000 Juifs.

   70,000 Frisons.

Les cultes professés dans ce pays présentent :

1,950,000 luthériens.   1,200 réformistes.

    6,000 juifs.   1,500 moraves.

    2,000 catholiques.   900 memnonites.

Le culte luthérien est propagé par 8 évêques, 2 intendans supérieurs, 62 curés et 1,488 prédicateurs.

Pour l'éducation, on comptait deux universités, une à Copenhague depuis 1828, et l'autre à Kiel depuis 1834. Elles sont fréquentées par 900 étudians. Il y a en outre 2 gymnases supérieurs, 7 gymnases inférieurs, 1 académie de noblesse, 1 grande école normale supérieure, 13 écoles normales, 1 séminaire, 2 institutions de cadets, 2 écoles de sourds-muets, 11 sociétés économiques, et depuis 1827, 2,000 écoles de Lancastre. L'instruction est très-répandue dans le pays ; on rencontre rarement un homme du peuple ou de la campagne qui ne sache lire et écrire.

Les Danois sont les descendans des Cimbres ; comme les Normands, ils appartiennent à la race germanique ; ils sont robustes et d'une taille bien proportionnée ; leur figure et leurs traits sont réguliers ; la plupart ont des yeux bleus et des cheveux blonds. Leur langue provient de l'allemand.

Le Danois est brave, laborieux, persévérant, hospitalier, mais froid et réservé avec les étrangers ; économe, ami de l'ordre ; il a l'esprit observateur, quelquefois lourd et minutieux ; son ame est susceptible d'enthousiasme et jalouse de ses affections. Attaché à son sol, à sa patrie, à sa monarchie, le Danois est plus distingué par des vertus privées que par des vertus d'éclat, par la politesse et l'urbanité des manières, que par la recherche et l'élégance. L'intempérance est son défaut ; il a cela de commun, du reste, avec tous les peuples du nord ; il aime la viande : les riches se livrent au plaisir de la table.

Le mouvement de la population, en 1833, fut : 41,919 naissances, dont 21,707 garçons, et 20,212 filles ; dans ce nombre, 3,616 enfans naturels.

La forme de gouvernement est une monarchie avec des états provinciaux. Avant le 15 mai 1834, c'était une monarchie absolue. Depuis l'introduction de la nouvelle forme de gouvernement, le pays est divisé, sous le rapport politique, en 4 parties : les îles, qui fournissent de 66 à 70 membres aux états ; le Jutland, 51 à 55 membres ; le duché de Schleswig, 44 membres, et le duché de Holstein, 48 membres. Les duchés de Holstein et de Lauenbourg, liés à la confédération germanique, donnent au roi de Danemarck une voix dans la diète. La couronne est héréditaire dans la ligne masculine et féminine du roi Frédjic III. Le roi est majeur à 14 ans.

Les revenus de l'état montent à 13,945,000 thalers (1).

Les dépenses   —   14,266,000

Détail des revenus.

Danemarck......	6,195,000
Duchés.........	4,237,000
Lauenbourg.....	190,000
Indes occidentales	50,000
Douane du Sund.	1,803,000
Intérêts des actifs	400,000
Autres revenus..	1,030,000

Détail des depenses.

Liste civile......	1,480,000
Diplomatie......	379,000
Administration ..	1,012,000
Guerre	3,855,000
Dette	5,736,000
Pensions........	821,000
Institutions......	671,000
Colonies........	110,000
Missions	32,000
Diète	40,000
Dépenses diverses	100,000

(1) Le thaler de banque vaut 2 fr. 80 c.

La dette, au commencement de 1835, s'élevait à 129,805,000 thalers, dont 71,481,000 pour la dette intérieure, et 58,324,000 pour la dette extérieure.

La force armée de terre est portée à 40,000 hommes ; mais l'effectif ne dépasse pas 6,000 soldats ; ce sont les cadres de l'armée, qui se compose de :

1 corps du génie.
1 corps d'artillerie.
1 régiment de gardes à cheval.
2 — de cuirassiers.
4 — de dragons-légers.
2 — de hulans.
1 — de hussards.
1 — de gardes à pied.
17 — d'infanterie.
1 corps de raquetiers.

800 hommes aux Indes occidentales, et plusieurs autres petits corps aux colonies, en Asie et en Afrique.

La milice appelée au service pendant la guerre s'élève à 50,000 hommes.

Le corps des officiers et des fonctionnaires militaires est assis pour un effectif de 25,000.

La marine compte :

7 vaisseaux de ligne : 5 avec 84 canons 1 avec 66 et 1 avec 58.
8 frégates : 5 avec 46 canons, et 3 avec 40.

5 corvettes : 1 avec 6 canons, et 4 avec 20.

5 bricks : 1 avec 18 canons, 1 avec 16, et 3 avec 12.

3 schoners : 1 avec 8 canons, et 2 avec 6.

3 cutters.

Total 31 navires de guerre.

La flotille de transport se compose de 58 canonnières et 4 chaloupes.

Ordres. 1° de l'Eléphant, décoration de cour instituée en 1580 ; 2° le Danebrog, institué en 1671, réorganisé en 1808 avec 4 classes, pour les services ; 3° l'Union-Parfaite, qui date de 1732 il est accordé aux dames et aux hommes.

SUÈDE ET NORWÈGE.

(ROYAUME DE)

STATISTIQUE PHYSIQUE ET DESCRIPTIVE.

Le royaume de Suède est situé entre les 4. et 29° degrés de longitude orientale et les 55° et 71e degrés de latitude.

Ses limites sont, au nord, l'Océan Arctique ; au midi, la Baltique et le Skager-Rack ; à l'ouest, la mer de Scandinavie, la mer du Nord, le Skager-

Rack, le Cattegat et le Sund; à l'est, la Laponie, la Bothnie, le golfe de Bothnie et la Baltique.

Le royaume se compose de la Suède proprement dite, de la Gothie et du Norrland, avec les îles qui en dépendent, moins l'archipel d'Oland; la Finlande, l. Bothnie orientale, et partie de la Laponie, pays possédés par la Russie; plus, le royaume de Norwège avec le Nordland norwégien et le Finmark, dépendant du Danemarck jusqu'en 1814.

La plus grande longueur du pays est de 256 milles, la largeur ne dépasse pas 100 milles.

La superficie est portée 12,930 milles carrés.

La population présentait, en 1831, un total de 4,056,000.

La Suède possède 7,432 mil. car., et 2,888,170 habitans.

La Norwège, 5,498 m. car., et 1,139,830 hab.

La colonie, dans les Indes occidentales (Barthélemy), 275 m. car. et 18,000 hab.

La Suède se divise en trois provinces: la Suède proprement dite, la Gothie et le pays du nord (Nordland).

Aministrativement, elle est partagée en 25 lanes ou départemens, qui se composent de 117 prévôtés.

La Norwège a 16 baillages, 2 comtés, 1 baronie, 41 prévôtés, 61 cercles.

On compte en Suède	en Norwège
Villes..... 90	24
Bourgades. 13	30
Villages... 67,476	41,500

Les principales villes des deux royaumes nous donnent les chiffres suivans :

Suède.		Norwège.	
Stockholm...	82,000	Christiania ..	18,500
(capitale.)		(capitale.)	
Goeteborg...	28,000	Bergen.......	21,000
Karlskrona ..	12,000	Drondheim..	12,000
Norrkœping.	10,500		

Les villes, en Suède, sont ordinairement peu peuplées ; ce sont pour la plupart de grands villages agricoles. A peine 1/9 de la population habite-t-il les villes, qui offrent pourtant presque toutes un aspect agréable; les maisons en sont construites en bois et peintes extérieurement. L'incendie, qui y fait de fréquens ravages, en change souvent la face et la position; ce qui leur donne un air toujours frais et nouveau.

Les montagnes de la monarchie suédoise appartiennent au système scandinavique; elles séparent, dans le nord, la Suède de la Norwège. Leur point culminant, le Skagstlos-Tind, a 1,313 toises de hauteur.

Un nombre infini d'îles et d'ilots bordent les côtes de ces deux royaumes. Parmi les plus re-

marquables, dans la Baltique, il faut citer : Gott-
land, la plus grande de toutes les îles suédoises ;
Oeland, Hiven, où Tycho-Brahé faisait ses observations astronomiques ; dans le Cattegat, Orust ;
dans l'Océan Atlantique et dans l'Océan Arctique,
le groupe de Bergen, le groupe de Drontheim, le
groupe de Lofoden Mageroë, Oestvaage, Hindoen,
Seiland, Soroë, Mageroë.

Peu de contrées sont mieux arrosées que la
Suède, surtout dans la partie septentrionale et la
partie centrale. La navigation pourtant y rencontre de grands obstacles, à cause de la nature du
lit des rivières, à la vérité larges et profonds,
mais remplis de roches qui y font naître des cataractes nombreuses. Parmi les rivières principales,
on remarque :

	Longueur en milles.		Longueur en milles.
Le Tornea...	62	Le Calix ...	48
— Dal......	62	— Klar-A..	48
— Uméa....	54	— Pitea....	48
— Skelleftea.	51	— Indals...	45
— Angerman	51	— Ljusne ..	45

Toutes ces rivières portent leurs eaux à la Baltique ; celles, au contraire qui viennent du versant occidental des montagnes qui séparent la
Suède de la Norwège, parcourent ces derniers
pays et se jettent ou dans l'Océan Arctique, ou
dans l'Océan Atlantique. La Tana, l'Altan, le

Mals, l'Orkel, l'Oddern, le Lowen, le Drammen, le Glommen, la Gotha, sont les principales rivières au nord, à l'ouest et au midi.

La péninsule scandinavienne offre peut-être, dans sa surface prise en totalité, un plus grand nombre de lacs qu'aucun autre pays de l'Europe. Le plus grand de ces lacs est le Wenern, long de 21 milles, large de 10, et dont la surface couvre 140 milles carrés. Son niveau est à 131 pieds au-dessus du Cattegat. Il reçoit 24 rivières, et se décharge dans la mer par le Goeta. Le lac Wettern, à l'est-midi du Wenern, long de 20 milles et large seulement de 3, a un bassin de 62 milles carrés. Son élévation au-dessus de la Baltique est de 203 pieds ; 40 rivières lui apportent le tribut de leurs eaux. Le Melarn, dont le bassin a 30 mil. carrés, à l'ouest de Stockholm, est peuplé d'îles. Ses eaux, du plus bel azur, ont une profondeur considérable, et présentent une navigation régulière depuis le mois d'avril jusqu'au mois de novembre. Son élévation est de 6 pieds. Le lac Hjelman, qui écoule ses eaux dans le Melarn, est situé à 66 pieds plus haut. Il a 10 milles de longueur sur 3 de largeur ; son bassin comprend 10 milles carrés. Les lacs et les marais, en Suède, couvrent presque la moitié du territoire. On les évalue à 1,337 milles carrés. En Norwège, les principaux lacs sont : le Miosen, le Famund, le Tyris et le Rys. La Suède et la Norwège, comme pays littoraux, ont un grand nombre de golfes et de baies qui entrent profondément dans l'intérieur du pays.

Parmi les canaux, nous distinguons en première ligne le canal de Gothic, qui traverse le lac Wenern et Wettern, et joint le Cattegat à la Baltique ; il est long de 31 milles sur 60 de creusage, profond de 10 pieds et large de 24. Les plus importans après lui sont : le canal d'Arboga, celui de Stromsholm, de Sodertelge, de Waddo, d'Almare-Stack.

Le climat varie selon la position. Au nord, la température moyenne de la terre est de 2 degrés au-dessus de zéro, et celle de l'air de 2,76 au-dessous ; au midi, la terre a une température de 8,8, et l'air 7,25 degrés de chaleur. Le plus grand froid est de 32 à 40 degrés; la plus grande chaleur de 36. Les vents les plus fréquens sont ceux du sud-ouest et de l'ouest. A Tornéo, au nord, le plus long jour est de 21 heures et demie, le plus court de 2 heures et demie. Prés de l'Ober-Tornéo, on peut voir le soleil pendant la nuit de la Saint-Jean.

STATISTIQUE PRODUCTIVE ET COMMERCIALE.

Le sol de la Suède, généralement sablonneux, produit de l'orge, du seigle et de l'avoine, mais en quantité insuffisante. Les pommes de terre, les légumes, le houblon, le lin, le chanvre et le tabac sont abondans. Parmi les fruits, on distingue les pommes, les poires, les cerises et les baies. La

Norwége, outre ces productions, fournit des
plantes propres à la teinture. La terre rapporte
ordinairement de 4,06 à 6,50 sur un grain. La
récolte, en Suède, ne dépasse pas 9,100,000 hectolitres de grains. La culture de la pomme de
terre préserve le pays de la disette.

L'horticulture occupe depuis quelque temps les
propriétaires ; on voit partout des serres où l'on
abrite le raisin, la pêche, l'abricot et la figue. Le
poirier, le pommier, le cerisier et le prunier viennent en plein vent dans la partie méridionale.

Les bois occupent 91 centièmes du territoire. Il
y a plusieurs contrées qui sont totalement dé-
pourvues de forêts. La Finlande fournit du bois
à la Suède. Les forêts du pays n'offrent le plus
souvent que des arbres petits, minces et très-
disséminés ; ce sont : le bouleau, le pin, le sapin,
le chêne, le hêtre et le charme. En s'avançant
vers le nord, on voit ces arbres perdre de force et
de hauteur ; leur écorce devient plus épaisse.

Les animaux propres au pays sont le renne en
Laponie, et le cheval lilliputien de l'île Oeland ;
leur taille ne dépasse pas 4 pieds. La race bovine
est également très-petite. Les moutons produisent
de la bonne laine, mais qui suffit à peine aux besoins du pays. Les bergeries sont depuis quelque
temps mieux entretenues ; les moutons d'Espagne, de Saxe, d'Angleterre et de France, améliorent la race du pays.

10.

La Suède reçoit de la Finlande une quantité considérable de bétail.

Le loup, le renard, le glouton, l'ours, l'élan, le lynx, la martre, l'hermine, le daim et le chevreuil sont les animaux sauvages les plus communs dans les forêts; les sangliers sont relégués dans l'île Oeland.

Les forêts recèlent d'énormes quantités d'oiseaux de différentes espèces, tels que les gélinottes, les coqs de bruyère, les perdrix, les bécasses, les vanneaux, les pluviers, les alouettes, les huîtriers, les cormorans, les sternes, les pétrels, les canards, les harles, les guillemots, les algues, les plongeons, les faucons et les aigles.

Les poissons qui se trouvent dans les lacs et rivières de la Suède et les baies et golfes qui l'entourent, sont : la sardine, le cypryn aphye et le cyprynide, le saumon, l'éperlan, l'aiguillette, le brochet, la lamproie, la raie, l'esturgeon, la morue, le maquereau, l'épinoche, la plie peuronnecte, la sole, la limande, le turbot, le moineau, le flez; le marsoin et le phoque fréquentent les eaux de la Baltique qui baignent la Suède; le kraken est un monstre marin particulier aux côtes de la Norwège; on y voit aussi le serpent de mer et le cheval marin.

Les mines font la principale richesse de la Suède et de la Norwège. On en trouve de fer, de cuivre, de plomb, d'étain, de cobalt, d'arsenic, d'alun, d'argent et même d'or. Les montagnes recèlent des marbres, de l'albâtre, du granit, des pierres meulières, des pierres à aiguiser. On y rencontre peu de charbon de terre. Le sel gemme ne se trouve nulle part ; les recherches faites jusqu'à présent ont été infructueuses.

La Suède a peu de manufactures, et la Norwège en est encore plus dépourvue ; néanmoins celles d'acier, de faïence, de glaces et de draps que ces deux royaumes possèdent, ne laissent rien à désirer, tant elles se sont perfectionnées. Les couleurs des étoffes de soie et des toiles pourraient être améliorées.

L'industrie consiste principalement dans la construction des vaisseaux, la coupe du bois de construction, l'exploitation des mines, la fabrication de l'horlogerie, des instrumens de physique et de mathématiques, des ouvrages de bois, de l'eau-de-vie de grains ; les papeteries, les tanneries, les fabriques de gants, l'orfèvrerie, les fabriques d'armes, les fonderies, les corderies, les raffineries de sucre. La pêche est la principale occupation des habitans de la Norwège.

Le commerce de la Suède et de la Norwège est beaucoup plus important comparativement que leur industrie. On importe le sucre, le café, le coton, les épiceries, la soie, la Line, le lin, le chanvre, le savon, le sel, les fruits du midi, le tabac, et plusieurs objets manufacturés. On importe en

Norwége, outre ces articles, beaucoup de grains.
Les exportations consistent en fer et acier fabriqués et en barres, cuivre, cobalt, alun, marbres,
pierre à moulin, cordages et autres objets relatifs
à la marine; laiton, verre et glaces, potasse, poix
et goudron, huile de poisson, ustensiles en bois,
cuirs, lins, fourrures. Le transport des marchandises et la vente des navires appartiennent en
commun au commerce suédois et norwégien (1).
Stockholm et Gothembourg sont les deux villes
les plus commerçantes en Suède; Bergen, Diam-
men et Christiania en Norwège.

Il n'y a que certaines villes appelées *Stapelstadter*
(villes d'étapes), qui ont la liberté de commercer
avec l'étranger; les autres sont obligées d'apporter
leurs marchandises à ces villes et de les vendre
aux marchands de ces mêmes villes, et non aux
étrangers. Le commerce de l'intérieur est ou-
vert aux villes du second ordre; son extension y
est même plus grande que celui à l'étranger.

L'échange des produits entre les deux royaumes se résume aux chiffres suivans:

Les exportations de la Suède à
la Norwège furent, en 1831, de...   604,000 fr.
Les expéditions de la Norwège

---

(1) Les exportations de la Suède sont évaluées à
27,000,000 de francs; les importations ne dépassent pas
24,000,000.

pour la Suède montèrent à...... 2,207,000
Les relations commerciales de la
Suède avec la Finlande s'élèvent
annuellement, en importations, à. 1,800,000
Avec la France, à............ 800,000
— l'Angleterre, à........ 3,500,000
— Lubeck et Hambourg, à.. 4,050,000

La douane apporte au trésor de la Suède 5,400,000 fr.

La navigation, qui dure depuis le 1er avril jusqu'à la fin de décembre, emploie plus de 4,000 navires pour les transports de marchandises. Dans ce nombre, 2,000 navires appartiennent à la marine marchande suédoise.

STATISTIQUE MORALE ET ADMINISTRATIVE.

La population des deux royaumes se compose de :

2,876,000 Suédois. 2,500 Allemands.
1,146,000 Norwégiens. 2,200 Français et autres étrangers
9,900 Lapons.
7,500 Finnois. 900 Juifs (2).

(2) Les Juifs ne sont pas tolérés en Norwège ; la Suède leur permet de résider à Stockholm, Gothembourg, Karlskrona et Norrkœping, et non dans d'autres villes.

Sous le rapport des cultes :

4,052,000 luthériens.
4,000 catholiques.
900 juifs.

Le clergé luthérien se compose de 17 archevêchés et évêchés, 218 prévôtés, 1,508 paroisses, 2,712 églises.

Les différens états, en 1835, présentaient les nombres suivans.

Dans le royaume de Suède :

2,628,500 paysans.
67,000 bourgeois.
42,000 militaires et marins.
14,000 ecclésiastiques.
20,500 nobles.
9,300 fonctionnaires civils.

Dans le royaume de Norwège, en 1769 :

420,500 paysans.
120,300 artisans.
90,300 marins et pêcheurs.
34,700 ouvriers de fabriques.
33,650 militaires.
21,180 nobles.
6,850 citadins.
6,300 ecclésiastiques et professeurs.

On comptait dans les deux royaumes 3 univer-
ités, 2 en Suède (à Stockholm et Lund), avec
1,900 étudians, et une en Norwège, avec 600 étudians. Il y avait, de plus, une institution pour les
sourds-muets, 23 séminaires, 18 gymnases, 148
écoles de bourgeois, et 3,000 écoles pour les enfans
des classes du peuple.

L'éducation primaire, en Suède, est générale; on
compte à peu près 1 habitant sur 1,000 qui ne sait
pas lire.

La Suède et la Norwège forment deux royau-
més sous le même roi. La forme de gouvernement
est constitutionnelle représentative. Chaque
royaume a sa constitution et ses lois particulières.
La représentation de la Suède (Riksdag), se compose des 4 états : la noblesse, le clergé, les bourgeois et les paysans; on n'y vote pas par tête,
mais par ordre, excepté dans le cas où deux ordres font opinion contre deux. — La diète de la
Norwège (Storthing) réunit 96 députés qui se divisent en deux chambres, le Lachthing et l'Odels-
thing. Les assemblées nationales ont le pouvoir
et le droit de fixer les impôts avec le roi. Les
séances des diètes, en Suède, ont lieu tous les
cinq ans; et en Norwège, tous les trois ans.

La couronne est héréditaire dans la ligne masculine. Le roi doit professer la religion évangé-
ique.

Les revenus montent de 34 à 36 millions de fr.

Capitation, dîmes, mines et forges.	7,900,000 fr.
Douanes...........................	4,400,000
Poste.............................	500,000
Timbre............................	600,000
Intérêts sur les revenus..........	4,600,000
Corvées et prestations en nature...	15,100,000

Dépenses, 22,500,000 fr.

Liste civile.....................	1,500,000 fr.
Administration...................	4,683,000
Armée de terre...................	8,748,000
Forces de mer....................	3,307,000
Beaux-arts.......................	54,000
Secours..........................	299,000
Pensions.........................	126,000
Agriculture, industrie et commerce.	315,000
Traitemens de retraite...........	665,000
Clergé et instruction............	1,350,000
Dépenses diverses et extraordinaires	1,500,000

Les fonctionnaires et employés, tant civils qu'ecclésiastiques et militaires, dans certaines localités, sont payés en nature; et cette dépense ne peut figurer en détail dans les dépenses, quoique son total soit compris dans les revenus.

La dette de la Suède est évaluée à environ 9,000,000 de francs.

Les revenus de la Norwège sont portés de 7 à 9 millions de francs. La dette de l'état monte à 20,000,000.

La force armée est

	En Suède	En Norwège
Infanterie	26,700 hommes.	10,000 hommes.
Cavalerie	8,000	1,000
Artillerie	4,340	1,000
Génie	650	150
Etat-major	156	
	39,846	12,150

, Total 51,996 hommes.

La marine consiste en 10 vaisseaux de ligne, 7 frégates, 3 corvettes, 2 bricks, 3 goëlettes, 111 chaloupes canonnières, 125 yoles canonnières, 8 bombardes, 2 forts bâtimens à vapeur.

La Suède a 10 places fortes, dont les principales sont : Christianstadt, Carlscrona, Ny Elfsborg, Waxholm, Fridrigsborg, Vanaas; la Norwège en compte 10 : Agerhuns, Fridrickstadt, Fridricksteen, Fridricksholm, Bergenhuns, Christansteen, Musckholm, etc.

Les ports militaires, pour la Suède, sont: Carlscrona, Stockholm, Gothembourg; pour la Norwège : Fridrickswaern, Christiansand.

Il y a, en Suède, 5 ordres de chevalerie : 1° l'ordre des Séraphins, institué en 1831; 2° l'ordre de l'Epée, de 4 classes; 3° l'ordre de l'Etoile Polaire; 4° celui de Wasa; 5° celui de Charles XII.

11

FINLANDE (GRAND-DUCHÉ DE).

STATISTIQUE PHYSIQUE ET DESCRIPTIVE.

La Finlande, située eutre 16° 59' et 29° 3' de longitude orientale, et entre 59° 50' et 68° 25' de latitude, comprend 5,300 milles carrés de superficie, où l'on compte 1,400,000 habitans. — 264 par mille carré. -

Ses limites sont : au nord, la Norwège; au sud, la Russie; à l'ouest, la Suède et le golfe Bothnique; à l'est, la Russie.

Sous le rapport administratif, la Finlande se divise en 8 *laens* ou gouvernemens : Wisborg, Saint-Michel, Nyland, Tavastehous, Abo-Biserneborg, Wasa, Kouopio et Ouleaborg-Kaïana.

Les villes les plus importantes sont : Wiborg, avec 3,000 habitans : Frederiksham, Helsingfors, capitale de la Finlande, où l'on remarque une université (population 10,000 habitans); et la forteresse Sweaborg, à une lieu de la ville ; Tavastehous, 1,500 habitans ; Abo, 13,000 ; Ricerneborg, 4,600 ; Wasa, 3,000 ; Kouopio, 2,000 ; Ouleaborg, 5,000, Tornéo, 600, et Kaïana, 320. On compte en Finlande 26 villes et 28,735 villages.

Tout le milieu de la Finlande est un plateau élevé de 400 à 600 pieds au-dessus de la mer, rempli de lacs, couvert de rochers qui ne forment nulle part de chaîne élevée. Les dernières ramifications du système scandinavique finissent

dans le nord du pays dit les Manches Laponnes.
Une ceinture d'îles rocailleuses entoure le continent. Les plus remaquables sont : l'archipel
d'Abo, l'île Aland, le Bjorke, le Carlo.

L'intérieur du pays, surtout au sud-est, entre
Kouopio et Wilmanstrand, est entrecoupé de
lacs, dont plusieurs communiquent ensemble ou
ont un débouché dans le golfe Bothnique, ou dans
le lac Ladoga. Les plus grands de ces lacs sont :
Saima, long de 36 milles sur 5 de large ; celui de
Paiane, de Pourouvési, l'Orivesi, le Pielisarvi,
l'Enaré, l'Ouleotresk, etc.

Le Voxa est le plus grand fleuve parmi les
eaux courantes du pays ; il a parfois 100 toises de
largeur ; après lui viennent le Kymène, le Koumo
et le Tornéo.

Le climat est rigoureux ; l'hiver dure au moins
7 mois ; l'été a de grandes chaleurs et presque
pas de nuits. L'air est salubre. La température
moyenne au nord est de + 0, et au midi de + 3.

STATISTIQUE PRODUCTIVE ET COMMERCIALE.

Le seigle, le sarrasin, l'orge, l'avoine, sont assez
abondans en Finlande pour donner lieu à une
exportation considérable. Le bétail est petit, mal
soigné, sujet à des maladies ; mais les chevaux
sont beaux et vigoureux. Les forêts abondent en
gibier ; les rivières et les lacs en poissons. Quelques ruisseaux produisent de très-belles perles.

Les forêts fournissent du goudron, de la résine, de la potasse, des bois de construction, de chauffage, et propre surtout à la construction d'une multitude d'ustensiles fabriqués par les paysans.

La Finlande est pauvre en filons métalliques; on y trouve très-peu de cuivre, et cependant beaucoup de fer limoneux, mais dont l'exploitation ne fournit pas annuellement 200,000 kilogrammes. Le granit, le calcaire et l'ardoise sont partout en abondance.

L'industrie manufacturière est presque nulle chez les Finlandais; elle ne produit que de la verrorerie, de la toile à voile et des bas.

Le commerce languissant comparativement à celui des autres contrées du nord, n'est pourtant pas sans importance pour le pays. On exporte, pour la Russie et pour la Suède, du bois, des viandes, du beurre, des peaux. du goudron, du poisson, etc. ; et on importe le sel, le fer, les draps et les denrées coloniales. Le commerce d'exportation avec la Russie, en 1827, a été évalué à 957,558 roubles; celui d'importation à 3,792,773 roubles.

La Finlande a ses frontières et ses douanes particulières.

Les voies de communication sont bonnes à l'intérieur.

Le service des postes, imposé comme une charge à des particuliers, se fait lentement. On ne trouve encore aucune messagerie régulière en Finlande.

Le système monétaire est officiellement le même qu'en Suède ; mais les affaires se traitent en papier.

STATISTIQUE MORALE ET ADMINISTRATIVE.

Les Finnois ou Souomes forment la grande majorité de la population ; les Lapons, peu nombreux, habitent la partie septentrionale. Les Suédois constituent la majeure partie de la noblesse, du clergé, de la bourgeoisie et des employés.

Presque tous les habitans sont luthériens. Il y a, dans la Finlande, 1 archevêché à Abo, et 1 évêché à Borgo ; 37 prévôtés et 203 pastorats ; 15 églises russes avec 2 couvens.

L'instruction publique est peu avancée. Il y a des écoles dans les villes ; mais elles manquent à la campagne. L'université de Helsingfors comptait, en 1832, 425 étudians. Le nombre total des établissemens d'instruction publique en Finlande fut porté à 265, et celui des élèves à 11,000. On trouve un corps de cadets à Frédriksham, des gymnases à Wiborg, Abo et Borgo ; quelques journaux en langue suédoise, et un seul en finnois. La société économique et la société biblique composent tout le mouvement intellectuel en Finlande.

Les Finlandais sont sérieux, intrépides, très-attachés à leur nom national, à leur langue et à leurs usages ; ils apprécient peu les bienfaits de la civilisation.

On peut reprocher aux habitans des côtes méridionales de l'égoïsme et de la mauvaise foi, et à tous ceux qui sont d'origine finnoise, l'amour de la vengeance. Les paysans, qui habitent dans des cabanes noircies par la fumée du poële qui les échauffe et celle des longs éclats de bois de sapin dont ils s'éclairent, n'en sont pas moins d'une grande propreté dans leurs habits et dans leur linge ; ils font un fréquent usage de bains de vapeur, après lesquels ils ont l habitude de se rouler dans la neige ou sur le gazon.

Les Finlandais naissent avec des dispositions pour la poésie et la musique. La langue finnoise est sonore, flexible et musicale. Cet idiome se rapproche un peu du hongrois.

La Finlande, quoique inséparable de la Russie, est cependant complée comme principauté distincte. Toutes les places y sont occupées par les Finlandais ; un sénat veille sur l'administration et sur la justice. La représentation nationale, comme en Suède, réside dans quatre ordres d'états. La diète est convoquée rarement ; seulement lorsque le pouvoir réclame de nouvelles impositions. La législation suédoise régit la Finlande ; les tribunaux sont organisés à l'instar de ceux de la Suède. Les paysans sont libres.

Le total des revenus ne dépasse guère 5,200,000 roubles.

La Finlande fournit des recrues à l'armée russe, et possède un régiment de chasseurs de la garde, qui a sa garnison à Saint-Pétersbourg. Les places fortes principales sont : Wiborg, Sweaborg, Frederiksham.

RUSSIE (EMPIRE DE).

STATISTIQUE PHYSIQUE ET DESCRIPTIVE.

La situation de l'empire russe, en Europe, est entre 17 et 62° de longitude orientale, et entre 40 et 70° de latitude.

Il est borné au nord par la mer Glaciale ; au sud, par le Caucase, la mer Noire, la Turquie d'Europe ; à l'ouest, par la Finlande, la Baltique, la Prusse, le royaume de Pologne, la Galicie ; à l'est, par les monts ouraliens, la Tatarie et la mer Caspienne.

L'empire de Russie, dans ses limites, s'étend sur une superficie de 87,257 milles carrés, et compte 47,600,000 habitans. Le total de ses possessions en Europe, en Asie et en Amérique, présente 336,500 milles carrés, et 56,147,000 habitans (1).

---

(1) La Russie gouverne en Europe :

1° Le royaume de Pologne, 2,270 milles carrés et 4,100,000 habitans; 2° le duché de Finlande, 5,300

L'empire se divise en 8 parties, qui composent
ensemble 50 gouvernemens, dont voici la nomenclature et la population relative à 1 mille carré
dans chaque gouvernement.

1 L'ancien duché de Moskovie, noyau de la
puissance russe, contient les gouvernemens de :

Moskou	2,555	Kostroma	670
Wladimir	1,356	Iaroslaw	1,152
Nijny-Nowgor.	1,225	Kalouga	1,661

Total. 5,045 milles carrés. 6,203,936 habitans.

2 Les provinces slaves subjuguées par les Moskovites :

Twer	1,556	Toula	2,131
Nowgorod	355	Tambow	1,371

---

milles carrés et 1,500,000 habitans. Le total des possessions en Europe est de 94,817 milles carrés, avec
52,500,000 âmes.

Ses possessions en Asie sont :

	mil. c.	habitans.
Provinces transcaucasiennes	5,838	1,380,000
Sibérie.....................	211,840	1,607,000
En Amérique.............	24,000	60,000
	241,678	3,047,000

| Pskow | 663 | Orel | 1,778 |
| Razlan | 1,713 | Koursk | 2,892 |

Total, 8,174 m. c. 9,438,942 h.

3 Provinces finnoises :

Pétersbourg	710	Olonetz	104
Esthonie	315	Wologda	106
Livonie	826	Wiatka	626
Arkhanghel	15	Perm	547

Total, 31,515 m. c. et 5,731,791 h.

4 Anciens royaumes de Kazan et d'Astrakhan :

Kazan	1,186	Astrakhan	25
Simbirsk	1,050	Saratow	444
Penza	1,566	Orembourg	244

Total, 16,999 m. c. et 6,738,787 h.

5 Oukraine, ou pays russien :

| Woronez | 1,102 | Kharkow | 1,386 |
| Tchernigow | 1,461 | Poultawa | 1,526 |

Total, 4,159 m. c. et 5,597,854 h.

6 Province caucasienne, des Kosaks du Don et de ceux de la mer Noire:

Province du Caucase	132
Pays des Kosaks du Don	103
— de la mer Noire	101

Total, 6,891 m. c. et 736,416 h.

7 Provinces méridionales, anciennes possessions des Turks, des Tatars et des Kosaks:

Tauride	266	Kherson	553
Bessarabie	634	Ekatherinoslaw	653

Total, 5,119 m. c. et 2,429,403 h.

8 Provinces polonaises:

Smolensk	1,077	Bialystok	1,611
Mohilow	973	Minsk	841
Witebsk	825	Wolhynie	1,224
Kourlande	1,058	Podolie	2,687
Wilna	1,132	Kiiow	1,829
Grodno	1,136		

Total, 9,355 m. c. et 10,655,000 habitans.

Les villes les plus peuplées de la Russie sont :

St.-Pétersbourg...	445,000 habitans.
Moskou	330,000
Odessa	55,000
Kasan...........	50,000
Wilna...........	46,000
Kiiow...........	45,000
Riga............	33,000
Astrakhan.......	31,000
Zytomierz.......	26,000
Woronez........	25,000
Kronstadt.......	25,000
Kherson........	25,000

Orel............	24,000
Iaroslaw........	23,000
Kiszeniew.......	22,000
Nijny-Nowgorod..	22,000
Toula..........	22,000
Nicolaiew.......	20,000
Tambow........	20,000
Koursk.........	20,000
Twer...........	20,000

On peut regarder la Russie comme un vaste plateau d'une médiocre élévation, sillonné de quelques hauteurs. Les véritables montagnes se trouvent vers ses frontières occidentales et méridionales. Les montagnes Waldai et Wolkonski, qui parcourent toute la Russie centrale, n'ont que 1,400 pieds au-dessus des mers Baltique, Caspienne et Noire, où s'étendent leurs ramifications. Le Caucase et les montagnes de la Crimée présentent des hauteurs de 4,740 pieds. Les monts Ourals, qui forment la limite entre l'Europe et l'Asie, ont des cimes qui s'élèvent à 6,400 pieds au-dessus de la mer.

Parmi les îles, nous devons remarquer: dans la mer Glaciale, le Waigath, long de 12 milles sur 9 de la plus grande largeur; la Nouvelle-Terre, 150 milles de longueur, 90 de largeur, 480 de circonférence; le Spitzberg, découvert en 1553, et dont les rochers ont de 1,000 à 2,000 pieds de hauteur; le Kalgonef; dans la mer Blanche: l'île de

Solowetzkoï (des Rossignols); et dans la Baltique: Kronstadt, Dago, Oesel, Swatfocrert.

La Russie, baignée par quatre mers, est traversée par une multitude de fleuves et de rivières. Parmi les eaux courantes qui se jettent dans la mer Baltique, on remarque la Neva, la Narwa, la Dwina, le Niémen; l'Océan Arctique et la mer Blanche reçoivent le Kara, qui fait la limite entre l'Asie et l'Europe; la Petchora, grand fleuve encaissé dans le calcaire, couvert de glaces une partie de l'année; la Dwina septentrionale et l'Onega. Le Iaïk ou bien l'Oural, le Volga, fleuve le plus grand de l'Europe, traversant la partie orientale de l'empire; la Kouma, le Terek, le Soulak, la Samoura, portent le tribut de leurs eaux à la mer Caspienne; le Kouban, le Don, le Dniéper, le Dniester et le Danube se précipitent dans la mer Noire.

Les plus grands lacs se trouvent dans la partie septentrionale, et les lagunes dans la partie méridionale. Parmi les lacs qui méritent de fixer l'attention dans le gouvernement d'Olonetz, on cite: le Ladoga, le lac le plus grand de toute l'Europe, 291 milles carrés géographiques de superficie; l'Onéga, long de 25 à 30 m., et large de 9 à 12; le Paypus (ou Tschoudskoïe), entre les gouvernemens de Rewel, de Riga, de Pskow et et de Saint-Pétersbourg; l'Ilmen, dans le gouvernement de Nowgorod.

La Russie possède en outre plus de 18 canaux qui servent à unir les grands cours d'eau et à naviguer du nord au midi, de la mer Blanche et de la mer Baltique à la mer Caspienne et à la mer Noire. La Russie, sous ce rapport, est partagée en 11 grands bassins, ceux du Volga, de l'Oka, de la Kama, de la Dwina septentrionale, des grands lacs, le Ladoga et l'Onéga, de la Dwina occidentale, du Niémen, du Dniester, du Dniéper, du Don, des fleuves du Caucase.

On a déjà beaucoup fait sous le rapport de la navigation ; mais il reste encore beaucoup à faire.

Le climat diffère selon la situation du pays; la Russie jouit de toutes les températures de l'Europe; mais le froid y prédomine. Entre 67 et 57 degrés de latitude du nord, le froid arrive souvent de 34 à 35 degrés de Réaumur; plus ordinairement il est de 20 à 30 degrés. Dans les environs de Perm, la neige, à la fin de novembre, tombe en si grande quantité, qu'elle couvre les fenêtres du rez-de-chaussée. La glace des rivières a souvent 6 pieds d'épaisseur. Sous la même zone, la chaleur est si grande dans les mois de juin et de juillet, qu'entre 10 heures du matin et 3 heures après midi il faut cesser tout travail aux champs, tant la terre est brûlante. Entre 57 et 50 degrés, le climat est tempéré; pourtant, dans la partie orientale, le mereure descend en hiver au 34e degré

12

au-dessous de zéro. Au 50ᵉ degré commence la région chaude.

La durée de la journée dépend de la position géographique du pays et de la saison. Au solstice d'hiver, quand les jours sont les plus courts, le soleil se lève et se couche ainsi qu'il suit :

	lever.		coucher.	
A Astrakhan ...	7 h.	48 m.	4 h.	12 m.
— Kiiow.......	8	7	3	53
— Moskou	8	37	3	23
— Riga........	8	47	3	13
— Pétersbourg..	9	15	2	45
— Arkhanghel .	10	24	1	36

- Au solstice d'été, lors des plus longs jours, il faut précisément renverser les chiffres ci-dessus ; car à Astrakhan le soleil se lève à 4 heures 12 minutes, et se couche à 7 h. 48 m.

Hygiène. — Les longs et rigoureux hivers, les bains fréquens, les bains de vapeur, la grossièreté de la nourriture, le jeûne et l'habitude de coucher sur la dure donnent aux Moskovites une constitution très-robuste ; le bas peuple est rarement malade. Dans cet état, il n'emploie que trois remèdes : l'eau-de-vie, l'ail et le bain. Au midi, les maladies orientales ravagent la population ; à l'ouest, au marais de Pinsk, la maladie de cheveux, dite plique, est la plus commune.

STATISTIQUÉ PRODUCTIVE ET COMMERCIALE.

Le territoire de la Russie, évalué à 439,496,000 hectares, présente les résultats suivans :

Terres incultes...	194,554,000 hectares.
Forêts	170,508,000
Terres labourables	67,219,500
Prairies	7,214,500

La constitution naturelle de l'empire ne saurait partout être la même ; le nombre et la grandeur des provinces en sont la cause. Au-delà de 60 degrés, vers le pôle, le blé vient à maturité dans peu d'endroits ; et dans les contrées les plus septentrionales, on ne voit ni arbres ni jardins, mais des broussailles, des baies et des ronces, différentes sortes de grains et une grande quantité d'animaux sauvages, de gibier et de poissons. Dans les provinces du centre, le sol produit en abondance des grains (1), des fruits et des légumes. Dans le midi, le terroir est quelquefois aride comme celui de l'Arabie.

La Podolie est la contrée la plus fertile en blé. Le pampre embellit le littoral de la mer Noire et la Crimée; on le voit croître avec le mûrier dans le gouvernement de Kiiovie. On cultive le millet d'Italie, le riz, le maïs, dans les environs du Cau-

---

(1) On évalue les productions en grains à 346,390,000 hectolitres.

case. Les plantes potagères sont très-communes,
excepté la pomme de terre, qui est un fruit
damné; manger la pomme de terre dans le centre
de la Moskovie, ce serait commettre une impiété.

Parmi les arbres fruitiers, les pommiers sont
communs le long de la Volga et de l'Oka ; les ce-
risiers, dans les gouvernemens de Wladimir et
d'Orembourg; les abricotiers, les pêchers, les
châtaigniers, les amandiers, les figuiers, les grenadiers, les cognassiers, croissent depuis Astrakhan jusqu'en Tauride; ce dernier pays produit
en outre les sorbiers.

La region tempérée fournit du chanvre, du lin,
du czerwieç ou cochenille de Pologne (*coccus
polonicus*), du tabac, du houblon ; plus au midi,
on rencontre la garance, le pastel, le safran, le
cartame, la moutarde, le poivre, l'anis, le cumin,
le laurier, la rhubarbe, le polypode, la réglisse.
Les steppes méridionales sont couvertes de plantes
salées, que l'on pourrait brûler pour en retirer la
soude.

La région tempérée abonde en forêts, où l'on
trouve le chêne, le pin, le sapin, le mélèze, le
bouleau, le tilleul, le frêne, le saule, le hêtre,
l'orme, l'érable, le peuplier, etc.

Le règne minéral donne les marbres jaunes,
verts, veinés, la pierre calcaire, le spath calcaire,
le plâtre, l'albâtre, le lapis-lazuli, le mica, ou verre
de Moskovie, la terre à foulon, l'argile savonn-
euse, la terre à faïence, la terre sigillaire, les

bérits, les améthystes, les rubis, les topazes, les
aigues-marines, les fausses émeraudes ou feld-
spath vert, le chrysolithe, le cristal de roche, les
agates, les calcédoines, les onyx, les cornalines, le
jaspe, le porphyre, le quartz. Le granit graphique
de l'Oural contient des bérils et des topazes. On
trouve le succin sur les bords de la mer Baltique.
Le pétrole et le naphte découlent de rochers dans
le Caucase. Les tourbières sont très-communes.
Les mines de houille sont un objet de recherche
en Tauride et sur le Don. Le soufre est extrêmement abondant. Des sources sulfureuse bouillan-
tes coulent dans la partie de l'est. Le sel gemme
existe près de la Volga, des lacs de Tauride, d'O-
rembourg et du Caucase. Le sel ammoniaque, le
natron, l'alun, le vitriol, le salpêtre, sont communs en Tauride. Les mines de l'Oural fournissent de l'or, de l'argent, du cuivre, du fer, du
plomb et des malachites. On en extrait annuellement environ 100 pouds de platine, 300 d'or,
1,180 d'argent, 240,000 de cuivre, 12,500,000 de
fer, 9,500 d'acier, et 30,000 d'autres métaux.

En 1834, on comptait en Russie 12,000,000 de
chevaux et mulets, 19,000,000 de bêtes à cornes,
37,000,000 de bêtes à laine et 16,000,000 de porcs.

On voit, tant dans la Russie d'Europe qu'en
Sibérie, outre les espèces mentionnées, le chameau dans la Tauride, et le renne chez les peuples de la zone boréale. Le chevreuil, le cerf, le
daim, l'élan, le chamois, le pasan, le bouquetin,

la gazelle, le moufflon et le mousimou, le sanglier, le driggetaï et le khoulan.

Parmi les bêtes dont la fourrure est recherchée,
on remarque : la zibeline, le renard commun, le
renard couleur de feu et le renard des steppes,
blanc ou bleuâtre ; les martres, les écureuils, la
belette, l'hermine, le chat sauvage, le lièvre
commun et le blanc, le lapin, la marmotte, l'as-
palax, le souzlix, la taupe, le castor. Tous ces
divers animaux habitent la Russie d'Europe. Le
musc habite les monts d'Altaï en Sibérie. L'ours
noir et brun, le loup, le furet, la fouine se trouvent fréquemment en Europe ; et le glouton, le
chakal, le lynx, en Sibérie et dans le Caucase. On
rencontre les ours, les lions marins, les morses,
les phoques et les loutre sur les rives des mers qui
avoisinent la Russie européenne et asiatique.

Les oiseaux domestiques ne prospèrent guère
qu'en Europe ; les oiseaux sauvages surtout sont
extrêmement nombreux en Sibérie.

Les mers recèlent la balcine, le cachalot, le nar-
val, le marsouin, le hareng, la morue, le stroem-
long ; les esturgeons, les stelets, les saumons, les
carpes, les brochets, les truites, les écrevisses peu-
plent les rivières.

Les abeilles travaillent dans la zone chaude. Les
vers à soie deviennent de jour en jour plus nombreux.

L'industrie de l'empire de Russie est encore
dans son enfance, malgré les ressources maté-

rielles qui lui offrent un si grand développement ;
mais sa constitution sociale en entrave le progrès.

Il y avait, en 1835, dans toute la Russie d'Europe, 6,045 fabriques et manufactures où travaillaient 280,000 ouvriers.

Les valeurs manufacturées en 1831, se résument par les chiffres suivans :

	Roubles en papier (1).
Cotons................	104,170,418
Soies	16,131,393
Laines	50,000,000
Lins et chanvres......	22,615,940
Tanneries............	97,213,710
Papeterie............	6,468,968
Chapellerie..........	3,801,900
Tabacs..............	19,623,494
Raffineries de sucre...	23,007,004
Savounerie..........	6,591,690
Bougies et chandelles.	8,095,584
Papier mâché, toiles cirées............	2,000,000
Produits chimiques...	3,000,000
Porcelaine et faïence..	4,000,000
Cristaux et verreries..	9,000,000
Potasse..............	6,000,000
Produits des mines...	124,854,416
Total..........	509,574,497

(1) 1 franc 11 centimes.

Les tableaux du commerce (1) en 1836 présentaient un total de 510,999,437 roubles: 283,748,233 en exportation (2), 237,251,204 des importations (3). Les marchandises expédiées pour l'étranger furent évaluées à 271,431,513 ; pour le duché de Finlande, à 3,792,773 ; pour le royaume de Pologne, à 8,523,947. L'achat chez l'étranger ne monta qu'à 233,820,965 ; dans le duché de Finlande, à 957,558, et dans le royaume de Pologne, à 2,472,581. Les peuples d'Asie, compris dans le

---

(1) En 1835, on comptait dans l'empire 45,309 marchands, dont 695 de la première guildre, 1,547 de la seconde, 30,099 de la troisième, 4,992 paysans marchands, et 7,976 commis.

(2) *Exportations.*

Lin	3,002,996 pouds.	35,503,773 roubles.
Chanvre....	2,876,990 —	20,151.718
Suif........	3,931,400 —	50,619,406
Graine de lin	656,000 czetwer.	19,917,855
Laine	320,000 pouds.	11,097,187
Pro uits des		
bois......		11,052,382
Blés	11,097,187 —	25,497,952

(3) *Importations principales.*

Coton...................	258,919 pouds.
Coton filé.............	600,779
Indigo	34,560
Cochenille	7,233
Craps et garance........	82,606
Farine de sucre........	1,500,000
Café.,..............	15,000

commerce avec l'étranger, achetèrent pour 7 millions 697,446 roubles de marchandises, et en vendirent pour 10,077,451. L'excédant des importations sur les exportations est, de ce côté, de 2,380,005, tandis que l'Europe paya à la Russie, en sus d'échanges, 49,877,034 roubles, tant pour les produits de l'Asie que pour ses propres marchandises. On exporte, pour l'Asie particulièrement, des colonnades, des soieries, des draps, des cuirs préparés, des métaux bruts et façonnés. L'Europe tire de la Russie le suif, le lin, le chanvre, la farine, la graine de lin, le bois de construction, les soies de porc, la cire, les toiles à voile, la potasse, le goudron, la poix, l'huile à brûler, les cordages, les fils, les pelleteries, les maroquins. Les articles d'importation sont : les vins, le coton, la soie, les draps fins, les soieries, les colonnades, les articles de teinture, l'étain, le thé, le sucre, le café et autres denrées coloniales ; les fruits, l'eau-de-vie, le plomb, le mercure, le tabac, le bois de menuiserie, la résine, les machines, les outils et instrumens d'arts.

Les principaux ports de mer marchands sont, dans la mer Blanche, Arkhanghel; dans la Baltique, Saint-Pétersbourg, Kronstadt, Abo, Rewel, Riga, Libawa; dans la mer Noire, Odessa, Théodosia; dans la mer d'Azow, Kertsch, Tangarog ; dans la mer Caspienne, Bakou, Kislar, Astrakhan. — Les villes principales de commerce dans l'intérieur sont Moscou, Nijny-Nowgorod, Kalouga, Orembourg,

Koursk, Kherson, Toula, Oustioug-Weliki, Orel, Iaroslaw, Mohilow, Wilna, Iourbeurg, Brzest en Litvanie, Samara, Toporetz, Rostow, Kiiow, Nijyne, Doubno, Berdytzow, Radziwilow.

Les compagnies d'Amérique, de la navigation à vapeur et la compagnie russe du sud-ouest, sont les associations commerciales qui ont le plus d'importance dans l'empire; elles entretiennent et vivifient le grand commerce.

STATISTIQUE MORALE ET ADMINISTRATIVE.

La population de la Russie est aussi diverse que le sol et le climat; elle se compose de plus de 15 souches, subdivisées en 85 races. Le total de cette population, y compris la Sibérie, est établi à 56,000,000, et se fractionne de la manière suivantes :

45,850,000	Slaves,	7 races.
2,900,000	Finnois,	13
2,190,000	Tatars,	10
2,000,000	Lettons,	3
930,000	Caucasiens,	6
590,000	Juifs.	
425,000	Allemands,	2
400,000	Arméniens.	
207,000	Mongols,	2
81,000	Esquimaux,	7
57,000	Samoièdes,	14
50,000	Mantchoux,	3 ·

20,000 Indiens,   3
10,000 Kamtschadales, 3
290,000 Peuples divers, 12

Sous le rapport des cultes, on comptait :

Grecs et Grecs-unis.	40,500,000
Catholiques	6,564,000
Luthériens	2,560,000
Calvinistes	83,000
Moraves...........	9,500
Filipones..........	2,500
Mennonites........	6,000
Arméniens	388,000
Musulmans........	4,400,000
Schamans.........	700,000
Juifs	580,000
Lamaïtes.........	207,000

Les habitans de la Russie européenne, excepté la Finlande, la région caucasienne et les pays transcaucasiens, ne s'élevaient, selon le recensement fait en 1829, qu'à 21,542,450 ames mâles. Ils étaient distribués en 8 classes, comme il suit :

Habitans des villes.........	1,171,762
Fabricans et ouvriers.......	1,098,057
Paysans-serfs..............	17,558,898
Soldats en activité et en retraite....................	831,348
Clergé	243,548

Noblesse héréditaire........	148,330
— personnelle	46,441
Etrangers.	16,381
Habitans non soumis à la ca-
pitation..............	427,685

Les trois premières classes paient la capitation; les cinq autres en sont exemptes.

La civilisation des peuples qui composent l'empire de Russie laisse beaucoup à désirer. La diversité des cultes, de grossières superstitions, des préjugés nationaux, font de la puissance russe l'amalgame le plus incohérent; la crainte du knout et de l'enfer constitue la moralité du pays. Pourtant l'hospitalité et les liens de famille y sont respectés. Le vol est inné chez le Moskovite; le mensonge est dans son génie; le courage du soldat russe n'est qu'une obéissance passive aux ordres du chef. Le courage bouillant, emporté, lui est inconnu; lorsque le Moskovite marche contre le canon, lorsqu'il escalade les remparts d'une place forte, il obéit, toujours il obéit... Le Kosak diffère du Moskovite par son effronterie dans le mensonge, par son audace dans l'attaque et sa passion pour la rapine.

La moralité dans le peuple moscovite est démontrée par les chiffres qu'on a publiés sur la statistique des criminels envoyés en Sibérie en 1833 et 1834. Pendant ces deux années, on y expédia 76,696 hommes et 15,462 femmes. Dans ce nombre ne sont compris que les mutins, les voleurs, les incendiaires et les assassins. Il faut encore remarquer que la plupart des crimes sont punis par le décret du seigneur du village, sur le lieu même où ils ont été commis; et que ce n'est qu'à la dernière extrémité, quand il n'y a plus de moyens de correction, que le seigneur livre *son homme, sa propriété* entre les mains du gouvernement.

Le peuple moskovite est passionné pour les liqueurs fortes; et l'on voit assez communément des décès déterminés par des excès de ce genre. Pour appuyer notre assertion, nous citerons un relevé statistique des décès subits à Saint-Pétersbourg dans le cours des années 1832 et 1833; le total des morts par accident s'élevait, pendant ces deux années, à 667 hommes et 297 femmes. « La plupart de ces malheureux, dit le rapport officiel, ont succombé des suites de leur intempérance ; il est rare à Saint-Pétersbourg, de même que dans toutes les grandes villes de la Russie, que les réjouissances publiques n'occasionnent pas la mort d'une multitude d'individus. Ainsi, dans l'année 1833, on a relevé des rues et des places, sur les trottoirs, sur les quais, 78 hommes et 24 femmes morts d'ivresse et de froid. On sait qu'en Russie ceux qui ont l'imprudence de s'endormir à l'air après avoir bu des liqueurs fortes avec excès, ne se réveillent plus. »

13

La Russie, sous le rapport de l'instruction publique, est divisée en 8 cercles universitaires, dont Saint-Pétersbourg, Moscou, Dorpat, Khaikow, Kazan, Kiiow, Odessa, Witebsk, sont les points principaux.

A l'exception d'Odessa et de Witebsk, toutes ces villes possèdent des facultés universitaires. Les métropoles scientifiques régissent 6 universités où étudient 2,000 élèves (1 sur 23,800 habitans), 46 lycées et gymnases, 1,103 écoles secondaires et 52,000 élèves; total, 1,155 établissemens et 54,100 écoliers: 1 sur 870 habitans (1).

Dans le courant de 1831 on a publié, en Russie et en Finlande, 724 ouvrages, dont 479 russes et 40 polonais; le reste dans les autres idiomes.

___

(1) Quelques statisticiens portent le nombre des écoliers dans toutes les institutions publiques, privées, religieuses et militaires à 200,000 ; 1 sur 246 habitans, la Finlande y compris. Ces mêmes statisticiens publient que la Russie a créé, pendant la seule année 1834, 94 établissemens d'instruction, en comptant l'université de Wladimir à Kiiow. Mais ils oublient de mentionner que la Russie ferma en 1832 toutes les écoles dans les provinces polonaises, qui étaient bien plus nombreuses, et qu'elles les a fait remplacer par de nouveaux établissemens, bien moins propres à donner une véritable instruction qu'à faire des sujets dévoués à l'empire. L'université de Kiiow est dotée des biens du lycée supprimé de Krzemieniec en Wolhynie. L'université de Wilna, abolie en 1831, n'est remplacée jusqu'à présent par aucun établissement de ce genre.

Dans le courant de l'année 1836, il a été imprimé en Russie 674 ouvrages originaux, et 128 traductions : 802 ouvrages Ce n'est que la dixième partie de ce que la librairie française a mis au jour dans la même année, surtout si l'on y ajoute les journaux et ouvrages périodiques, qui ne se montent, en Russie, qu'à 46; il en paraît autant dans la seule ville de Paris.

La littérature *facile* domine sur les catalogues; sur le total des publications de 1831, on a compté 119 ouvrages en vers, 155 en prose (romans et nouvelles), 10 ouvrages de critique et d'histoire littéraire, 59 grammaires et dictionnaires, 42 ouvrages de théologie, 55 de médecine, 50 d'histoire, 27 de sciences naturelles, 20 de géographie et statistique, 18 de mathématiques, 13 d'économie rurale et technique, 12 d'économie politique et de politique, 11 de législature, 10 de commerce, 8 de sciences militaires. Les trois bibliothèques publiques possèdent 587,000 volumes. Parmi les 40 écrits périodiques, 6 (dont 1 seulement quotidien) s'occupaient de littérature et de politique, 20 de littérature exclusivement, 4 de commerce, fabriques et mines, 4 de sciences militaires, 3 de médecine et sciences naturelles, 2 d'agriculture et industrie, 1 de statistique. La censure existe dans toute sa force.

La Russie possède à Saint-Pétersbourg, depuis 1724, une académie des sciences, composée de 21 membres; l'académie ou école des beaux-arts, fondée en 1754; l'académie russe, qui date de 1783. 14 autres sociétés privées existent dans différentes villes de l'empire : 5 d'entre elles s'occupent de sciences physiques, 8 de littérature, une seule d'histoire.

La forme et l'esprit du gouvernement de la Russie sont absolus. L'empereur se fait appeler *autocrate*; de lui seul découlent tous les pouvoirs de l'état : il est à la fois chef de l'église, législateur et administrateur suprême. Les ministres sont ses premiers secrétaires. Le conseil de l'empire est le premier corps de l'état ; il prépare les projets de lois, donne son opinion sur l'interprétation de la loi, examine la gestion des affaires publiques, des administrations. Le saint synode (assemblée d'évêques du rite gréco-russe) a l'administration suprême des affaires religieuses du culte dominant. Le sénat dirigeant promulgue les ukases sanctionnés par l'empereur, les enregistre et veille à leur exécution. Il est à la fois cour d'appel et se divise en départemens civils et criminels.

L'administration de chaque gouvernement ou province du pays est confiée à un gouverneur assisté d'un conseil provincial. Ce gouverneur est subordonné à un gouverneur général qui réunit plusieurs gouvernemens sous son autorité ; le nombre de ces gouvernemens généraux, non plus que le nombre des départemens qu'ils régissent, n'est pas limité. La résidence habituelle de ces hauts fonctionnaires était à Riga, Wilna, Witepsk, Kilow, Odessa, Tiflis, Poultawa, Toula, Nijny-Novgorod, Tobolsk, pour la Sibérie occidentale, et Irkoustsk pour la Sibérie orientale. Les gouvernemens de Saint-Pétersbourg et de Moscou ont seuls chacun un gouverneur général qui leur est particulier et exclusif.

Le duché de Finlande a son sénat et son administration particuliers. Le royaume de Pologne est gouverné par le lieutenant du roi, et administré séparément. Un secrétaire-d'état pour la Finlande et un ministre secrétaire-d'état pour le royaume de Pologne résident à Saint-Pétersbourg.

La justice est administrée en deux instances, la première dans le chef-lieu du district, et la seconde dans les chefs-lieux des gouvernemens. On en appelle au sénat; du sénat, qu'on peut appeler conseil d'état, au conseil des ministres, et du conseil des ministres à l'empereur. Il n'y a ni codes ni lois qui puissent préciser les droits et les devoirs; il y a seulement un recueil des ukases, *Swod*, qu'on explique et applique selon les convenances. Un autre livre, appelé *Ulozenie*, comprend les préceptes généraux de la jurisprudence de l'empire; mais il s'y trouve tant de notes, de renvois et de contradictions, que le juge est maître de choisir le texte qu'il lui plaît d'appliquer dans l'affaire.

Le ministre de l'intérieur est maintenant à la

fois directeur des cultes tolérés dans l'empire;
autrefois c'était le ministre de l'instruction publique.

Le ministre de l'instruction publique dirige les
universités, qui veillent sur 2,500 professeurs,
dans les établissemens du gouvernement. Les
pensions et les institutions privées restent sous le
contrôle du ministre.

Outre ces ministres, il y a un vice-chancelier,
ministre des affaires étrangères; un ministre de
la guerre, un ministre des finances, un ministre
de la maison impériale et des apanages, un ministre des domaines de la couronne, un directeur-général des communications par terre et par
eau, un directeur-général des postes, un contrô-
leur-général de l'empire. La police de l'empire
est confiée au commandant en chef du corps de la
gendarmerie.

Finances. — Nous nous bornerons à présenter
un tableau approximatif du budget en 1832.

Recettes.

Eau-de-vie.............	93,000,000 roubles.
Obrok ou redevance des paysans de la couronne.	74,000,000
Douanes..............	70,000,000
Capitation.............	50,000,000
Timbre et enregistrement.	18,000,000
Mines	16,000,000
A reporter	321,000,000

Report	321,000,000
Sel.....................	8,000,000
Centième denier	7,000,000
Monnaies	6,000,000
Revenus divers.........	6,000,000
Bénéfices sur la banque d'emprunt...........	22,000,000
— sur la banque de commerce..........	21,000,000
Rentes diverses.........	64,000,000
	470,000,000

Depenses.

Armée..................	135,000,000 roubles.
Marine.................	80,000,000
Perception et administration des impôts........	50,784,000
Intérêt de la dette publique	43,427,000
Amortissement annuel ...	34,889,000·
Administration du gouvernement	21,500,000
Routes, canaux, mines, constructions.........	20,000,000
Instruction publique....	18,000,000
Liste civile	15,000,000 (1)
A reporter	418,600,000

(1) Les statisticiens allemands portent ce chiffre à 18,000,000 de roubles (19,800,000 francs).

Report	418,600,000
Cultes.....................	12,000,000
Diplomatie................	6,000,000
Pensions..................	5,000,000
Administrat. des douanes.	5,000,000
Tribunaux.................	3,000,000
Bureau de l'amortissement	400,000
	450,000,000

Excédant probable des re-
cettes sur les dépenses. 20,000,000

Dette.

| Dette perpétuelle et à terme | 956,333,574 roubl. |
| Assignats en circulation... | 595,776,310 |

L'armée se compose de :

12 régimens d'infanterie de la garde chacun à trois bataillons de 800 hommes.......................	28,600 h.
11 régimens de cavalerie à 5 et 8 escadrons, chacun de 500 homm.	8.800
Artillerie et pionniers.............	2,800
Kosaks, trois escadrons	800
Total de la garde....	41,200
138 régimens d'infanterie de ligne, chacun à trois bataillons de 800 hommes......................	331,200 h.
Troupes des garnisons............	104,632
A reporter	477,032

Report 477,032

30 régimens de cuirassiers, à cinq escadrons de 200 hommes.......	30,000
62 régimens de dragons et hussards	64,000
1,632 pièces de campagne.........	40,000
10 bataillons du génie...........	10,000
Total des troupes régulières...	622,332 h.
Les Kosaks fournissent pendant la paix 38 régimens de 500 soldats..	19,000
Total........	641,332

Les Kosaks, selon le duc de Raguse, forment 146 régimens de 800 cavaliers, ce qui donnerait, en état de guerre, 116,800 hommes.

L'armée russe n'est jamais au complet; l'effectif doit être diminué au moins de 1/5.

La marine se compose de 44 vaisseaux de ligne de 60 à 100 canons, dont 26 dans la Baltique et 18 dans la mer Noire; 35 frégates, bombardes, 22 cutters, 25 brûlots, 50 galères avec 500 navires à rames, 45 petits bateaux, 500 canonnières. — Total, 9,617 canons, 32,000 matelots, 8,300 soldats d'équipage, et 4,500 artilleurs.

Les principales places fortes de l'empire sont Kronstadt, Narwa, Riga, Dünabourg, Bobrouysk, Tangarog, Ismaïlow, Bendère, Khotzime, Akerman.

Les ports militaires sont : Kronstadt, Revel,

sur la Baltique ; Arkhanghel sur la mer Blanche ; Sebastopol, Nicolaïow sur la mer Noire, Astrakhan sur la mer Caspienne.

Les armes de la Russie sont un aigle noir à deux têtes ceintes de trois couronnes; ses ailes sont déployées; il tient de la serre droite le sceptre d'or, et de la gauche la pomme impériale, emblème de l'empire grec; il porte sur la poitrine l'image de saint George à cheval et tuant le dragon avec sa lance : c'est l'arme de Moskou. Sur l'aile droite sont placées les armes d'Astrakhan, de Nowgorod et de Kiiow ; sur la gauche, celles de la Sibérie, de la Pologne, de Kazan et de Wladimir. Cet aigle est appuyé sur un bouclier d'or surmonté d'une couronne et entouré de la chaîne de l'ordre de Saint-André.

Les ordres de la Russie sont ceux de Saint-André, de Catherine, de Saint-Alexandre-Newski, de l'Aigle-Blanc (polonais), de Sainte-Anne, de Saint-Stanislas (polonais), de Saint-Georges, de l'Egal des Apôtres prince Wladimir, du Mérite militaire, de Saint-Jean, et une quantité de médailles militaires de 1812, 1813, 1814, 1829 et 1831.

STATISTIQUE CHRONOLOGIQUE.

La monarchie moskovite date du XIIe siècle, de l'époque où la ville de Kiiow, déchue de sa puissance et de sa splendeur, passa sous la domination des Litvaniens, et plus tard sous celle des Polonais. C'est à la principauté de Wladimir, sur la Kliazma, connùe dès 1157, que commence l'histoire de la monarchie actuelle de Russie, qui compte maintenant 680 années d'existence. En 1213, ce duché est constitué définitivement. En 1295, Daniel, un de ses ducs, tout en restant tributaire des Tatars, fixe le siége de son autorité et de sa puissance à Moskou, qui devient dès-lors capitale du duché. En 1475, Ivan Basilowitch secoue le joug des Tatars et se proclame indépendant. Un de ses successeurs, Ivan Wasilewitz, s'empare de Kasan et d'Astrakhan sur les Tatars, et prend le premier le titre de *tzar*, prince souverain. C'est de ce règne que commence l'agrandissement du tzarat de Moskovie, jadis principauté de Wladimir.

En 1598, le dernier rejeton de Rourik, Godounow, prince varèghe, meurt sans postérité; des imposteurs se disant ses descendans, déchirent la Moskovie; Szuyski est élu au tzarat, puis détrôné. En 1609, les boyards élisent pour leur tzar Ladislas, fils de Sigismond III, roi de Pologne. En 1613, ils déclarent tzar Michel Romanow, issu de la famille de Rourik. En 1701, Pierre-le-Grand prend le titre d'*empereur*. En 1730 la race mâle s'éteint par la mort de Pierre II Alexiowitz. Les femmes de la famille de Romanow règnent alors et introduisent, en 1762, la famille de Holstein-Gottorp sur le trône de Russie, dans la personne de Charles-Pierre Ulrik, duc de Holstein, connu sous le nom de Pierre III. Ce prince est déposé la même année par Catherine II sa femme, princesse d'Anthalt-Zerbst, qui règne à sa place. Les descendans de Pierre III et de Catherine II sont les souverains actuels de la Russie.

Dans cet espace de 680 ans, le trône de Moskovie fut occupé par trois races : celles de Rourik, de Romanow et de Holstein-Gottorp. On y a vu passer 23 grands-ducs, 10 tzars et 10 empereurs et impératrices.

POLOGNE (ROYAUME DE).

STATISTIQUE PHYSIQUE ET DESCRIPTIVE.

Le royaume de Pologne est situé entre 50° 4' et 55° 6' de latitude du nord, et entre 15° 10' et 21° 48' de longitude orientale.

Ses limites sont : au nord et à l'est, les provinces polonaises de l'empire de Russie; au sud, les possessions polonaises de l'empire d'Autriche, la Galicie et la ville libre de Krakovie; à l'ouest et au nord, le duché de Posen, la Prusse occidentale et la Prusse orientale.

La superficie du royaume (1) présente 2,270 milles carrés. On y compte 4,100,000 ames.

(1) Nous ne parlons dans cette courte notice que du

La Pologne est divisée en 8 palatinats ou gouvernemens, savoir :

Krakovie avec 2,184 habitans par mille carré.
Kalisz   —   2,018   —
Masovie   —   1,932   —
Lubline   —   1,610   —
Augustow   —   1,567   —
Sandomir   —   1,557   —
Podlachie —   1,401   —
Plocķ   —   1,230   —

Les palatinats se subdivisent en 39 arrondissemens, qui forment 77 districts.

On compte environ 450 villes et 22,600 villages; les villes les plus importantes sont:

---

royaume actuel de Pologne, créé par le congrès de Vienne en 1815.

La Pologne entière se compose :

	Milles carrés.	Populat.
1º Du royaume actuel.........	2,270	4,100,000
2º — de Galicie.....	1,542	4,200,000
3º De la ville libre de Krakovie	20	125,000
4º Du duché de Posen.........	536	1,155,000
5º De la Prusse occidentale...	472	830,000
6º De la Russie occidentale et de la Kourlande.........	8,880	10,160,000
	13,720	20,570,000

14

Varsovie avec 130,000 habilans.

Lubline	13,000
Kalisz	11,000
Ploçk	10,000
Kalwarya	6,600
Czenstohova	6,600
Radom	5,500
Zgierz	5,500
Lodz	5,300
Augustow	5,300

Le pays en général est plat ; seulement au sud on rencontre des hauteurs assez remarquables ; telles sont la Montagne-Chauve, 1,908 pieds d'élévation au-dessus de la Baltique, la Sainte-Croix, 1,813 pieds d'élévation. La hauteur moyenne des montagnes de Sandòmir et de Krakovie est de 800 pieds. La Vistule, qui à Krakovie a 611 pieds d'élévation, descend à Varsovie à 352 pieds, et à Dantzick à 43 : c'est la descente de tout territoire.

Les plus grandes eaux viennent du sud et de l'est du pays ; telle est la Vistule, qui parcourt 75 milles ; le Boug, qui en fait 40 ; la Narew, 25 ; le Wiepiz, 30 ; la Piliça, 30. Toutes ces rivières forment le bassin de la Vistule, qui' reçoit, de plus, les eaux des Karpates. C'est la plus grande artère du royaume. Le Niémène fait un bassin à part ; mais il est joint à la Vistule par des rivières et des canaux. Il n'en est pas de même pour le troisième bassin, celui de Warta ; il reçoit les eaux de la Prosna et court vers l'Oder. La Vistule et le Niémène communiquent directement avec la mer.

Le bassin de la Vistule est la seule région qui ait quelques hauteurs ; le reste ne renferme que des bas-fonds, des lacs et des marais.

Parmi les lacs, on remarque celui de Goplo, à la frontière de l'ouest ; il appartient en partie au duché de Posen, et a 5 milles de longueur et un demi-mille de largeur. Après lui vient le lac de Sleszyne, qui est long de 2 milles et large d'un quart de mille. Plusieurs autres lacs d'une dimension commune se trouvent dans les palatinats du nord, et particulièrement dans le palatinat d'Augustow, où on en compte plus de 100. Les plus grands marais se trouvent à l'est.

Le royaume ne possède qu'un seul canal, celui d'Augustow ; il joint la Vistule au Niémène, par l'intermédiaire la Narew, de la Biebrza, de la Hancza, et de plusieurs autres rivières et lacs. Ce canal a 17 écluses ; sa ligne navigable est de 21 milles ; il n'est haut que de 17 pieds au-dessus des rivières. La profondeur de ses eaux pour la navigation est de 5 à 6 pieds ; sa largeur est telle que deux grands bateaux, nommés berlinka, peuvent y passer commodément de front.

La Pologne, située dans le nord-est de l'Europe, jouit d'un climat sain et tempéré. La plus grande chaleur est de 28 degrés à l'ombre et 40 au soleil ; le plus grand froid est de 24 degrés et

demi. La température moyenne de toute l'année
est de 6 degrés au-dessus du zéro ; pendant l'été
elle est de 11 dégrés et demi, et pendant l'hiver
d'un demi degré au-dessus du zéro. Sur 365 jours
de l'année, on a 183 jours sereins, 146 couverts, et
36 pluvieux.

La plica polonica est une maladie particulière
parmi les pauvres, surtout dans les contrées ma-
récageuses.

STATISTIQUE PRODUCTIVE ET COMMERCIALE.

La Pologne fut toujours appelée *le grenier de
l'Europe,* mais, à vrai dire, de nos jours l'agriculture y est dans un état inférieur à celui des
autres pays de l'Europe. Pourtant l'économie rurale semble vouloir s'y améliorer, pour recouvrer
son ancienne importance.

Sur 741,000 wlokas (1) de Pologne, les terres
labourables occupent.......... 255,000 wlok.
Les forêts................. 205,000
La vaine pâture, les eaux et
les marais. 171,000
Les prairies 46,000
Les chemins et les bâtimens... 38,000
Les jardins............... 26,000

---

(1) Chaque wloka comprend 3o morgs ; le morg équivaut à 54 ares 46 centiares métriques.

Dans la culture, le seigle prospère partout ;
après lui viennent l'orge, l'avoine, le millet et le
sarrasin ; le froment est d'une abondance considérable dans le palatinat de Krakovie, sur les
bords de la Nida et de la Nidziça. La pomme de
terre, la manne de Pologne (festuca fluintas), le
tabac, la chicorée, le houblon, le lin, et presque
tous les légumes, croissent avec abondance. Dans
les vergers, on voit des abricotiers et des pêchers ;
on commence à planter le mûrier, qui s'acclimate
à force de soins. Les arbres méridionaux, tels que
le citronnier et l'amandier, se conservent dans
les serres, qui sont nombreuses chez les particuliers. Deux jardins botaniques concourent à l'entretien des plantes rares. Le pin sauvage domine
dans les forêts polonaises ; le chêne, le sapin, le
peuplier blanc et noir, etc., couvrent un quart de
toute la superficie du royaume. Il y a des écoles
pour les gardes forestiers ; l'aménagement des
bois fait des progrès.

L'éducation des bestiaux entre dans l'économie
rurale. Les moutons sont l'objet d'une sollicitude
minutieuse ; le bœuf et le cheval sont dans un état
misérable. En 1829 on comptait dans le royaume :

3,100,000 moutons.
2,120,000 bêtes à cornes.
800,000 porcs.
80,000 chevaux.

Le gibier de la grosse espèce devient tous les

jours plus rare. L'élan et le bison se trouvent encore dans la forêt de Bialowiez, voisine du royaume, dans la province de Bialystok. Le cerf, le sanglier, le loup, le renard, le blaireau, la martre, le putois, sont les plus communs ; l'ours y devient plus rare.

Parmi les oiseaux, on remarque la poule, le coq, le canard, l'oie, la dinde, l'outarde, le coq de bruyère, le coq de bois, le francolin, la perdrix, la bécasse, etc. La race dévorante la plus commune, c'est l'autour ; l'épervier, le faucon, l'aigle sont plus rares.

L'abeille est la première parmi les insectes ; elle est d'une haute importance dans l'industrie rurale. La cantharide et la cochenille polonaise sont d'une utilité reconnue. Beaucoup d'insectes, parmi eux la sauterelle, dévastent les champ ; polonais. Le zbozownik (curculio frumentarius) est particulier au pays.

Les reptiles, depuis la tortue jusqu'au lézard, se trouvent dans toutes les contrées. Les aspics sont seuls dangereux.

Les rivières abondent en poissons de toutes espèces ; la truite, la lamproie, l'anguille, le brochet sont les plus communs ; on y voit deux espèces particulières, la stynka et la cicia. Jadis le castor habitait les bords du Boug, de la Narew et de la Piliça.

L'industrie manufacturière se développe en Pologne. On y fabrique des toiles, des papiers, du sucre de betterave, du miel, de la bière et de l'eau-de-vie de grains, qui est l'industrie particulière et principale des propriétaires ruraux. Le suif et la cire ont un rang important dans les fabriques.

L'exploitation des mines de cuivre, de fer, de galène, de plomb, de houille, occupe beaucoup de bras dans les palatinats de Sandomir et de Krakovie. On y extrait aussi l'argent, mais en de minces filons. Le marbre, la pierre de taille, la pierre à lithographier se trouvent abondamment. La nature du terrain est principalement crayeuse.

Une source salée, dans la Kuïavie, à Ciehocinek, fournit 100,000 quintaux par an.

Les fabriques occupent 7,000 ouvriers et rapportent annuellement plus de 5,400,000 florins (1) de valeur brute.

Le commerce extérieur roule sur plus de 45 millions de florins en articles d'exportation, et environ 48,000,000 d'importations. On exporte des grains, du bois, du zinc, de la farine, des tapisseries, des chaussures, des pianos, des meubles, etc., et on importe du sel, des vins, des draps fins, des tissus de coton, des eaux-de-vie, des denrées coloniales, des épices.

Les routes vicinales sont en mauvais état; mais

___

(1) Un florin de Pologne est nominalement égal à 62 centimes et demi; mais relativement au prix des denrées, il a la valeur de 1 fr.50 c.

les chaussées de Kalisz à Brzest en Litvanie, et
de Kowno à Krakovie, et qui ont pour point central Varsovie, ne laissent rien à désirer.

La poste fait le service deux fois par semaine ;
elle se charge des voyageurs. Aucune entreprise
de diligence ni de roulage n'existe en Pologne ;
mais nombre de voituriers transportent à bon
marché les marchandises. La navigation sur la
Vistule est la plus active.

Les douanes rapportent par an environ 9,200,000
florins.

STATISTIQUE MORALE ET ADMINISTRATIVE.

Les Polonais sont presque tous catholiques ;
dans le royaume actuel que nous décrivons, sur
4,059,617 habitans, on compte :

> 3,211,357 catholiques.
> 216,983 grecs-unis.
> 212,698 luthériens.
> 2,201 calvinistes.
> 3,567 grecs, vieux croyans.
> 937 gréco-russes.
> 912 memnonites.
> 199 frères moraves.
> 410,062 israélites.
> 258 boudistes, zigans.

Le clergé polonais se compose de 8 évéques,
dont un archevêque. L'état lui paie 2,490,278 fl.
Le clergé gréco-russe, insignifiant avant 1831,

prend de jour en jour plus d'influence ; on lui a
élevé plusieurs églises, et notamment une cathé-
drale à Varsovie, dans l'édifice appartenant aux
prêtres piiaristes, les plus doctes et les plus pa-
triotes dans le clergé polonais. — La liberté de
conscience est proclamée dans le statut organique.

L'instruction publique, déjà bornée avant 1831,
est plus restreinte encore depuis l'introduction du
statut organique. L'université est abolie ainsi que
les établissemens d'instruction supérieure. Les
écoles sont organisées à l'instar de celles de l'empire de Russie ; leur nombre peut être évalué à
130 institutions, tant supérieures qu'inférieures,
et le total des écoliers à 8,000,— 1 sur 500 habitans.

La forme du gouvernement, représentative jusqu'en 1831, a pris le caractère d'une monarchie
illimitée, absolue, depuis la fin de la guerre de
cette même année. Trois commissions supérieures,
celles de l'intérieur, des cultes et de l'instruction
publique ; celles des finances et de la justice. Le
conseil administratif, composé des directeurs-
généraux de ces trois commissions, du contrôleur-
général et d'autres personnes nommées à cet effet,
et présidé par le lieutenant du roi, a la gestion
suprême des affaires du pays. Le pouvoir législatif repose dans le monarque. (Voir la Russie.)

Varsovie est la capitale du royaume de Pologne.

Les finances présentaient, en 1828, 70,780,000 florins; les dépenses montaient, à la même époque, à 63,316,000 fl. La dette publique, en 1830, montait à 40,000,000; elle est augmentée depuis 1836 de 150,000,000.

L'armée polonaise, qui avant 1831 présentait un effectif de 35,000 hommes, et qui fut pendant cette année portée à 90,000, n'existe plus aujourd'hui. La Pologne fournit, comme les autres parties de l'empire, des recrues à l'armée russe.

Les ordres polonais de l'Aigle-Blanc et de Saint-Stanislas, sont compris dans les ordres russes.

KRAKOVIE

(VILLE LIBRE AVEC ARRONDISSEMENT).

STATISTIQUE PHYSIQUE ET DESCRIPTIVE.

La ville libre de Krakovie est située par 17e '35' 45" de longitude est, et par 50° 3' 52" de latitude nord.

Elle a pour limites : à l'ouest, la Silésie; à l'est et au nord, le royaume de Pologne; au sud, la Galicie.

Son étendue est de 20 mille carrés; sa population dépasse 128,000 ames. = 6,400 par mille carré.

La république se divise en 28 communes; la

ville, avec ses faubourg, scomprend 11 communes;
le pays environnant en a 17.

On y compte 4 villes, 220 villages et hameaux,
14,000 bâtimens en bois et en briques, 70 ponts
en pierres, 298 en bois, 97 moulins, 67 brasseries
et distilleris, 187 hôtels garnis.

La ville de Krakovie, la seule qui soit digne de
porter le nom de ville, compte 27,000 habitans.
Elle est divisée en cité et en 9 faubourgs, qui portent
les noms de Kazimierz (cité des israélites), Podgorze (sur la rive droite de la Vistule; ce faubourg fait partie de la Galicie), Kleparz, Wesola,
Stradom, Rybaki, Smolensk, Zwierzynièç, Pias-
kiw, Garbarze. C'est une belle et importante
cité, tant par ses monumens et curiosités que par
les souvenirs historiques qui s'y rattachent. L'histoire de cette ville est étroitement liée avec l'histoire de la Pologne.

Les environs de Krakovie sont renommés pour
la beauté des sites pittoresques. La petite ville de
Krzeszowicé a un établissement d'eaux ferrugineuses. Partout dans la riante campagne on aperçoit des palais, des maisonnettes d'une ravissante
beauté. Le village Niedzwiedz possède un jardin
botanique où se trouvent les plantes les plus
rares; un autre jardin botanique se trouve dans
un des faubourgs de la ville. Le monument élevé
à Kosciuszko, ce citoyen brave et intègre qui a
honoré à la fois sa patrie et l'humanité, est situé
à une lieue à l'ouest de la ville; c'est une mon-

tagne construite par la main des hommes, haute
de 18 toises, à 77 toises au-dessus du niveau de la
Vistule, et qui s'étend sur 1,600 toises carrées ; son
volume comprend 9,400 toises cubiques.

Le pays de Krakovie est légèrement ondulé ;
c'est le dernier degré des Karpates, qui s'élèvent
au sud, au-delà des frontières de la ville.

La Vistule coule ses eaux sur la partie méridionale, traverse Krakovie et entre dans le royaume de Pologne. Plusieurs ruisseaux arrosent ce
beau pays ; la Brynica, la Rudawa et le Prondik
sont les plus importans de ces cours d'eaux.

Le climat est sain et tempéré ; les hauteurs des
Karpates couvrent le pays du côté du midi et
rendent la température un peu rigoureuse ; son
terme moyen est 7 degrés 4/5.

STATISTIQUE PRODUCTIVE ET COMMERCIALE.

Le sol de cette partie de la Pologne est très-
fertile ; il produit en abondance les céréales, les
légumes et les fruits. Les artichauts et les ananas
de Krakovie sont fort recherchés le long de la
Vistule.

Les bois sont très-clair-semés ; le gibier y est
donc rare.

Le bétail, en 1834, présentait les chiffres suivans :

380 étalons.	25,000 vaches.
3,840 cavales.	21,000 moutons.
4,500 chevaux.	100,000 porcs.
3,000 bœufs.	

Les rivières abondent en poissons excellens. —
Partout on entretient de grandes ruches à miel.

Le nombre des paysans possesseurs augmente
tous les jours; en 1833, ils s'élevèrent aux proportions suivantes:

628 cultivateurs ayant une ferme.
583 — une demi-ferme.
1,114 — un quart de ferme.
10,907 — un petit terrain à une
chaumière.

Les mines donnent de la houille en grande
quantité, les diverses espèces de marbres, la
pierre de taille, le zinc, l'alun. Les mines de Ja-
worzno fournirent en 1831 plus de 128,660 kor-
zec de charbon de terre, 1,794 quintaux d'alun,
et 8,744 quintaux de zinc.

L'industrie est en progrès continuel, et occupe
plus de 18,381 chefs d'ateliers, marchands en
gros et en détail, etc.

La ville de Krakovie compte 500 chefs d'ateliers
et de comptoirs.

Les fabriques privées produisirent en 1831:

1,914 quintaux de tabac à fumer.
920 pièces de draps.
12,800 rames de papier.
13,032 mètres de toile.
1,242 pièces de maroquin.
9,800 — de cuirs.
56,526 livres de chandelles.

15

2,000 — de bougies.
1,300,000 pièces de briques.
529,000 litres d'eau-de-vie.
1,660,000 — de bière.
78,256 — d'hydromel.
2,720 — de liqueurs.

Le plus grand commerce extérieur se fait du côté du royaume de Pologne ; les exportations montent à 1,340,000 florins ; les importations s'élèvent à 2,200,000. Les relations avec la Silesie prussienne et autrichienne, et avec la Galicie par Podgorze, ne sont pas moins considérables.

La direction et l'administration des postes de l'état de Krakovie appartient, depuis 1837, au royaume de Pologne.

STATISTIQUE MORALE ET ADMINISTRATIVE.

La population de Krakovie se compose principalement des Polonais, qui sont au nombre de 110,000, tous catholiques; des juifs, qui sont comptés pour 15,000, et des Allemands pour 3,500. Les protestans n'ont pas de chiffre.

On trouve dans tout le pays plus de 120 églises, 27 cloîtres et couvens, 20 hôpitaux, mont-de-piété, sociétés de bienfaisance.

L'instruction publique comporte :

1 université dite de Jagellon, avec 290 étudians.

3 écoles supérieures, 2 écoles inférieures, 51

écoles de villages, 6 institutions pour les garçons
et 13 pensionnats de demoiselles. Des bourses
sont fondées pour les pauvres étudians depuis le
XVᵉ siècle.

On publie à Krakovie 7 écrits périodiques,
dont 1 seulement quotidien.

Quatre imprimeries et 4 librairies, 2 cabinets de
lecture pour les livres français et allemands et un
théâtre polonais, complètent le mouvement littéraire de la ville.

Les arts, qui dans les temps prospères appor-
taient à Krakovie tout ce qui était beau et grand,
sont bien tombés depuis les spoliations que les
trois cours protectrices comirent dans l'ancienne
capitale de la Pologne. Cependant le château de
Wawel porte fièrement encore les vestiges de
la splendeur des siècles passés ; l'église du château avec ses chapelles et ses sarcophages, les
édifices et les curiosités de la ville pourront servir
peut-être de modèles au jour de la renaissance de
la liberté et des arts sur le sol polonais.

Le gouvernement de Krakovie est démocratique, quoique sous la direction des trois résidens
des cours protectrices d'Autriche, de Russie et de
Prusse. La diète se compose de 26 députés des
communes, des prélats, de 3 délégués de l'université et de 3 délégués du sénat. Le sénat comprend 8 membres, dont 4 à vie et 4 élus pour
trois ans. La diète vote le budget et arrête les
lois. Le sénat, qui administre le pays, a un pré-

sident nommé par la diète, au gré des puissances protectrices; il siége trois ans.

La justice est administrée par 5 tribunaux de police, 5 tribunaux de justice de paix, 1 tribunal de première instance, 1 cour d'appel et 1 cour suprême dite de troisième instance.

Les finances présentent 1,775,766 florins 15 gros (1,109,854 francs 26 centimes) de revenus, et autant de dépenses.

La ville possède depuis 1835 une banque nationale et frappe monnaie avec ses armes, qui consistent en une grande porte avec trois tours; à l'entrée, sur un fond rouge, l'aigle blanc avec un bâton d'or dans les ailes.

La milice de la ville présente un effectif de 300 hommes à pied et 80 cavaliers.

FRANCE (ROYAUME DE).

STATISTIQUE PHYSIQUE ET DESCRIPTIVE.

Situation et position astronomique.

La France est située dans la partie occidentale de l'Europe, et appartient à la zone tempérée; elle est comprise entre le 12° 54' et le 26° 57' de longitude est du méridien de l'île de fer (ou 7° 6' de longitude ouest, et 5° 57' de longitude est du méridien de Paris), et entre 42° 20' et 51° 10' de latitude nord.

Forme , surface.

La France, par sa forme, représente un hexa-
gone irrégulier ; sa surface est à peu près celle
d'un carré, dont les villes de Dunkerque et de
Lauterbourg, au nord, celles de Saint-Jean-de-
Luz et de Port-Vendre, au midi, forment les
quatre angles.

Frontières naturelles politiques.

La Méditerranée au sud-est, les Pyrénées au
sud, l'Océan au nord et au nord-ouest, sont les
limites naturelles de la France. Deux de ses côtes,
à l'ouest et au nord-ouest, sont baignées par
l'Océan ; le côté du nord-est est borné par la
Belgique, le duché de Luxembourg, le grand-
duché du Rhin, faisant partie de la Prusse ; le
cercle du Rhin, appartenant à la Bavière, et le
grand-duché de Bade, séparé de la France par le
Rhin ; le côté de l'est a pour limites la Suisse
(canton de Bâle, de Berne, de Neufchâtel, de
Vaud et de Genève), et les états de Sardaigne
(Savoie, Piémont et comté de Nice); le côté du
sud-est est baigné par la mer Méditerranée ;
et enfin, le côté du sud a pour frontières les Pyrénées qui le séparent de l'Andorre et de l'Espagne.

Dimensions. — Superficie.

La plus grande longueur de la France, de l'extrémité occidentale du Finistère à la pointe

15.

d'Antibes, dans. le Var, est d'environ 1,064 kilomètres, ou 266 lieues de poste, et sa plus grande largeur, de Givet (Ardennes) à Saint-Jean-Pied-de-Port (Basses-Pyrénées), est d'environ 924 kilomètres, ou 231 lieues. — On évalue sa circonférence à 4,606 kilomètres, ou 1,174 lieues, dont 2,456 kilomètres, ou 614 lieues de côtes (40 pour les bords du Rhin), et 2,240 kilomètres, ou 560 lieues de frontières terrestres.

La superficie totale de la France est de 52,768,618 hectares, ou 26,714 lieues carrées, divisés ainsi qu'il suit, et classés d'après leur position géographique et d'après les opérations cadastrales exécutées jusqu'en 1834.

Départemens maritimes (1).	Etendue en	
	hectares.	lieues car.
Sur la Manche	3,590,576	1,817
— l'Océan...........	3,388,843	1,715
— le golfe de Gascogne	3,976,114	2,012
— la Méditerranée....	3,756,984	1,901

(1) Les départemens situés aux extrémités du littoral étant à la fois maritimes et frontières de terre, et formant inévitablement un double emploi, on a dû, pour obvier à cet inconvénient, ne les comprendre que parmi les départemens maritimes.

Départemens frontières.

De Belgique (Nord non compris)............	1,670,736	845
D'Allemagne............	870,813	440
De Suisse	1,022,141	517
D'Italie (Var non compris)...............	2,657,612	1,345
D'Espagne (Pyrénées-Orientales et Basses-Pyrénées non compris	1,526,156	772
Etendue totale des départemens maritimes.	14,712,517	7,448
— des départemens des frontières de terre	7,747,458	3,922
— des déparlemens de l'intérieur........	30,308,625	15,343
Totaux......	52,768,600	26,714

L'étendue approximative en hectares des différentes espèces de sol qui forment le territoire de la France, en 1837, est:

	Hectares.	lieues car.
Pays de montagnes....	4,268,750	2,161
— de bruyères ou de landes	5,676,088	2,874
Sol de riche terreau....	7,276,368	3,684
—de craie ou calcaire.	9,788,197	4,955
—de gravier	3,417,893	1,730

— pierreux..........	6,612,343	3,347
— sablonneux	5,921,377	2,998
— argileux...........	2,232,885	1,130
— limoneux ou maré-cageux............	284,454	144
— de différentes sortes	7,290,237	3,691
Surface totale.....	52,768,600	26,714

Iles.

Dans l'Océan, l'île d'Ouessant et l'île de Sein (Finistère), Groaix et Belle-Ile (Morbihan), Noirmoutiers et l'île Dieu (Vendée), Ré et Oleron Charente-Inférieure).

Dans la Méditerranée, les îles d'Hières et de Lérins (Var), la Camargue (Bouches-du-Rhône) et la Corse.

Montagnes.

Collines à l'ouest et au nord ; montagnes peu élevées au centre. Les montagnes les plus importantes sont, dans la partie est et sud, 1° à l'est, branches considérables de la grande chaîne des Alpes, partant du noyau de la Savoie, composant les deux départemens des Hautes et Basses-Alpes, s'abaissant en collines dans celui du Var, en se dirigeant du nord au sud et s'approchant de la mer : 2,800 mètres, élévation moyenne (Hautes-Alpes) ; 1,800 mètres (Basses-Alpes) ; 2° encore à l'est, le Jura, regardé comme le prolongement nord des Alpes : sa hauteur n'atteint pas la région des neiges éternelles ; 3° au nord du Jura, et comme le prolongement nord des Alpes, les Vosges, direction au nord, parallèle au cours du Rhin, sommets arrondis (ballons) : élévation moyenne de 600 à 800 mètres, quelquefois 1,309 mètres ; 4• au sud, limites de la France et de l'Espagne, les Pyrénées de l'est à l'ouest ; de la Méditerranée à l'Océan, escarpemens les plus rapides au nord et à l'ouest ; 5° autres chaînes de montagnes moins importantes, dans l'intérieur, liant le système des Alpes à celui des Pyrénées ; les Cévennes, branche principale du sud au nord, et branche à l'est et à l'ouest, courant entre le Rhône et la Loire, séparant le bassin de la Loire de celui de l'Allier, séparant les bassins de l'Allier et du Cher, ceux de la Dordogne et de la Garonne ; les montagnes d'Auvergne, remarquables par leurs volcans éteints, sont regardés comme le prolongement des Cévennes.

L'élévation en mètres des 31 principales montagnes de la France, qui ont plus de 8,000 mètres au-dessus du niveau de l'Océan, sont :

Noms des montagnes et situations.	Départemens	Mètres.
Pic des Écrins ou Arsines	H.-Alpes....	4,105
La Meidje	—	3,98
Grand-Pelvoux	Isère	3,934
Mont-Viso	H.-Alpes....	3,838

Les Trois Elions........	Isère........	3,511
Goléon	—	3,429
La Maladetta ou Nethou (pic oriental)........	H.-Garonne..	3,404
Mont-Perdu...........	H.-Pyrénées .	3,351
Le Grand-Rubzen	B.-Alpes	3,342
Rochebrune...........	H.-Alpes....	3,325
Le Cylindre...........	H.-Pyrénées .	3,322
La Maladetta (pic occid.)	Ariège......	3,312
Vignemale............	H.-Pyrénées .	3,298
Pic de Perdighero.......	H.-Garonne .	3,220
Pic Long.............	H.-Pyrénées .	3,193
Mont Tabor...........	H.-Alpes....	3,480
Pic Pétard	H.-Pyrénées .	3,177
Mont Cambielle	—	3,174
Vieux-Chaillol........	H.-Alpes....	3,167
Mont Baltous..........	H.-Pyrénées .	3,146
Pic Quartau...........	—	3,143
La Pique-d'Estat........	Ariège......	3,141
Montagne Chaberton....	H.-Alpes....	3,137
Tuc de Maupas........	H.-Garonne .	3,110
Troumouse...........	H.-Pyrénées .	3,086
Montcal.............	Ariège	3.080
Pic Quairat...........	H.-Garonne .	3,059
Le Grand Bérard.......	B.-Alpes.....	3,047
Pic de Baton	H.-Pyrénées .	3,035
Pic de Thou..........	—	3,023
Tour du Marboré.......	—	3,006

Lacs, étangs.

La France n'a qu'un seul lac, celui de Grand-Lieu (Loire-Inférieure), et quelques étangs, tels que ceux de Carcans et de Cettes (Gironde), de Sanguinet et de Biscarosse (Landes), de Leucate (Pyrénées-Orientales), de Sigean (Aude), de Thau (Hérault), de la Camargue et de Berre (Bouches-du-Rhône). Ce dernier a quinze lieues de circuit; celui de Sigean en a quatre de longueur, les autres, deux ou trois.

Fleuves et rivières.

La France a 24 fleuves principaux, dont 6, le Rhin, la Meuse, la Seine, la Loire, la Gironde et le Rhône, figurent parmi les plus remarquables de l'Europe. Cinq de ces fleuves sont tributaires de l'Océan; un seul, le Rhône, se jette dans la mer Méditerranée.

Les cours de ces grands fleuves forment les six bassins principaux qui divisent la France, et à chacun desquels les géographes sont dans l'habitude d'annexer, suivant leurs positions relatives, les bassins secondaires formés par les fleuves d'un ordre inférieur.

Il faut ajouter à ces fleuves 108 rivières navigables et plus de 5,000 autres, qui fécondent, en l'arrosant, le sol de la France.

Climat.

Dans une contrée d'une aussi vaste étendue, la

température est modifiée de trop de manières et sur trop de points par le voisinage de la mer, des grandes rivières et des forêts, pour qu'on puisse lui assigner des caractères généraux bien certains : nous nous contenterons d'indiquer que les grands froids et les grandes chaleurs sont pour l'ordinaire assez rares. La température moyenne de Clermont, Paris, Bordeaux, Montpellier et Marseille, varie, en hiver, de 3 à 7 degrés, et en été, de 18 à 24; la température annuelle, de 10 à 18. Dans les Vosges, les Alpes et les montagnes d'Auvergne, printemps tardif, et hiver très-long ; neiges, pendant cinq à six mois sur les sommets, d'où les vents du nord amènent un air glacial. Les vents d'ouest sont ceux qui règnent le plus généralement en France, et surtout le long des côtes de l'Océan Le vent *galène,* ou du nord-ouest, menace fréquemment la végétation dans les départemens soumis à cette exposition. Le *mistral,* qui souffle du sud au nord, et s'élève de la Méditerranée, est encore un fléau. Grêle fréquente dans les départemens le long de la chaîne des Pyrénées. Ouragans et tourmentes le long des Pyrénées, des montagnes d'Auvergne et des Alpes.

Forêts.

De vastes et nombreuses forêts, restes précieux des anciens bois qui couvraient autrefois la France, végètent encore sur sa surface.

C'est surtout vers l'est et le midi que se trouvent

les plus grndes, telles que celles de Saint-Germain, de Villers-Cotterets, de Fontainebleau, d'Orléans, des Ardennes, du Morvan, du Jura, des Cévennns, des Pyrénées.

L'Ile-de-France, la Champagne, l'Orléanais, le Berri, le Vivarais, la Bourgogne, l'Alsace, le Dauphiné, la Provence, sont les provinces de France les plus riches en bois; mais aucune ne l'emporte sur la Lorraine.

Sur ces 6,000,000 d'hectares, l'état en possède 1,122,800; les communes et autres établissemens publics, 1,896,700; la couronne, 65,900; les princes, 192,570; les particuliers, 3,243,500.

La coupe annuelle de tous les bois de la France est évaluée à 110,000,000 de francs.

Animaux.

Les animaux sauvages sont, aujourd'hui, peu nombreux en France. L'ours noir et l'ours brun vivent dans les Pyrénées ; le lynx, dans les Cévennes; le chamois et le bouquetin, dans les Alpes et les Pyrénées. Le daim et le cerf ont presque disparu ; mais le chevreuil et le sanglier sont encore nombreux. L'écureuil roux, l'écureuil brun, la palatouche, espèce d'écureuil volant, habitent les forêts et surtout les montagnes boisées. Dans les Hautes-Alpes, la martre et les marmottes. L'hermine, le hamster, parcourent les contrées voisines des Vosges. Une seule espèce de loup vit dans toutes les partie de la France où les bois

16

ont quelque étendue. Le putois, la fouine, la belette, le renard, sont assez communs. On trouve
encore en France le blaireau, une foule de rats,
de mulots, de campagnols, etc.

Toutes les espèces d'oiseaux de l'Europe se rencontrent en France; les oiseaux de proie, tels que
l'aigle, le vautour, le milan, l'épervier etc.; les
oiseaux riverains ou aquatiques, les flammants,
les rolliers, l'outarde, le cigne, le canard sauvage,
le pluvier, l'alouette de mer, le vanneau, la bécasse, la bécassine, etc. Quelques gallinacées, le coq
de bruyère, la perdrix rouge, la perdrix grise, la
gélinotte, etc. Une foule d'espèces de voyageurs,
parmi lesquels on distingue : le bec-figues, le
grimpereau, la grive, l'alouette, la caille, l'orto-
lan, la huppe, le loriot, la mésange, le martin-
pêcheur, la tourterelle, l'hirondelle.

On trouve en France peu de reptiles, surtout
de reptiles vénimeux; mais les poissons, les insectes, les mollusques, les crustacées, etc., sont très-
multipliés.

Eaux minérales.

La France est riche en eaux minérales de toute
espèce : on en compte 240 sources, dont 151 sont
disposées de manière à recevoir des malades, 79
sont visitées par des buveurs éloignés, et 10 sont
fréquentées par les habitans des départemens en-
vironnans. Il est peu de ses provinces qui n'en
possèdent plusieurs, et surtout les pays de monta-

gnes, tels que la Lorraine, l'Auvergne, le Languedoc, le pays basque, la Navarre.

Toutes ces eaux présentent deux grandes divisions, à raison de leur température : elles sont chaudes ou froides. La chaleur des premières s'élève depuis 12 ou 15 degrés R. jusqu'à 60 (celles d'Aix), et 70 (celles d'Olette).

On les partage encore en quatre genres différens, déterminés par la nature des diverses substances qu'elles tiennent en dissolution. Voici les principales :

Eaux minérales sulfureuses chaudes; eaux minérales sulfureuses froides; eaux minérales acidules chaudes; eaux minérales acidules froides; eaux minérales ferrugineuses chaudes; eaux minérales ferrugineuses froides; eaux minérales salines chaudes; eaux minérales salines froides.

Mines et carrières.

La nature a refusé à la France l'or, l'argent, le mercure, le platine; mais elle l'a pourvue abondamment de cuivre, de plomb, de fer, de houille, de marbres de toute espèce, de granits, de porphyres, etc. Partout sur son sol on trouve le fer, et partout il peut servir. Tantôt il est à peine recouvert d'une légère couche de terre, comme dans le Berri, le Nivernais, le Querci, le Languedoc, la Champagne; tantôt le métal repose à une plus grande profondeur, comme en Alsace, dans les Vosges, la Franche-Comté, la Lorraine; tantôt enfin il est enseveli dans des couches de terrain primitif, et ne se laisse apercevoir qu'après de longs travaux. C'est ainsi qu'on l'extrait des mines des Alpes, des Pyrénées, du Vivarais, du Dauphiné.

On peut distribuer de la manière suivante les mines qui sont exploitées dans ce moment en France. Leur nombre est de 520.

Plomb et argent................	33
Fer...........................	132
Cuivre........................	8
Manganèse	8
Zinc..........................	1
Antimoine.....................	16
Sel gemme.....................	1
Houille	303
Autres mines importantes, étain, cobalt, mercure..............	18
	520

Ces mines occupent 1,318 lieues carrées de terrain, et 30,000 ouvriers.

DIVISION POLITIQUE DU TERRITOIRE.

Ancienne division.

Le royaume de France accrut, à l'avénement de Hugues Capet au trone, en 987, des provinces qui appartenaient à ce prince, et qu'il réunit à la couronne. Ces provinces étaient :

L'*Ile-de-France*, ou comté de France, l'*Orléanais*, le *Blesois*, le *Pays Chartrain*, et une partie de la *Picardie*.

Autour de ces provinces, berceau de la monarchie française, ont été réunis, dans la suite des temps :

Touraine et *Limousin.* Sous Philippe-Auguste, par conquête sur Jean-Sans-Terre, roi d'Angleterre, en 1203

Languedoc (partie du), comprenant les comtés de Carcassonne, Nîmes et Béziers. Sous Louis IX, par cession du comte Amaury. 1229

Toulouse (comté de). Sous Philippe-le-Hardi, par succession d'Alphonse de Poitiers, frère du roi, mort sans héritiers. 1271

Lyonnais. Sous Philippe le-Bel, par cession forcée de la part de Pierre de la Voie, qui en était comte et archevêque. 1310

Champagne. Sous Philippe de Valois, par échange avec Jeanne, reine de Navarre, contre les comtés d'Evreux, de Longueville, de Mortagne, et l'Angoumois. 1328

Languedoc (reste du), comté de Montpellier. Sous le même, par vente de Jaime IV, au roi, pour 120 mille écus d'or. 1350

Dauphiné. Sous le même, cédé par Humbert. 1349

Normandie. Sous Charles VII, conquise sur les Anglais. 1450

Saintonge et *Aunis.* Sous le même. 1451

Picardie. Sous Louis XI, vendue à ce prince par Philippe-le-Bon, duc de Bourgogne. 1463

Berri. Sous le même, par échange avec Charles, son frère, comte de Normandie. 1465

Guyenne et *Poitou.* Sous le même, par héritage de son frère décédé sans enfans mâles. 1472

Bourgogne et *Artois.* Sous le même, par héritage de Charles-le-Téméraire, mort sans enfans mâles. 1477

Anjou. Sous le même, par héritage de René d'Anjou, mort sans enfans mâles. 1480

Maine. Sous le même, par héritage de Charles II, mort sans enfans mâles. 1481

Provence. Sous le même, par héritage de Charles d'Anjou, qui la laissa au roi, par testament. 1486

Orléanais. Sous Louis XII, apanage de ce prince, qui le réunit à la couronne à son avénement au trône. 1498

Bourbonnais et *Marche.* Sous François Ier, par confiscation sur le connétable de Bourbon. 1523

Auvergne. Sous le même, par héritage de Louise de Savoie, sa mère. 1531

Bretagne. Sous le même, les états de la province se donnent au roi. 1532

Bearn, *Foix* et *Gascogne.* Sous Henri IV, biens propres de ce prince, réunis à la couronne par son avénement au trône. 1598

Roussillon. Sous Louis XIII, par conquête sur les Espagnols.   1642

Nivernais. Sous Louis XIV, de Mancini, neveu de Mazarin.   1665

Franche-Comté et *Flandre.* Sous le même, par conquête sur les Espagnols, ratifiée par le traité de Nimègue.   1678

Alsace. Sous le même, par conquête ratifiée à la paix de Munster.   1697

Lorraine. Sous Louis XV, par la mort de Stanislas, dernier duc de Lorraine, et échangée contre le grand-duché de Nassau.   1768

Ile de Corse. Sous Louis XV, par cession des Génois, à qui elle appartenait.   1768

Il a fallu 14 rois, 8 siècles, et le concours de tous les événemens qu'un tel espace de temps a amenés, pour former le royaume de France tel qu'il est aujourd'hui. Bien que toutes ces provinces rendissent obéissance au souverain, quelques unes avaient mis pour condition expresse de leur réunion à la couronne, le maintien des priviléges qui leur garantissaient encore une sorte d'indépendance. C'était surtout de ne payer les impôts qu'après qu'ils auraient été examinés et consentis par l'assemblée de leurs états, composés des trois ordres, le clergé, la noblesse et le tiers-état. La Bretagne, le Languedoc, le Dauphiné, la Provence, le Lyonnais, jouissaient de cette prérogative.

Nouvelle division du territoire, depuis 1789.

La France est divisée, depuis 1789, en 86 départemens, formés des 32 anciennes provinces.

Population.

Le nombre des arrondissemens est de..	363
— des cantons...............	2,834
— des communes en 1835.....	37,234

Population de la France en 1700, 17 62 et 1784 et le nombre moyen d'habitans par lieue carrée.

Dates.	Population totale.	Par lieue carrée.
1700	19,669,320	740
1762	21,769,163	819
1784	24,800,000	936

Population totale de la France, à cinq époques différentes du XIX⁰ siècle, et sa distribution sur le territoire.

Dates.	Population totale.	Habitans p. lieue car.	Accroissement. de la popul.
1801	27,349,003	1,024	
1811	29,092,734	1,089	1,743,731
1821	30,461,875	1,140	1,369,141
1831	32,569,223	1,219	2,107,348
1836	33,540,910	1,256	971,687
Total de l'accroissement de 1801 à 1836....			6,191,907

Population, en 1836, des départemens, leurs chefs-lieux, et leurs distances de Paris en lieues.

Départemens.	Population.	Chefs-lieux.	Dist.
Ain	346,188	Bourg........	113
Aisne	227,095	Laon.........	33
Allier........	309,270	Moulins......	73
Alpes (Basses)..	159,045	Digne	192
Alpes (Hautes).	131,162	Gap..........	173
Ardèche......	353,752	Privas	156
Ardennes	306,861	Mézières .:...	61
Arriège... ...	260,536	Foix	195
Aube	253,870	Troyes	41
Aude.........	281,088	Carcassonne..	204
Aveyron......	370,951	Rhodez	175
Bouches-du-R..	362,325	Marseille	208
Calvados......	501,775	Caen.........	59
Cantal........	262,117	Aurillac	138
Charente......	365,126	Angoulême ..	118
Charente-Infér.	449,649	La Rochelle.:	124
Cher	276,855	Bourges	60
Corréze.......	302,433	Tulle........	120
Corse........	207,889	Ajaccio......	290
Côte-d'Or....	385,624	Dijon	78
Côtes-du-Nord.	605,563	Saint-Brieuc.	114
Creuse........	276,234	Guéret	117
Dordogne.....	487,502	Périgueux...	121
Doubs........	276,274	Besançon	98
Drôme........	305,499	Valence	144
Eure	424,762	Evreux......	27

Départemens.	Population.	Chefs-lieux.	Dist.
Eure-et-Loir...	285,058	Chartres.....	23
Finistère......	546,255	Quimper.....	132
Gard.........	366,259	Nîmes'.......	185
Garonne (H.)..	454,727	Toulouse.....	181
Gers.........	312,882	Auch........	198
Gironde.......	555,800	Bordeaux.....	153
Hérault.......	357,846	Montpellier...	199
Ille-et-Vilaine.	347,049	Rennes.......	83
Indre........	257,350	Châteauroux.	66
Indre-et-Loire.	304,271	Tours........	59
Isère........	573,643	Grenoble.....	146
Jura.........	315,355	Lons-le-Sauln.	100
Landes.......	284,718	Mont-Marsan.	193
Loire-et-Cher.	244,043	Blois........	46
Loire........	412,497	Mont-Brison..	123
Loire (Haute)..	295,384	Le Puy......	125
Loire-Inférieure	470,768	Nantes.......	100
Loiret........	316,189	Orléans......	31
Lot..........	287,003	Cahors.......	153
Lot-et-Garonne	346,400	Agen........	188
Lozère.......	141,733	Mende.......	137
Maine-et-Loire.	477,270	Angers.......	73
Manche......	594,382	Saint-Lô.....	83
Marne.......	345,245	Châlons......	42
Marne (Haute).	255,969	Chaumont....	63
Mayenne.....	361,765	Laval.......	72
Meurthe.....	424,366	Nancy........	86
Meuse.......	317,701	Bar-le-Duc....	64
Morbihan....	449,743	Vannes.......	108

Départemens.	Population.	Chefs-lieux.	Dist.
Moselle......	427,250	Metz	79
Nièvre	297,550	Nevers	55
Nord........	1,026,417	Lille..........	60
Oise.........	398,641	Beauvais......	17
Orne........	413,688	Alençon	49
Pas-de-Calais.	664,654	Arras.........	50
Puy-de-Dôme.	589,488	Clermont-Ferr.	98
Pyrénées (B.).	446,398	Pau...	200
Pyrénées (H.).	244,170	Tarbes........	214
Pyrénées (O.).	164,325	Perpignan.....	235
Rhin (Bas)...	561,859	Strasbourg	119
Rhin (Haut)..	447,298	Colmar.......	119
Rhône.......	482,024	Lyon	110
Saône (Haute).	343,298	Vesoul........	87
Saône-et-Loire	538,507	Mâcon........	102
Sarthe.......	466,888	Le Mans	54
Seine........,	1,106,891	Paris	
Seine-et-Marne	325,881	Melun........	11
Seine-et-Oise..	449,582	Versailles.....	5
Seine-Infér ...	720,525	Rouen	32
Sèvres (Deux).	304,105	Niort	117
Somme.......	552,706	Amiens.......	32
Tarn........	346,614	Alby.........	199
Tarn-et-Gar...	242,184	Montauban...	169
Var.........	323,404	Draguignan ..	226
Vaucluse.....	246,071	Avignon......	178
Vendée	341,312	Bourbon-Vend.	105
Vienne.......	288,000	Poitiers	86
Vienne (Haute)	293,034	Limoges......	97

Départemens.	Population.	Chefs-lieux.	Dist·
Vosges.......	411,034	Epinal.......	98
Yonne........	355,732	Auxerre......	43

Total... 33,540,910

Population de la France, en 1836, distribuée d'après la position géographique des départemens et l'état civil des personnes.

Departemens maritimes.

	Population totale.	Habitans p. lieue car.
Sur la Manche	4,060,459	2,234
Sur l'Océan	2,620,278	1,527
Sur le golfe de Gascogne	2,078,086	1,032
Sur la Méditerranée	1,696,877	892

Départemens frontières.

De Belgique (Nord non compris)............	1,051,812	1,239
D'Allemagne..........	1,003,878	2,288
De Suisse	571,629	1,144
D'Italie (Var non compris)...............	1,210,040	899
D'Espagne (Pyrénées-Or. et Basses-Pyrénées non compris).............	959,433	1,242

Population totale des dé-
partemens maritimes.. 10,455,700 1,404
Idem des frontières de
terre............... 4,821,792 1,229
Idem de l'intérieur...... 18,263,418 1,190

Totaux..... 33,540,910 1,256

Quant aux différentes régions de la France,
voici comment la population s'y trouvait répartie
autrefois, et comment elle l'est aujourd'hui.

Region du nord.

1 province, 23 départemens, 15,719,150 hectares.—6,946 lieues carrées.

Habitans.
En 1785   8,287,800   8,193 par lieue car.
    1855 11,086,888   1,556

Région du centre.

17 provinces, 35 départemens, 22,401,030 hectares.—18,342 lieues carrées.

Habitans.
En 1785   10,268,900   908 par lieue car.
    1835 12,784,700   1,127

Region du midi.

7 provinces, 27 départemens, 16,624,520 hectares.—8,443 lieues carrées.

Habitans.

En 1785   6,089,300·   721 par lieue car.

   8835   8,957,780   977

Répartition de la population entre les communes du royaume de France, en 1836.

	Nombre des communes.	Contenant ensemble.
De 3,000 h. et au-dessous	36,150	25,301,683
3,000 à 4,000 habitans	535	1,825,053
4,000 5,000	174	766,868
5,000 10,000	274	1,883,117
10,000 15,000	52	623,733
15,000 30,000	44	929,020
Au-dessus de 30,000	23	2,211,436
Totaux..	37,252	33,540,910

Un calcul plus probable sans doute qu'il n'est rigoureusement exact, classait ainsi par âge, il y a quelques années (1826), les habitans de la France :

De 9 ans et au-dessous.	5,968,810
9 à 16 ans	3,954,370
16 21	2,652,030
21 25	2,019,220
25 30	2,367,230
30 35	2,201,340
35 40	2,016,860
40 45	1,834,780
45 50	1,641,430
50 55	1,451,880
55 60	1,229,140
A reporter	27,337,290

```
          Rèport        27,337,290
60     65                991 930
65     70                740,520
90     80                764,050
80 et  au-dessus         166.410
                        _____
                        30,000,000
```

Population de la France, en 1821, 1831 et 1836, selon l'état civil des personnes.

Hommes.

	1821.	1831.	1836.
Enfans et non mariés....	8,294,557	8,871,981	9,507,285
Mariés......	5,609,119	6,051,795	6,213,247
Veufs	679,351	722,913	740,169
Militaires. ...	203,075	395,861	(1)

Femmes.

	1821.	1831.	1836.
Enfans et non mariées...	8,649,835	9,064,977	9,267;411
Mariées.....	5,598,030	6,058,011	6,195,097
Veuves.....	1,417,235	1,501,140	1,617,701

Total

	1821	1831	1836
Hommes....	14,786,102	16,042,550	16,460,701
Femmes	15,665,100	16,619,128	17,080,209
Totaux...	30,451,202	32,961,678	33,540,910

(1) L'armée est comprise dans le recensement de la population, sans distinction.

Le nombre des maisons et celui de leurs ouver-
tures, existant en 1822, 1831 et 1835, d'après les
recensemens faits par l'administration des contributions directes, est :

	Nombre des maisons.	Nombre des portes et fenêtres.
1822	6,341,373	34,191,821
1831	6,677,111	36,343,625
1835	6,803,402	37,253,849

Les résultats du recensement exécuté en vertu
des 27 mars 1831 et 21 avril 1832, pour l'établissement de la contribution des portes et fenêtres,
a constaté :

Villes et communes.	Nombre de maisons.	Portes et fenêtres.
De 100,000 et au-dessus	43,384	1,636,225
50,000 à 100,000	47,665	703,628
25,000 50,000	71,774	1,125,270
10,000 25,000	164,477	1,949,149
5,000 10,000	240,880	2,254,594
Au-dessous de 5,000	6,230,031	29,311,412
Totaux	6,798,151	36 980,278

Le mouvement de la population de la France,
l'an IX (1800-1) à 1835, a été de :

Périodes.	Naissances.	Décès.	Mariages.
An IX à XIII	4,561,329	4,146,933	1,029,152
1806 1810	4,619,326	3,837,711	1,144,934

Périodes.		Naissances.	Décès.	Mariages.
1811	1815	4,653,652	3,946,661	1,252,979
1816 ·	1820	4,775,534	3,785,175	1,092,728
1821	1825	4,858,983	3,826,018	1,201,480
1826	1830	4,882,820	4,077,715	1,270,823
1831	1835	4,874,778	4,281,149	1,298,301

Totaux 33,226,422 27,901,362 8,290,064

Accroissement de la popul. en 35 ans... 4,910,664

La naissance des enfans légitimes a été de :

Dates.		Garçons.	Filles.	Total.
An IX à XIII		2,243,566	2,101,120	4,344,686
1806	1810	2,250,360	2,117,944	4,368,364
1811	1815	2,260,181	2,112,425	4,373,606
1816	1820	2,302,429	2,157,275	4,459,704
1821	1825	2,328,173	2,182,883	4,511,056
1826	1830	2,332,895	2,198,095	4,530,990
1831	1835	2,331,339	2,184,797	4,516,136

Totaux 16,048,943 15,054,539 31,103,432

La naissance des enfans naturels a été de :

Dates.		Garçons.	Filles.	Total.
An IX à XIII		111,587	105,056	216,643
1806	1810	129,611	121,411	251,022
1711	1815	143,444	137,602	281,046
1816	1820	161,467	154,363	315,830
1821	. 1825	178,030	169,897	347,927
1826	1830	179,087	172,743	351,830
1830	1835	183,275	175,367	358,642

Totaux... 1,086,501 1,036,439 2,122,940

17.

Le nombre des naissances de l'un et de l'autre sexe, de 1800 à 1835, a été :

Périodes.	Nombre des naissances du sexe		Excédant des naissances du sexe masculin.	Proport. de cet excédant aux nais. du sexe féminin.
	masculin.	féminin.		
An IX à 1810	4,735,124	4,445,531	289,593	1 sur 16
1811 1820	4,867,521	4,561,665	305,856	1 15
1821 1830	5,018,185	4,723,618	294,567	1 17
1831 1835	2,514,614	2,360,164	154,450	1 16

Le nombre des décès de l'un et de l'autre sexe, de 1800 à 1835, a été :

Périodes.	Nombre des décès du sexe		Excédant des décès du sexe masculin.	Proport. de cet excédant aux décès du sexe féminin.
	masculin.	féminin.		
An IX à 1810	4,106,342	3,878,302	228,040	1 sur 18
1811 1820	3,982,147	3,749,689	232,458	1 17
1821 1830	3,983,943	3,920,390	62,958	1 63
1831 1836	2,156,507	2,124,642	31,865	1 67

Mouvement des enfans trouvés et abandonnés, des dépenses qu'ils ont occasionnées et des ressources qui ont couvert ces dépenses, pendant une période décennale de 1824 à 1833.

Entrées.

Nombre d'enfans trouvés existant dans les hospices et dans les maisons qui en dépendent, au 1er janvier 1834...................... 116,452

Enfans admis...................... 536,297

Total des entrées.. 452,749

Sorties.

Enfans arrivés à l'âge où ils cessent
d'être à charge aux hospices...... 78,590

Retirés par les parens ou par des
bienfaiteurs 46,025

Morts aux hospices 46,755

— chez les nourrices........... 151,750
                                   ————
          Total des sorties... 323,120

Nombre d'enfans restant à la fin de
la dernière année............. 129,629

Dépenses.
                                   fr.
Entretien et nourriture des enfans. 88,132,712

Autres dépenses................ 9,642,901
                                   ————
          Dépense totale... 97,775,613

Nombre total des journées de présence 435,188,850

Terme moyen annuel du nombre des
enfans 119,239

Moyenne de la dépense annuelle de
chaque enfant................ 82 francs.

Ressources ouvertes pour couvrir ces dépenses.

Sommes votées aux budgets varia-   fr.
bles et facultatifs 59,795,432

Produit des amendes et confiscations 2,080,157

		Total des ressources...
Contingens assignés aux hospices.		11,559,478
Sommes laissées à la charge des communes......................		21,409,782
Autres ressources...............		1,933,507
Total des ressources...		96,778,358

Tableau des 43 principales villes de la France, en 1837, ayant une population totale de 20,000 habitans et au-dessus, avec leur population agglomérée.

Villes.	Départemens.	totale.	agglom.
Paris..........	Seine	909,126	884,780
Lyon	Rhône	150,814	147,223
Marseille	B.-du-Rhône..	146,239	120,455
Bordeaux.....	Gironde......	98,705	95,114
Rouen	Seine-Infér. ..	92,083	92,083
Toulouse	H.-Garonne..	77,372	68,015
Nantes	Loire-Infér ...	75,895	75,150
Lille	Nord	72,005	72,005
Strasbourg	Bas-Rhin	57,835	50,239
Amiens	Somme	46,129	32,391
Nîmes	Gard........	43,036	41,194
Metz..........	Moselle......	42,793	42,793
Caen	Calvados.....	41,876	39,886
Saint-Etienne ..	Loire........	41,536	41,534
Orléans.......	Loiret	40,272	40,272
Reims	Marne.......	38,359	38,359

Villes.	Départemens.	Population totale.	agglom.
Angers.........	Maine-et-Loire	35,908	29,006
Rennes	Ille-et-Vilaine.	35,552	29.909
Montpellier....	Hérault......	35,506	33,864
Toulon	Var.........	35,322	29,518
Clermont......	Puy-de-Dôme.	32,427	27,630
Avignon.......	Vaucluse	31,786	27,733
Nancy	Meurthe.....	31,445	29,229
Brest.........	Finistère	29,773	29,773
Besançon	Doubs	29,718	24,720
Limoges.......	Haute-Vienne	29,706	23,963
Versailles......	Seine et-Oise.	29,209	28,776
Grenoble	Isère........	28,969	26,000
Tours	Indre-et-Loire	26,669	26,669
Boulogne......	Pas-de-Calais.	25,732	25,732
Le Hâvre......	Seine-Infér...	25,618	25,618
Troyes	Aube	25,563	25,563
Bourges	Cher........	25,324	19,626
Dijon.........	Côte-d'Or...	24,817	24,344
Aix	B.-du-Rhône.	24,660	18,240
Montauban.....	Tarn-et-Gar.	23,865	17,531
Dunkerque.....	Nord	23,808	23,808
Arras.........	Pas-de-Calais.	23,485	23,485
Le Mans.......	Sarthe	23,164	19,103
La Guillotière..	Rhône	22,860	18,230
Poitiers........	Vienne......	22,000	22,000
Saint-Quentin..	Aisne	20,570	19,892
Arles	B.-du-Rhône.	20,048	13,342

Monumens et édifices publics.

La France offre des monumens curieux à l'observation du voyageur attentif. On y trouve des monumens du temps qui a précédé la conquête des Gaules par les Romains ; telles sont les pierres levées, les pierres debout, les monnaies celtiques. D'autres monumens, comme ceux de Marseille, et plusieurs inscriptions, appartiennent aux Grecs qui sont venus se fixer dans le midi de la France. D'autres, en bien plus grand nombre, sont postérieurs à la conquête des Romains. Quelques uns, comme le temple de Montmorillon, beaucoup de divinités et d'inscriptions gauloises appartiennent aux premiers temps de la conquête ; d'autres à des temps moins reculés. Parmi ceux-ci, on cite les anciens restes d'architecture que les Romains ont laissés dans les Gaules, et qui subsistent encore, principalement dans le midi de la France. Ils peuvent soutenir la comparaison avec plusieurs monumens de la Grèce et de Rome, qui jouissent d'une grande réputation. On rencontre encore, outre cela, des monumens français, tels que ceux de la première race ; des monumens du moyen-âge de toutes espèces, et enfin des édifices et des monumens qui attestent la puissance de la nation et les talens de ses artistes.

Canaux.

La France possède déjà 90 canaux, y compris leurs embranchemens divers, et 8 rivières rendues

navigables artificiellement ; il en reste 16 en exécution et 14 en projets, dont deux sont destinés à
prolonger la navigation du canal du Languedoc,
jusqu'à des points plus rapprochés de l'Océan.

D'après M. Dutens, la longueur totale des
canaux, après leur entier achèvement, sera de
4,467,013 mètres, ou environ 1,116 lieues. Ces
canaux, au nombre de 65, concourent à former six lignes différentes de jonction entre les
deux mers ; 7 ont pour but spécial l'approvision-
nement de Paris ; enfin 18, sous les noms modestes
de canaux secondaires, sont particulièrement destinés à faciliter les communications des départemens entre eux, et à ouvrir ainsi de nouveaux
débouchés aux produits de l'agriculture et du
commerce.

Routes.

Leur établissement en France, vers le milieu
du douzième siècle, est dû à Philippe-Auguste.
Sully y donna des soins particuliers ; une ordonnance de Henri IV, en date du 19 janvier 1592,
déclare que les routes seront plantées d'arbres des
deux côtés. On doit à Desmarets, successeur de
Colbert, l'organisation d'un corps d'ingénieurs
chargés de l'entretien des routes ; et à Trudaine, les
bornes milliaires placées de mille en mille toises,
à partir du centre de Paris, au pied de la cathé-
drale. On compte maintenant par kilomètre ou
quart de lieue. On divise les routes en plusieurs

catégories ou classes : *routes royales*, aux frais de l'état, trois classes : 1re classe, routes passant par Paris, et allant aux frontières, au nombre de 28 ; 2e classe, 97 routes entre les grandes places de commerce, ou d'une frontière à l'autre ; *routes départementales*, d'un département à l'autre, aux frais des départemens ; chemins dits *vicinaux*, entre les villes, les bourgs, etc.

Etendue des communications, par terre et par eau, existant en France, au commencement de 1837.

Communications par terre.

Routes royales........	630	34,512 kilom,
— départementales	1,381	36,578
Chemins vicinaux.....	468,527	771,459
Totaux en kilom...	470,538	842,549
— en lieues moyennes..		216,145

Communications par eau.

Rivières navigables.........	8,964	kilom,
Canaux de navigation........	3,700	
Totaux en kilomètres......	12,664	
— en lieues moyennes.	3,248	
Total général en kilomètres.	855,213	
— — en lieues moy.	219,393	

Nombre des ponts de 20 mètres et plus de largueur, entre les culées, existant en France, sur les routes royales et départementales, en 1836:

Sur les routes royales.........	990
— départementales	673
Totaux.........	1,663

En pierres..................	1,189
Partie en pierre, partie en bois.	296
En bois..................	93
En fer	85
Totaux.........	1,663

Chemins de fer.

La France ne compte pas moins, en 1838, de 20 chemins de fer plus ou moins importans, qui se divisent en plusieurs groupes, au nord et au midi principalement.

Au midi, les mines d'Epinac ou du Creusot sont reliées par trois chemins de fer au canal de Bourgogne et au canal du Centre.

Plus loin, entre la Loire et le Rhône, sont le chemin de fer de Saint-Etienne à Lyon, construit pour faire concurrence au canal de Givors, et les chemins de Saint-Etienne à la Loire, d'Andrezieux à Roanne, et de Montbrison à Montrond. Le bassin houiller de Rive-de-Gier fournit le principal produit de cette ligne intermédiaire.

En descendant le cours du Rhône, on rencontre les chemins des mines de la Grand'Combe à

18

Alais, et d'Alais à Beaucaire, qui amènent les houilles dans le bassin du Rhône et dans la Méditerranée.

En remontant des Bouches-du-Rhône vers la Gironde, on trouve le chemin qui doit mettre Montpellier en communication directe avec la Méditerranée, par le port de Cette; le chemin qui rattachera le Tarn à la tête du canal du Midi, Montauban à Toulouse, projet qui n'est pourtant point encore en cours d'exécution; enfin, le chemin de Bordeaux à la Teste, qui donnera à la grande ville gasconne un débouché de plus vers l'Océau.

Au nord, le petit chemin d'Abscon à Denain, de Denain à Saint-Waast-la-Haut, et d'Abscon à Marchiennes, forment un groupe plus resserré. Ces chemins servent de débouché aux mines d'Anzin, et ils ont été concédés à cette entreprise.

A l'est, un seul chemin de fer établira une communication rapide entre l'une des cités les plus industrielles de la contrée et les nombreux établissemens qui sont placées entre elles et les Vosges, entre Mulhouse et Thann. Dans la direction de l'est, et plus près de Paris, le chemin du Port aux Perches, sur l'Ourq, facilite principalement l'exploitation de la forêt de Villers-Coteréts. Ce chemin de fer doit être prolongé jusqu'à la rivière d'Aisne.

Enfin, aux portes de Paris se trouve le chemin de fer de Saint-Germain, qui, en arrivant près de la Madeleine, va jouir de l'une des plus belles entrées de Paris.

En 1839, nous posséderons deux chemins de fer de Paris à Versailles.

En résumé, les petits chemins de fer exécutés ou seulement en cours d'exécution, forment ensemble un développement de plus de 120 lieues.

STATISTIQUE PRODUCTIVE ET COMMERCIALE.

Agriculture.

Le revenu agricole de la France est estimé à plus de cinq milliards de francs; et, d'après les états du cadastre, le sol français est distribué entre les différentes cultures de la manière suivante:

Propriétés imposables.

	Hectares.	Lieues carrées.
Terres labourables	25,559,151	12,939
Prés....................	4,834,621	2,447
Vignes	2,134,822	1,080
Bois	7,422,314	3,757
Vergers, pépinières et jardins.................	643,699	325
Oseraies, aulnaies, saussaies	64,490	32
Etangs, abreuvoirs, mares et canaux d'irrigation..	207,431	106
Landes, pâtis, bruyères, etc.	7,799,672	3,948
Canaux de navigation....	1,631	1

Cultures diverses.........	951,934	482
Superficie des propriétés bâ-		
ties....................	241,842	122

Propriétés non imposables.

Routes, chemins, places pu-		
bliques, rues, etc........	1,225,015	620
Rivières, lacs, ruisseaux...	458,165	232
Forêts, domaines non pro-		
ductifs.................	1,203,980	609
Cimetières, églises, presby-		
tères, bâtimens publics.	17,847	9
Total des propriétés impo-		
sables	49,863,610	25,243
Idem non imposables.	2,905,008	1,470
Totaux....	52,768,618	26,714

Depuis 1789, l'agriculture a fait en France des progrès remarquables ; mais elle en a moins fait qu'il ne lui en reste à faire ; et si l'on excepte la Flandre, l'Alsace, l'Auvergne, le Poitou, le pays de Caux, le Quercy, l'Aunis, l'Ile-de-France et les rives de la Garonne, la terre est presque partout meilleure que sa culture.

On croit pouvoir évaluer aux quantités suivantes, terme moyen, pendant les quatre années de 1825 à 1828, les différens produits du sol de la France :

Blé..............	59,595,600	hectolitres.
Méteil	11,401,000	id.
Seigle	29,164,600	id.
Orge	15,547,150	id.
Sarrasin	7,727,200	id.
Maïs et millet.	6,223,900	id.
Vin	35,000,000	id.
Laines	46,000,000	kilog.
Chanvre	450,000	quint. mét.
Lin	19,000,000	id.
Soie	51,000,000	kilog.
Tabac........	25,000,000	id.
Huile	1,300,000	hectolitres.

Le produit brut d'un hectare est :

Dans le nord, de...	69 f.	» c.
Dans le midi, de...	26	50
Dans les Landes et		
les Alpes........	6	»
Auprès de Paris, de	216	»
Terme moyen, 34 fr.		

Aux produits de l'agriculture, il faut ajouter les animaux utiles qui vivent sur le sol, et la quantité de métaux que l'on retire chaque année de son sein. Quant au premier de ces renseignemens, on n'a, comme pour les produits de la terre, comme pour tant d'autres encore, que des données approximatives; et l'on ne peut garantir aucun des nombres suivans.

18.

Chevaux	2,500,000
Bœufs et taureaux .	4,715,000
Vaches	4,000,000
Genisses	855,000
Veaux	290,000
Anes	2,400,000
Porcs	4,000,000
Moutons	31,000,000
Mérinos	800,000
Métis	4,000,000
Volailles	30,000,000

Les meilleurs chevaux de la France sont ceux de la Picardie, de l'Artois, de l'Ile-de-France; ils sont propres au labour et à l'artillerie.

Ceux de la Touraine, de l'Anjou, du Maine, du Cotentin, de la vallée d'Auge, servent à la selle, à la chasse, et à la remonte de la cavalerie légère.

Le Dauphiné, la Franche-Comté, l'Alsace, élèvent aussi des chevaux pour le service de la cavalerie.

Ceux des vallées de l'Auvergne, du Limousin, du Périgord, passent pour être plus vifs, plus ardens encore que ceux de la Guyenne, du Béarn et de la Navarre.

Enfin, les races du Quercy et du Rouergue ne sont pas sans réputation.

Le commerce, le roulage, le hallage des rivières, emploient..	300,000 chevaux.
La remonte de la cavalerie.	4,000
Le service de la poste.....	18,000
Le luxe et le besoin de la capitale	20,000
L'agriculture, environ....	1,600,000
	1,942,000

Tous ces différens services n'ont, pour s'entretenir et réparer leurs pertes, que la production annnuelle de 190,000 poulains.

Bestiaux officiellement constatés au 1er janvier 1830.

Espèces bovines.

Taureaux.	391,151
Bœufs pour l'agriculture	1,720,142
— à l'engrais.	312,848
Vaches pour l'agriculture	3,671,347
— à l'engrais.	956,970
Veaux.............	2,078,174
Total	9,130,632

Bêtes à laine.

Béliers	572,958
Brebis	13,732,492
Moutons..........	8.716,117
Agneaux	6,108,664
Total....	29,130,231
Boucs	76,594
Chèvres	737,888
Chevreaux........	391,611
Total....	1,206,093

Poids moyen des viande, cuir et suif.

	Viande.	Cuir,	Suif.
Bœufs...	258 kil.	34 kil.	26 kil.
Vaches..	165	22	15
Moutons.	16	2	2

Prix moyen par tête de chaque espèce de bétail sur pied.

	fr.	c.		fr.	c.
Taureaux.....	128	»	Brebis	9	94
Bœufs maigres.	169	»	Moutons ...	14	05
— gras ...	254	»	Agneaux ..	5	50
Vaches maigres	90	»	Boucs	12	26
— grasses .	140	»	Chèvres....	11	15
Veaux	29	81	Chevreaux.	2	67
Béliers........	18	98			

*Quantité de bestiaux de chaque espèce annuelle-
ment abattus pour la consommation.*

Bœufs.....	483,349
Vaches	635,662
Veaux.....	2,250,216
Moutons ...	4,761,626
Agneaux...	1,095,496
Chevreaux.	445,526
Total..	9,671,878

CAPITAL DE L'AGRICULTURE.

Voici le détail des capitaux employés à l'exploitation des terres.

Terres et bâtimens.

25,559,000 hect.	terres laboura-bles, à 600 f. l'hect.	16,868,940,000
4,835,000	— prés, à 2,200. .	10,637,000,000
2,135,000	— vignes, à 2,200.	4,697,000,000
7,422,000	— bois, à 440. . .	3,265,680,000
644,000	— vergers , jar-dins, à 1,600 . . .	1,030,400,000
64,000	— oseraies , aul-naies, etc., à 200..	12,800,000
209,000	— étangs, à 100. .	20,900,000
400,000	— landes et pâtu-rage, à 200.	80,000,000
	A reporter	36,612,720,000

			Report	36,612,720,000
952,000	—	cult. div. à 1,200		1,142,400,000
3,800,000	—	landes et bruy.		
		à 100		380,000,000

Fermes et maisons d'habitation,
3,325, à 1,000 f. 3,325,000,000

Valeur de la propriété rurale
et immobilière 41,460,120,000

Mobilier.

Le mobilier de la ferme et de la maison d'habitation se compose des instrumens aratoires, des tombereaux, charrettes, harnais, outils de jardin, linge, batterie de cuisine, etc.; et, en supposant 3,325,000 fermes dont l'exploitation moyenne serait de 15 hectares chacune, et en estimant leur mobilier à 1,000 fr., on trouve que cet objet représente 3,325,000,000.

Bestiaux et animaux.

250,000	taureaux, à 110 fr. . .	27,500,000
2,000,000	bœufs, à 220.	440,000,000
4,750,000	vaches, à 75.	356,250,000
1,000,000	génisses, à 55.	55,000.000
300,000	veaux, à 65.	19,500,000
1,800,000	chevaux et mulets,	
	à 275.	495,000,000

A reporter 1,393,250,000

	Report	1,393,250,000
500,000	poulains, à 110. . . .	55,000,000
800,000	mérinos purs, à 40. .	32,000,000
4,200,000	moutons métis, à 15.	63,000,000
35,000,000	— indigènes, à 10.	350,000,000
2,500,000	ânes, à 30.	75,000,000
2,500,000	chèvres, à 5	12,500,000
4,500,000	porcs, à 45	202,500,000
60,000,000	volailles, à 1	60,000,000

Valeur des bestiaux et animaux. 2,243,250,000

Produit brut.

Voici le détail des produits divers formant le produit brut :

47,850,000	hect. de froment, à 20 fr. l'hectolitre. .	957,000,000
22,300,000	— seigle, à 12. . .	267,600,000
9,850,000	— méteil, à 12. . .	118,200,000
16,950,000	— orge, à 10. . . .	169,500,000
5,780,000	— maïs et millet, à 11.	63,580,000
7,140,000	— sarrasin, à 8 . .	57,220,000
2,100,000	— menus grains à 6	12,600,000
2,284,000	— légumes secs, à 20	45,680,000
40,822,000	— avoine, à 9 . . .	467,398,000

A reporter 2,158,778,000

Report 2,158,778,000

48,000,000 — pommes de terre, à 3.	144,000,000
1,300,000 — châtaignes, à 10	13,000,000
400,000 bœufs (vendus pour la bouche), à 380 fr.	152,000,000
550,000 vaches, à 110.	60,500,000
2,300,000 veaux, à 18.	41,400,000
6,000,000 moutons, à 12.	72,000,000
4,000,000 porcs, à 60.	240,000,000
12,000,000 volailles, à 1.	12,000,000
Oies, canards, dindons, pigeons.	12,000,000
OEufs et petits poulets.	46,000,000
Produit des vaches laitières 20 f. par vache.	11,000,000
4,000,000 agneaux, 2 fr.	8,000,000
Produit du lait des brebis à 75 c. par tête, sur 10,000,000	7,500,000
Bénéfices du *croît* sur l'élève des poulains	13,500,000
Idem sur l'élève des taureaux. . .	15,600,000
Idem sur l'élève des génisses. . .	13,300,000
Idem sur l'élève des bêtes à laine	16,500,000
Produit des étangs, rivières, etc.	20,000,000
Produit des abeilles en cire et en miel . . . . , ...	6,000,000
Valeur des fruits récoltés	65,000,000
Idem des légumes frais récoltés.	200,000,000

A reporter 3,348,078,000

Report   3,348,078,000

140,000,000 quintaux métriques de fourrages secs à 5 fr. . . .	700,000,000
Valeur des peaux des chevaux qui meurent	800,000
Vins (38 millions d'hectolitres). .	900,000,000
Laines (40 millions de kilog.) . .	86,000,000
Soie (cocons, 8 millions de kil.).	24,000,000
Chanvre, 34 millions; lin, 20 millions.	54,000,000
Bois et forêts	160,000,000
Huile de toute espèce.	70,000,000
Tabacs.	8,500,000
Petites cultures, telles que garance (4 millions), pastel, gaude, houblon, réglisse, safran. .	6,000,000

Total des produits. .   5,237,178,000

Dépenses ou frais d'exploitation.

Semences évaluées du 5ᵉ au 10ᵉ..	400,000,000
Salaires et journées des ouvriers à l'année.	200,000,000
Travaux temporaires (fanage, moissons, vendanges)	409,500,000
Réparations et entretien des bâtimens et mobiliers	332,500,000

A reporter   1,342,000,000

Report 1,342,000,000.

Mortalité et dépérissement des animaux et bestiaux.	110,000,000
Nourriture (hommes 1200 millions, animaux 900 millions). .	2,100,000,000
Total des frais d'exploitation à prélever sur le produit brut. .	3,552,000,090

Produit net.

Le capital employé à l'exploitation des terres s'élève à 47,028,370,000 fr., savoir :

Terres et bâtimens.	41,460,120,000
Mobilier	3,325,000,000
Bestiaux et animaux.	2,243,950,000
Total. . .	47,028,370,000

Le produit brut de l'agriculture est de.	5,237,178,000

A déduire :

Frais d'exploitat. de tout genre.	3,552,000,000
Produit net ou revenu territor.	1,685,178,000

En 1815, d'après le travail des commissaires spéciaux envoyés dans les départemens par le ministre des finances, ce revenu (y compris les maisons) était de. 1,626,000,000

Industrie.

On estime le revenu total des produits de l'industrie de 5 à 6 milliards.

Si la France n'exportait plus au dehors les produits de son sol, elle perdrait 100 millions; s'il en était de même des produit de son industrie, elle en perdrait 300.

Sous le rapport de son commerce extérieur, elle est donc plus industrielle encore qu'agricole.

C'est surtout dans les régions nord-ouest, du sud, de l'est et du nord, que se trouvent ses principales fabriques, ses grandes manufactures; le centre en a peu ou n'en a point.

Ainsi, les villes de Locrenan, Rennes, Guingamp, Morlaix, Vitré, Quintin, Lamballe, en Bretagne; Caen, Laval, Alençon, Bayeux, Lisieux, en Normandie; Saint-Quentin, en Picardie; Cambrai, Douai, Lille, Valenciennes, en Flandre, fabriquent des blondes, des linons, des dentelles, des toiles, depuis les plus communes jusqu'aux plus belles; depuis la toile à voiles jusqu'à la plus fine batiste.

Aucun tissus de laine ne l'emporte pour le moelleux, la bonté, sur les draps de Louviers, de Sédan, d'Elbeuf; aucune étoffe de soie n'est plus riche en dessins, en couleurs, n'a plus de lustre et d'éclat que celles de Lyon.

Il faut joindre à ces manufactures les tanneries,

les corroieries, les mégisseries de Troyes, Metz, Pont-Audemer; les teintureries de Rennes, de Paris, d'Elbeuf; les raffineries d'Orléans, Nantes, Paris, Bordeaux; les fabriques de produits chimiques de Paris, Rouen, Montpellier; celles de sucre de betteraves de la Somme et du Nord; la quincaillerie de Strasbourg, de Rugles, de Laigle; la ferronnerie des Ardennes; enfin les belles usines d'Imphy, de Chessy, de Romilly, de Franche-lène, du Creuzot; toutes les forges répandues dans la Champagne, la Bourgogne, la Lorraine, le Berri, le Nivernais, où 45 départemens travaillent le fer, le cuivre, le zinc; où, dans plus de 1,200 usines, s'allient, se moulent sous toutes les formes, les métaux que la France extrait de son sol ou tire de l'étranger.

Elle compte encore au nombre des produits les plus recherchés de son industrie, les rubans de Saint-Etienne, les mousselines de Tarare, les huiles d'Aix, les savons de Marseille et les parfums de Montpellier; les magnifiques tapis d'Aubusson, de Paris, de Beauvais; les glaces de Saint-Gobain; les cristaux de Baccarat, de Saint-Louis, de Chantilly; les papiers des Vosges, d'Annonay, d'Angoulême; enfin l'horlogerie, l'orfèvrerie, la bijouterie, les porcelaines, les bronzes, la chapellerie, les meubles et les modes de Paris.

Le centre de la France, privé en grande partie de communications, a peu d'industrie. Il ne livre guère au commerce que la coutellerie de

Langres, de Thiers, de Moulins, de Châtellerault ;
les mouchoirs et les toiles de Chollet, les ardoises
d'Angers, les gants de Blois et de Vendôme, les
fruits secs de la Touraine, et les pierres à fusil
de Meusne, dont il s'exporte 15 à 20 millions par
an.

La France vend chaque année au dehors les
produits de son sol et de son industrie qui excèdent ses besoins. Cet excédant constitue ses exportations.

Elles s'élèvent, terme moyen
sur les cinq annnés de 1827 à
1832, à .... 620,000,000 fr.
    En 1787 (année moyenne
sur trois), à 543,000,000

Elle achète en retour les matières premières ou
déjà travaillées dont elle a besoin pour son agriculture et ses fabriques. Ces achats composent
ses importations.

Elles s'élèvent (année moyen-
ne sur cinq), à .... 606,000,000 fr.
    En 1787 (année moyenne
sur trois), à 611,000,000

Depuis quarante ans, huit expositions ont eu
lieu en France, pour favoriser l'industrie, savoir :

    La 1re, en 1798 (an VI), sous le Directoire.
    La 2e, en 1801 (an IX), sous le Consulat.
    La 3e, en 1802 (an X), idem.

La 4e, en 1806, sous l'Empire.

La 5e, en 1819, sous Louis xviii.

La 6e, en 1823, idem.

La 7e, en 1827, sous Charles x.

La 8e, en 1834, sous Louis-Philippe Ier.

La première exposition compta seulement 110 exposans, pour lesquels on accorda 12 récompenses du premier ordre et 13 du second ordre.

Le dernière exposition qu'on ait vue sous la restauration, en 1827, plus considérable que toutes les précédentes, eut 1,631 exposans, qui reçurent 425 récompenses, non compris les rappels de récompenses précédemment accordées.

. Enfin la première exposition faite sous le gouvernement de juillet a présenté 2,447 exposans, lesquels ont reçu 697 récompenses, non compris les rappels de distinctions précédemment accordées.

L'accroissement du nombre des brevets d'invention et de perfectionnement, avec les récompenses accordées lors des expositions de l'industrie, a été :

Années.	Médailles décernées.	Brevets d'invention.	Médailles par 100 brevets.
1798	25	10	250
1701	69	34	203
1802	119	29	411
1806	119	74	161
1819	360	138	261
1823	470	187	250
1827	425	381	151
1834	697	576	121

L'éclat, toujours croissant, des expositions de l'industrie en France, a frappé les états étrangers. Presque tous, en Europe, ont voulu suivre ce brillant exemple. L'Autriche et l'Espagne, le Piémont et le Portugal, les Deux-Siciles et les Pays-Bas, la Prusse et la Bavière, la Hollande et le Danemarck, la Pologne, la Suède et la Russie, ont établi des expositions nationales dont elles ont reconnu l'avantage, et que, pour ce motif, elles ont rendues périodiques.

Exposition de 1834. — L'exposition de 1834 a prouvé que l'industrie française continuait à être en voie de progrès. Les exposans étaient au nombre de 2,445. Il a été décerné 28 croix d'honneur, 948 médailles, 479 mentions honorables, et 294 citations. En voici la répartion detaillée par principaux genres d'industrie.

Industries.	Croix d'hon.	Méd. et rappels.			Ment. hon.	Cita- tions.
		or.	arg.	brouze.		
Tissus	11	60	144	143	139	83
Métaux	5	25	43	104	111	79
Machines......	3	12	39	42	37	16
Instrumens de précision et de musique	4	12	23	29	16	3
Arts chimiques.	1	4	30	44	50	30
Beaux-arts	2	8	33	33	36	15
Poteries	»	8	8	12	17	6
Arts divers	2	9	25	38	73	62
Inventions et per- fectionnemens.	»	2	10	8	»	»
Totaux..	28	140	355	453	479	294

Etablissemens industriels. — On compte en France 38,030 fabriques, manufactures et usines; 4,412 forges et fourneaux. Total des établissemens industriels, 42,442.

Il existe en outre 82,575 moulins à vent et à eau.

Fabrication du fer. — En 1831, l'extraction du minerai brut s'est élevée à 1,800,000,000 kilog., qui ont été traités dans 1,246 établissemens, par 24,000 ouvriers, et qui ont consommé en combustible 500,854,400 kilogrammes de charbon de bois et 324,019,025 kilogrammes de houille et de coke. Il en est résulté une fabrication d'une valeur de 58,835,909 fr. de fonte, 90,651,628 fr. de fer, 6,224,978 fr. d'acier, 6,762,630 fr. de fil de fer, 225,210 fr. d'ancres, 658,308 fr. de faulx et faucilles, 1,597,746 fr. de limes.

Métaux divers. — Argent indigène, 390,111 fr.; fonte de fer étrangère, 1,019,984 fr.; fer étranger, 1,067,203 f.; acier étranger, 534,096 fr.; cuivre indigène, 590,000 francs; cuivre étranger, 10,643,987 fr.; plomb indigène, 226,000 f.; plomb étranger, 5,498,487 fr.; étain étranger, 2,012,363 francs; zinc étranger, 1,187,885 fr.

Bronzes. — La fabrication du bronze occupe environ 5 mille ouvriers. La valeur des productions annuelles est de 20 millions de francs; celle des exportations de 7 à 8 millions.

Plaqué. — Ce genre d'industrie est concentré à Paris ; il y existe 20 fabriques, dont 9 principales, qui produisent annuellement pour 6 millions de plaqué. L'exportation est d'environ 2 millions.

Machines à vapeur. — Au 1er janvier 1834, il existait en France 947 machines à vapeur d'une force totale de 14,746 chevaux. Sur ce nombre, 719 étaient d'origine française, 144 d'origine étrangère, et 44 de source non constatée. Sur les 903 machines d'origine connue, 334 étaient à basse pression, 569 à haute pression. Ces résultats prouvent que la construction des machines a fait en France des progrès très-rapides.

Soieries. — Il existe en France 84,640 métiers, produisant annuellement une valeur en soieries de 211,550,000 fr. Ces métiers occupent 169,280 ouvriers, et emploient 139,623,330 fr. de soie. La main d'œuvre est de 70,926,670, ou environ 500 fr. par ouvrier. Le bénéfice et intérêt du capital employé est de 21 millions. La fabrique de Lyon seule, en temps ordinaire, occupe 40 mille métiers, emploie 80 mille ouvriers, et produit 100 millions de francs. La consommation intérieure en soieries françaises est de 73 millions ; l'exportion est de 138,550,000 fr.

On calcule qu'une once de graine (œufs) produit 30 mille vers à soie, qui consomment mille kilogrammes de feuilles de mûrier et donnent 60 kilogrammes de cocons, dont on extrait 6 kil. de soie, à 44 fr. le kil. Produit brut, 264 fr.

Etoffes de laine. — La totalité des étoffes de laine fabriquées annuellement en France a une valeur de 420 millions de francs. Dans cette évaluation sont compris les draps, pour 250 millions; les tissus (mérinos et bombazines), pour 20 millions; les châles de laine, pour 20 millions; les tissus inférieurs, les serges, etc., pour 130 millions.

Cette importante fabrication emploie pour 210 millions de laines françaises et pour 20 millions de laines étrangères. La main-d'œuvre, le bénéfice du fabricant et l'intérêt des capitaux employés à la fabrication, représentent 190 millions. On évalue la consommation intérieure des étoffes de laine à 392 millions; à raison de 12 fr. par individu. L'exportation est d'environ 28 millions de francs.

Châles. — Nous venons de voir que la fabrication des châles de laine a une valeur de 20 millions; celle des châles en poil de chèvres du Thibet, dits cachemires français, est de 6 millions. La matière première arrive au commerce par la voie de Moscou. L'exportation annuelle est d'un million de francs.

Etoffes et filature de coton. — Le produit total des fabriques qui emploient le coton est évalué annuellement à 600 millions. Ces fabriques consomment pour 110 millions de matières premières, paient 400 millions de francs de salaires et transport, et donnent 30 millions de bénéfices au fabricant, déduction faite de 60 millions qui représentent l'intérêt des capitaux employés.

On évalue le produit annuel de la filature de coton à 170 millions de francs. Cette industrie emploie 270 mille métiers, qui occupent 325 mille ouvriers et filent 37 millions de kilogrammes de coton.

La consommation intérieure en cotonnades françaises est de 543 millions de francs; l'exportation est de 57 millions.

Tulle.—La France renferme 1,500 métiers, qui produisent annuellement pour 7,500,000 francs de tulles, auxquels la broderie donne une valeur de 32,725,000 fr. Cette industrie paraît être dans un état de souffrance assez prononcé.

Commerce et fabrication des cuirs, etc. — Souliers, sellerie. — On calcule qu'il entre chaque année dans les tanneries françaises 750 mille peaux de bœufs, 250 mille peaux de vaches, 400 mille peaux de veaux, 125 mille peaux de chevaux provenant des troupeaux français, et non compris celles qui sont importées. — On évalue à 100 millions de paires le nombre des souliers fabriqués annuellement en France, et le salaire des ouvriers cordonniers à 300 millions de francs. — La sellerie française est très-estimée dans les pays étran-

gers. Ses exportations annuelles s'élèvent à plus
de 2 millions.

Poterie fine, porcelaine, etc. — Il existe en
France 12 fabriques de poterie et faïence fine, dont
les produits annuels sont d'environ 5 millions de
francs. — Les produits des fabriques de porcelaine
sont de 5 à 6 millions. L'exportation des porcelaines est de 3 à 4 millions.

Verrerie, cristallerie, etc. — Il existe en France
environ 200 fours en activité, dont 8 pour le cristal et 4 pour les glaces Leurs produits annuels
sont évalués à 29 millions de francs, savoir : 3
millions cristal, 2 millions glaces, 3,500,000 verre
à vitres, 6 millions gobeletterie et verroterie, 14
millions 500 mille bouteille.

Ebénisterie, fabrication de meubles. — Cette
industrie occupe à Paris 4 mille ouvriers. Ses produits annuels sont de 12,500,000 fr.; ses exportations d'un million.

Sucre de betterave. — La fabrication des sucres
de betterave, conquête de l'industrie française,
occupe 72 mille hectares de terrain, emploie un
capital de 60 millions de francs, et procure du travail à 150 mille ouvriers. — M. Payen, chimiste
habile et industriel distingué, pense qu'alors
même que la consommation s'élèverait, comme
en 1326, à 72 millions de kilogrammes de sucre,
le sol de la France peut suffire à cette production

sans entraver ni rendre plus rares les produits des autres cultures.

Etat, en 1836, des fabriques de sucre indigène :
Nombre de fabriques en con-
   struction   39
   —   en activité......   542
                        Total....   581

Quantités de betteraves mises
   en fabrication, récolte de
   1835 .... 668,986,762 kilog.
   —   de 1836 (par
   évaluation)............ 1,012,770,589

Produit de la fabrication en
   sucre brut, provenant de
   la récolte de 1835.......   30,349,340
   —   de 1836 (par
   évaluation   48,968,805

Compagnies d'Assurances.

En France, à la fin de 1836, les capitaux assurés par neuf des principales compagnies d'assurances de Paris, s'élevaient à la somme de 13,023,622,271 fr. ainsi répartis:

Nom des compagnics.	Date de la fondation.	
Mutuelle.............	1816	fr. 1,872,991,200
Assurances générales.	1819	2,286,554,575
Du Phénix..........	1819	2,749,720,243
Royale.............	1820	3,559,278,001
De l'Union	1828	1,284,036,964
Du Soleil...........	1829	1,121,638,452
De la Salamandre....	1834	68,837,740
Du Réparateur.......	1835	62,270,125
De l'Alliance........	1836	70,186,000
		13,023,682,271

Voilà donc une somme de 13 milliards de capitaux mobiliers et immobiliers assurés, sans compter le montant des assurances contractées par beaucoup d'autres compagnies existantes à Paris et par une multitude de compagnies mutuelles et à primes formées dans les départemens.

Accroissement des sociétés par action en France.

La marche progressive qu'ont suivie les sociétés par action, en France, durant les 5 dernières années, est constatée ainsi :

	Nombre.	Actions.	Valeur.
1833	55	28,125	15,010,000 fr.
1834	84	53,149	79,848,000
1835	106	47,000	45,508,000
1836	216	373,278	156,845,000
1837	288	586,570	361,139,000

COMMERCE.

Valeur en francs du commerce de la France avec ses colonies et les puissances étrangères, pendant les années 1834, 1835 et 1836.

Importations en France.

Matières nécessaires à l'industrie.

Dates.	Marchandises arrivées. Francs.	Marchandises consommées. Francs.	Droits perçus.
1834	454,699,000	360,037,000	38,995,000
1835	566,091,000	378,299,000	42,200,000
1836	531,185,000	395,706,000	46,200,000

Objets de consommation, naturels.

1834	143,509,000	106,689,000	55,864,000
1835	128,828,000	101,304,000	53,269,000
1836	177,744,000	116,383,000	50,768,000

Objets fabriqués.

1834	119,986,000	37,207,000	6,539,000
1855	165,806,000	40,667,000	7,044,000
1836	196,646,000	52,222,000	8,427,000

Total général des importations.

1834	720,194,000	503,933,000	101,398,000
1835	760,726,000	520,270,000	102,513,000
1836	905,575,000	564,391,000	105,395,000

Exportations de France.

Produits naturels.

Dates.	Marchandises françaises et étrangères. Francs.	Marchandises françaises. Francs.	Droits perçus. Francs.
1834	238,216,000	146,864,000	664,000
1835	280,850,000	152,165,000	685,000
1366	324,607,000	172,274,000	877,000

Objets manufacturés.

1834	476,489,000	363,128,000	423,000
1835	553,572,000	425,248,000	470,000
1836	636,677,000	456,683,000	521,000

Total général des exportations.

1834	714,705,000	509,999,000	1,087,000
1835	834,422,000	577,413,000	1,155,000
1836	961,284,000	628,957,000	1,398,000

Numéraire.

Le mouvement en numéraire n'est pas compris dans le relevé des importations et exportations présenté ci-dessus.

Les entrées et les sorties qui ont pu en être constatés, sont :

Pour l'entrée en 1824 de 192,408,884 fr.
1835 137,598,334
1836 116,781,328

Pour la sortie en 1834 97,286,744
1835 82,621,609
1836 102,491,114

Voici comme on a constaté, en 1836, les relations commerciales de la France avec les divers
pays du monde :

	Importations. francs.	Exportations. francs.
Etat-Unis	110,000,000	238,000,000
Belgique	83,000,000	45,000,000
Angleterre	68,000,000	115,000,000
Royaume de Sardaigne.	61,000,000	54,000,000
Espagne	44,000,000	93,000,000
Suisse	83,000,000	76,000,000
Allemagne	70,000,000	39,000,000
Turquie	19,600,000	17,000,000
Autriche, y compris le royaume lombardo-vénitien	43,000,000	10,000,000
Egypte	6,600,000	4,800,000
Etats barbaresques	7,200,000	3,500,000
Indes	37,000,000	6,800,000
Chine	1,115,000	115,000
Haïti	5,000,000	4,600,000
Brésil	10,000,000	75,000,000
Mexique	8,700,000	9,400,000
Rio de la Plata et Chili	9,300,000	18,000,000
Colonies françaises	68,000,000	57,000,000
Alger	2,434,000	13,000,000

Le commerce de la France est :

Avec l'Asie, de....... 22 millions.
l'Afrique......... 22

20.

l'Amérique mérid. 41
l'Amérique sept.. 215
l'Europe 764
les colonies 103

, L'Afrique et l'Asie envoient en France pour 24 millions de matières premières, et n'en reçoivent que pour 7 ; la France y porte pour 11 millions des objets de son industrie, et n'en rapporte aucun.

Les échanges de toute espèce du Nouveau-Monde avec nous sont de 260 millions; dans cette somme, les Etats-Unis seuls entrent pour 14 millions en objets de matières premières, et pour 79 en objets manufacturés.

L'Europe nous vend pour 306 millions des premiers, et nous en achète seulement pour 178 ; mais, en retour, nous lui achetons pour 62 millions des seconds, et nous lui en vendons pour 218 ; ce qui établit, entre tous les états de l'Europe et nous, un mouvement de commerce de 764 millions, partagés en 514 pour les pays du nord, et 250 seulement pour ceux du midi.

Enfin il n'y a pour la France de commerce véritablement important que celui d'Europe, des Etats-Unis, et celui de ses colonies, qui s'élève, de part et d'autre, à 100 millions par an, et qui en rapportait 200 il y a 50 ans.

Les principales marchandises importées en France et exportées de France, en 1835 et 1836, ont été comme il suit :

— 235, —

Importations.

	1835. fr.	1836. fr.
Peaux sèches et pelle-teries	19,000,000	21,600,000
Laines	45,000,000	38,000,000
Soies...................	70,708,000	80,000,000
Sucre brut (88,787,577 kilogrammes)......	58,700,000	52,000,000
Thé	1,060,000	895,000
Café (22,725,000 kil.)..	14,720,000	21,000,000
Huiles	22,450,000	27,422,000
Coton	84,700,000	103,000,000
Houilles (992,358,762 kilogrammes)......	11,863,000	14,885,000
Fontes de fer.........	7,475,000	6,700,000
Cuivre	14,300,000	12,520,000
Indigo	25,450,000	26,340,000
Etoffes de soie et rubans	36,000,000	50,000,000
Tissus de coton, calicots, mousseline, tulle, etc.	47,000,000	50,500,000

Exportations.

	1835. fr.	1836. fr.
Cotons et laines......	11,000,000	20,000,000
Garance...............	11,000,000	13,000,000
Vins de la Gironde (41 millions de litres)...	26,000,000	24,600,000
Autres vins (88,500,000 litres)...............	29,200,000	22,800,000

Eaux-de-vie (21,000,000 litres)............	15,700,000	16,900,000
Batiste et linon.......	18,000,000	18,880,000
Draps, casimirs et étoffes diverses	39,400,000	40,500,000
Châles brochés et façonnés............	4,400,000	7,500,000
Tissus de soie........	183,000,000	206,000,000
Tissus de coton......	89,000,000	104,000,000
Peaux préparées et pelleteries...........	26,000,000	25,000,000
Horlogeries	9,000,000	12,000,000
Articles de Paris et modes............	13,300,000	16,000,000

Entrepôts.

Valeur des marchandises en entrepôt, au 31 décembre.	1833	113,538,626 fr.
	1834	144,808,347
	1835	143,613,564
Entrées en entrepôt pendant les années	1834	469,330,967
	1835	457,104,449
	1836	499,723,103
Totaux.	1834	582,869,593
	1835	601,912,796
	1836	643,336,667
Retirées des entrepôts pendant les années	1834	438,968,771
	1835	456,580,866
	1836	477,956,198
En entrepôt au 31 décembre, des années	1834	143,900,822
	1835	145,331,930
	1836	165,380,469

Transit.

Valeurs des marchandises qui, expédiées en transit par la France, ont consommé leur destination pendant les années 1833, 1834 et **1835.**

Exportations.

	Produits naturels. fr.	Objets manufacturés. fr.	Total. fr.
1834	43,910,100	79,860,228	123,770,328
1835	58,539,424	99,927,983	158,467,407
1836	72,571,647	131,807,149	204,378,796

Primes.

Valeurs des marchandises exportées avec jouissance de prime, en	1834	88,411,215
	1835	97,950,180
	1836	120,563,734
Sommes payées pour primes, en	1834	9,272,221
	1835	9,402,486
	1836	10,989,348

Saisies.

Valeurs des marchandises saisies à l'importation, en	1834	1,125,747
	1835	1,125,463
	1836	677,932
Dans l'intérieur du royaume, en	1834	187,275
	1835	195,771
	1836	803,673
Totaux.	1834	1,313,022
	1835	1,321,234
	1836	1,481,605

NAVIGATION.

Entrée des bâtimens.

		Navires.	Tonnage.
Navires français.	1834	3,965	394,486
	1835	1,001	407,999
	1836	4,692	484,986
Etrangers, portant pavillon du pays d'où ils viennent.	1834	5,171	604,170
	1835	5,552	650,452
	1836	6,153	750,328
Autres pavillons.	1834	953	132,744
	1835	808	115,581
	1836	946	139,017
Totaux.	1834	10,089	1,131,404
	1835	10,361	1,174,032
	1836	11,791	1,374,331

Sortie des bâtimens.

		Navires.	Tonnage.
Navires français.	1834	4,221	370,217
	1835	4,292	387,139
	1836	4,698	426,654
Etrangers, portant pavillon du pays où ils vont.	1834	4,217	376,503
	1835	4,356	352,583
	1836	5,356	448,253
Autres pavillons.	1834	866	141,713
	1835	838	132,224
	1836	844	122,183
Totaux.	1834	9,304	888,433
	1835	9,486	871,946
	1836	10,898	997,090

Nos vaisseaux marchands fréquentent surtout, les mers de la Chine et du Sud, Bourbon et Maurice, les grandes Indes, le Brésil, la rivière de la Plata, le Mexique, la Colombie, l'île de Cuba, les Etats-Unis, les Antilles étrangères, Haïti, Cayenne, le Sénégal et Gorée, la Martinique et la Guadeloupe. C'est vers ces deux dernières îles, ainsi qu'à Bourbon, à Maurice, au Brésil, à Cuba et à Haïti, que le plus grand nombre se dirige.

STATISTIQUE MORALE ET ADMINISTRATIVE.

Nationalité. Races d'hommes.

A la famille germanique appartiennent les habitans de l'Alsace, de la Lorraine et les Flamands du département du Nord ; à la famille celtique, les Bas-Bretons, qui vivent dans la partie occidentale de la Bretagne ; à la famille basque, une partie de la population des Basses-Pyrénées ; le reste de la population est de la famille gréco-latine, qui embrasse les Français au nord de la Loire ; les Romans au sud de ce fleuve, et les Italiens de la Corse. Les Juifs, répandus dans les villes commerçantes, sont de la famille sémitique. On rencontre, en France, quelques Bohémiens de la race indoue.,

Langue.

La langue française est, depuis le milieu du XVIe siècle, la langue de l'Europe pour les affaires, pour la politique et pour la diplomatie.

Cette langue possède, sur toutes les autres langues modernes, une domination incontestée ; mais elle doit cet avantage à ses qualités naturelles et particulières. De toutes les langues vivantes, c'est la plus claire, à cause de la simplicité de ses formes grammaticales, et, au besoin, la plus énergique, à cause de la pauvreté relative de son vocabulaire.

La division de la population, d'après les langues actuellement parlées, n'est pas aussi facile à faire numériquement que théoriquement. Les documens qui pourraient servir à l'établir manquent, ou sont incomplets. Nous avons consulté tout ce qui a été écrit, et nous croyons pouvoir donner, comme approchant le plus de la réalité, l'approximation suivante :

Habitans parlant la langue italienne..		106,000
—	basque ...	120,000
—	bretonne..	1,100,000
—	allemande.	1,150,000
—	flamande..	180,000
— la langue française et patois divers..		29,814,934
	Total...	32,560,934

Mais, dans cette population d'environ 30 millions d'individus indiqués comme employant habituellement la langue française, il n'y a que les habitans de 26 départemens dont le centre est entre Tours et Blois, pays où les rois de France firent long-temps leur séjour principal, qui fassent usage du français, purement ou avec des modifications, réelles sans doute, mais trop peu marquées pour donner naissance à de véritables patois.

Cultes.

Sous le rapport religieux, la population française comprenait, en 1835, environ :

30,460,000 Catholiques.

2,100,000 Calvinistes, Lutériens, Anabablistes, Quakers, Juifs, etc.

Les Calvinistes habitent principalement le midi de la France, les départemens du Gard, de l'Ardèche, de la Drôme, de la Lozère, de Tarn-et-Garonne, de la Gironde, de la Charente-Inférieure, des Deux-Sèvres, du Tarn, de l'Aveyron, de l'Hérault, etc. On en trouve aussi dans le département de la Seine. Les Luthériens sont moins nombreux; ils vivent surtout dans les départemens du Haut et Bas-Rhin, de la Seine et de l'Isère. Les Juifs se trouvent à Paris, à Marseille, à Bordeaux, à Montpellier, à Nancy, à Metz, à Lille, à Strasbourg, etc., et dans l'Alsace. Les Anabatistes et les quakers, en très-petit nombre, habitent le Doubs et les Vosges.

Organisation politique.

Aux termes de la charte de 1814, modifiée en

21

1830, la France est une monarchie constitutionnelle.

Le roi est le chef suprême de l'état ; sa personne
est inviolable et sacrée.

Toute justice émane de lui, et se rend en son
nom. Les juges qu'il institue sont inamovibles.

Il a seul la puissance exécutive ; il sanctionne
et promulgue les lois, mais il ne peut ni les faire
ni les suspendre.

La puissance législative appartient à deux
grands conseils nationaux, appelés, l'un, la
chambre des pairs, l'autre, la chombre des députés.

Le roi nomme les pairs ; ils sont à vie, et le
nombre en est illimité.

Les colléges électoraux nomment les députés
pour cinq ans ; leur nombre est de 449.

Pour être député, il faut être Français, avoir
30 ans, et payer 500 fr. de contributions.

Pour être électeur, il faut être Français, avoir
25 ans, et payer 200 fr. de contributions.

Leur nombre était, en 1834, de 193,660.

Le roi nomme des ministres, qu'il charge de
l'exécution des lois. Ils sont responsables, et peuvent être traduits en jugement. Alors la chambre
des députés les accuse, et celle des pairs les juge.

Le roi, à son avénement au trône, jure, en présence des chambres réunies, le maintien de la
charte constitutionnelle.

Il a le droit de faire grâce et de commuer les peines.

Les Français sont égaux devant la loi, quels que soient d'ailleurs leurs titres et leurs rangs ; ils sont tous admissibles aux emplois civils et militaires.

Ils contribuent indistinctement, dans la proportion de leus fortune, aux charges de l'état.

Chacun professe sa religion avec une entière liberté.

Aucun impôt ne peut être établi ni perçu, s'il n'a été consenti par les deux chambres, et sanctionné par le roi. L'impôt foncier n'est consenti que pour un an.

Aucune loi n'a ce caractère si elle n'a été discutée et votée librement par la majorité des deux chambres.

Le roi convoque chaque année les deux chambres. Il les proroge et peut dissoudre celle des députés ; mais, dans ce cas, il doit en convoquer une nouvelle dans le délai de trois mois.

Organisation administrative.

Depuis 1789, la France n'a plus ni pays d'états, ni généralités, ni intendances, ni provinces. Elles ont été toutes indistinctement partagées en départemens, qui le sont à leur tour en arrondissemens, dont le nombre varie, pour chaque département, depuis deux jusqu'à sept ; chaque arron-

dissement se subdivise en cantons et en communes.

Il y a 86 départemens, y compris la Corse;
    363 arrondissemens;
  2,855 cantons;
38,623 communes, ainsi réparties:

Dans la région du nord.. 15,213
    —   du centre. 13,393
    —   du midi.. 10,017
               ———
              38,623

Chaque département est administré par un
préfet;

Chaque arrondissement, par un sous-préfet;

Chaque commune, par un maire, assisté d'un
ou de plusieurs adjoints.

Une fois tous les ans, un conseil général de département, composé d'autant de membres qu'il
existe de cantons dans le département, sans cependant pouvoir excéder le nombre de trente,
s'assemble en vertu d'une ordonnance du roi qui
le convoque, pour prendre connaissance des
comptes du préfet, décider sur les demandes de
fonds qu'il propose, et s'occuper des intérêts spéciaux du département, dont il fait connaître au
ministère l'état et les besoins.

Un conseil d'arrondissement, qui ne peut être
de moins de neuf personnes, a les mêmes attributions auprès du sous-préfet.

Dans chaque commune, un conseil municipal se réunit auprès du maire chaque fois qu'il en est besoin.

Les membres des conseils généraux de département et d'arrondissement sont nommés par les colléges électoraux ; ceux du conseil municipal sont choisis parmi les électeurs de la commune.

Organisation judiciaire.

Pour toute la France, pour tous ses habitans, quels qu'ils soient, il n'y a qu'une même juridiction, un même juge, une même loi.

Au civil, un juge de paix dans chaque canton prononce en dernier ressort sur toutes les affaires jusqu'à 500 fr., et jusqu'à 1,000 avec appel. Il connaît des dommages faits aux récoltes, des réparations locatives, des salaires des ouvriers et des domestiques, etc. Il fait, en ce cas, les fonctions de juge de police.

Chaque juge de paix a deux suppléans.

Chaque justice de paix a son greffier.

Dans chaque arrondissement, il y a un tribunal de première instance, composé d'un président, de trois, quatre et six juges, et d'un procureur du roi. Il reçoit les appels des justices de paix, et l'on plaide devant lui toutes les affaires civiles. Dans toutes celles qui n'excèdent pas 1,000 francs, ses jugemens sont définitifs.

Vingt-sept cours royales, qui embrassent chacune dans leur ressort un certain nombre de tribunaux de première instance, prononcent sur les appels de leurs jugemens. Chaque cour royale est composée d'un premier président, de trois ou quatre présidens, deux avocats-généraux, un procureur du roi, un greffier, et de vingt à vingt-cinq conseillers et auditeurs.

Au criminel, le premier degré de juridiction est formé par des tribunaux de police municipale, composés du juge de paix, du commissaire de police, ou du maire de la commune.

Le second degré est celui des tribunaux dits de police correctionnelle ; ils sont composés d'un certain nombre de juges choisis parmi ceux des tribunaux de première instance. Ceux-ci ont un pouvoir plus étendu. Ils condamnent à un emprisonnement, qui peut durer depuis un an jusqu'à quatre ; mais ils ne prononcent aucune peine infamante ni afflictive. Il est inutile de dire qu'il y a autant de tribunaux de police correctionnelle qu'il en existe de première instance. On appelle de leurs jugemens en cour royale.

La haute justice, celle qui a le droit du glaive, appartient aux cours d'assises. Il y en a une par département. Elle est formée par un certain nombre de juges tirés du tribunal de première instance du chef-lieu, présidée par un conseiller de cour royale. Elle connaît de toutes les espèces de crimes, vols, meurtres, assassinats, incendies, fausse monnaie, faux en écriture, etc., qui entraînent la détention à temps ou a perpétuité, l'exposition, les travaux forcés, la mort.

Les causes sont débattues et plaidées publiquement devant douze jurés choisis parmi les citoyens inscrits sur la liste du jury, et que l'on tire au sort pour chaque affaire. Quand les témoins à charge et à décharge, les avocats des parties et le procureur du roi ont été entendus, que la cause paraît suffisamment instruite, le jury décide si le crime est constant et l'accusé coupable ; et, selon sa décision, le tribunal l'absout ou lui applique la peine que la loi prononce. On se pourvoit en cassation contre les arrêts des cours d'assises.

Enfin, des tribunaux de commerce, au nombre de 212, où siégent comme juges quelques uns des principaux négocians des villes de commerce où ces tribunaux sont établis ; des conseils de guerre formés chacun de sept membres, 1 colonel, président ; 1 chef de bataillon ou d'escadron , 2 capitaines, 1 lieutenant, 1 sous-lieutenant, 1 sous-officier et 1 capitaine rapporteur, qui prononcent sur toute espèce d'infraction à la discipline, et autres délits militaires, et dont les jugemens peuvent être cassés par un conseil de révision ; cinq tribunaux maritimes, qui siégent à Brest, Toulon, Lorient, Cherbourg et Rochefort, dont les attributions sont les mêmes pour les marins que celles des conseils de guerre pour les troupes de terre ; une cour des comptes, chargée d'examiner les comptes de tous ceux qui manient les deniers de

l'état, et qui prononce sans appel, constituent les
seules justices spéciales existant aujourd'hui en
France.

Au-dessus de tous ces tribunaux est un tribunal
suprême qui revoit leurs jugemens, quels qu'ils
soient, civils ou criminels, les confirme ou les an-
nule, s'il y a lieu : c'est la cour de cassation. Elle
ne connaît point sur le fond des affaires, et ne
prononce que sur la validité des formes. Dans le
cas où elles sont violées, où l'application de la loi
lui paraît fausse, elle casse le jugement, et ren-
voie le prononcé d'un nouveau à un autre tribunal.

Le nombre des présidens, conseillers, et juges de tous les tribunaux du royaume, est de......		2,532
—	des avocats-généraux, de...	33
—	des procureurs du roi, de...	389
—	des substituts, de.........	461
		3,415
—	des juges de paix, de......	2,846
—	de leurs greffiers, de.......	2,846
—	des greffiers des tribunaux, de	389
—	des greffiers des tribunaux de police, de...........	104
—	des greffiers des tribunaux de commerce, de........	218
—	des avocats, de...........	6,619
—	des avoués, de...........	3,569
—	des huissiers, de..........	8,206
		28,212

Le nombre de juges est, en 1838, de 3,415, pour une population de 33 millions d'individus, dont les intérêts de tou e espèce, sans cesse aux prises, produisent chaque année 300.000 procès, tant civils que criminels.

Sur les 6,952 accusés jugés contradictoirement en 1854, 2,788 ont été acquittés, et 4,164 condamnés, savoir :

A mort.....................	25
Aux travaux forcés à perpétuité.	151
Aux travaux forcés à temps....	825
A la réclusion..............	694
Au bannissement...........	1
A la détention.............	53
A des peines correctionnelles...	2,587
A la surveillance de la haute police, sans autre peine.......	8
Enfans de moins de seize ans à détenir par voie de correction	25

Sur 100 condamnés, on a trouvé, en 1854, les proportions suivantes dans les causes qui les poussèrent au crime :

Haine, vengeance..............	55
Querelles dans les cabarets et autres lieux, rencontres fortuites......	17
Cupidité...................	15
Dissension domestiques, discussions d'intérêt entre parens.........	11

Amour contrarié, jalousie, concubi-
nage, débauche............ 7
Adultère.................... 4
Motifs divers qui ne se presentent
pas assez habituellement pour former des classes............ 13

Les delits politiques ont été plus nombreux que les delits de la presse; le chiffre est de 121 pour les premiers, et de 198 pour les seconds. Mais la répression a été plus forte à l'égard des prévenus de délits de la presse que pour ceux auxquels on imputait des delits politiques. Parmi ces derniers, on compte 79 acquittés sur un chiffre de 100 prévenus, et 60 seulement pour les premiers.

Sur les 98 délits de la presse, 74 étaient imputés à la presse périodique, et 24 à d'autres publications. La proportion des acquittes, parmi les prevenus des délits de la première classe, a été de 55 sur 100, et de 72 parmi les autres. Il est à remarquer que sur 58 individus traduits devant la cour d'assises de la Seine, sous prévention de délits commis par la voie de la presse périodique, 12 seulement, et par consequent moins du tiers, ont été reconnus non coupables par le jury, tandis que cette proportion s'elève à plus de moitié quand le calcul porte sur la totalité des prevenus de ce même genre de délit jugés dans les différentes cours du royaume.

*Affaires correctionnelles définitivement jugées
en 1834, par les tribunaux de première instance
et par les cours et tribunaux d'appel.*

Le nombre de ces affaires a été de 120,108
en 1834 : 172,862 individus s'y trouvaient impliqués. Il résulte de ces chiffres, que la juridiction correctionnelle a jugé 15,945 affaires, et
50,952 prévenus de moins qu'en 1833. Cette
diminution ne porte pas sur les délits ordinaires,
qui présentent au contraire une augmentation
de 2,577. Ce sont les délits forestier qui ont
éprouvé, depuis plusieurs années, une réduction
successive qu'il importe de constater. Le nombre
de ces délits, après avoir été de 69,385 en 1829,
de 95,219 en 1830, et s'être élevé a 112,858 en
1831, s'est progressivement abaissé à 95,842 en
1852, à 82,589 en 1853, enfin à 65,850 en
1854.

Parmi les prévenus, en 1834, il y avait 56,859
femmes ; ce qui donne pour elles la proportion de
24 sur 100 : elle était de 23 en 1853, de 22 en
1852, et de 24 en 1851.

Le nombre total des acquittés a été de 26,674,
ou de 15 sur 100. Cette proportion s'élève à 29
dans les délits ordinaires, et elle descend au-dessous de 7 dans les contraventions aux lois sur
les douanes, les contributions indirectes, les forêts
et autres matières fiscales. Le faible chiffre de ce
dernier rapport est suffisamment expliqué par le
mode de preuve spécial à ces affaires, qui sont gé-

néralement jugées sur des procès-verbaux faisant foi jusqu'à inscription de faux.

Quant aux délits dont la preuve se fait par témoins, le résultat des poursuites présente une très-grande différence, selon que les affaires ont été suivies par le ministère public agissant d'office, ou par les parties civiles. Dans les premières on ne trouve que 24 acquittés sur 100 prévenus, tandis qu'il y en a eu 47 dans les autres

146,100 prévenus ont été condamnés, savoir :

A l'emprisonnement d'un an et plus.	5,579
— de moins d'un an	26,901
A l'amende seulement............	115,545
A la surveillance seulement........	56
A démolir des constructions trop rapprochées des forêts............	27
Total........	146,180

La durée de l'emprisonnement a été :

De moins de six jours, pour.......	5,169
De 6 jours à un mois, pour........	9,122
D'un à 6 mois, pour.............	10,614
De 6 mois à un an, pour........	2,689
D'un an, pour..................	1,401
De plus d'un an et de moins de 5, pour	5,366
De 5 ans, pour.................	595
De plus de 5 ans et de moins de 10, pour	126
De 10 ans, pour................	50
Total..........	52,960

Organisation ecclésiastique.

Le clergé français est ainsi composé :

Cardinaux..............	1
Archevêques..........	14
Evêques..............	60
Vicaires généraux ...	174
Chanoines............	660
Curés................	3,301
Vicaires.............	6,148
Desservans	26,776
Chapelains	500
Aumôniers	906
Prêtres habitués des paroisses	1,677
Prêtres directeurs et professeurs dans les séminaires.........	1,072
Elèves dans 86 séminaires et 130 écoles secondaires.........	10,904
(1)	52,202

---

(1) Quand l'assemblée Constituante supprima les ordres religieux, et déclara les biens du clergé propriété nationale, on inscrivit sur les registres du trésor, comme ayant droit à la pension qu'on leur faisait en échange de ces biens, 114,000 ecclésiastiques, évêques, abbes,

Il est formé des religieuses réunies dans 3,000
couvens et établissemens de charité, sous les noms
d'Ursulines, Visitandines, Carmélites, Augusti-
nes, Bernardines, Trinitaires, Clarisses, Honoris-
tes, Calvairiennes; de dames de la Présentation,
de l'Adoration, de la Providence, de la Doctrine
Chrétienne, du Sacré-Cœur, de l'Enfant-Jésus, de
la Sainte-Famille; de celles qui se consacrent aux
soins des malades, telles que les sœurs de Saint-
Vincent-de-Paule, de Nevers, les Filles de la
Croix, de Saint-Joseph, de Saint-Thomas-de-Vil-
leneuve, de Saint-Charles, les sœurs Grises, les
sœurs de la Sagesse, de la Miséricorde, etc., environ 24,000.

Sur ces 3,000 communautés, une vingtaine
seulement se consacrent à la vie contemplative,
et 2,780 se dévouent au soulagement des malades
et à l'enseignement.

---

chanoines, prieurs, curés, vicaires, etc., parmi lesquels
il y avait 19,000 religieux et 32,000 religieuses de tous
les ordres.

On croit que le revenu des biens ecclésiastiques pouvait s'élever à...	60,000,000 fr.
Celui des archevêchés et évê- chés à........................	5,000,000
Celui des abbayes d'hommes à...	5,000,000
Celui des abbayes de femmes...	2,000,000
La dime était évaluée à........	70,000,000
Total........	142,000,000

Cultes non catholiques.

Luthériens...........	388 ministres.
Réformés de la confession d'Augsbourg ...	345 id.
Israélites..........	1 grand rabbin.
Israélites des consistoires de Paris, etc........	7
Ministres officians.....	86
Total....	827

Organisation militaire.

La France est partagée en 20 divisions militaires, qui embrassent chacune un certain nombre de départemens. A la tête de ces divisions est un lieutenant-général, qui la commande, et un intendant militaire, qui l'administre. Ils ont chacun sous leurs ordres, dans chaque département de la division, le premier, un maréchal de camp, le second, un sous-intendant.

Un gouverneur ou un lieutenant de roi dans chacun des 183 forts, citadelles et places fortes du royaume, et un conseil de guerre par division, complètent l'organisation militaire.

L'armée se recrute par des appels et des engagemens volontaires. Le service militaire pesant également sur tous, le sort désigne chaque année, parmi les jeunes Français qui ont atteint l'âge de vingt ans, ceux qui doivent faire partie du contingent nécessaire pour remplacer le nombre sortant.

La durée du service des jeunes soldats appelés est de sept années.

Le grade le plus élevé dans l'armée de terre est celui de maréchal de France; il ne peut y avoir que 12 maréchaux de France.

Les frontières du royaume sont protégées par un grand nombre de places fortes et de forteresses, dont voici les principales : Dunkerque, Lille, Douai, Valenciennes, Maubeuge, Rocroy, Givet, Sedan, Thionville, Metz, Bitche, sur la frontière du nord; Strasbourg, Neuf-Brisach, Belfort, Besançon, Grenoble, Briançon, sur la frontière orientale; Perpignan, Mont-Louis, Saint-Jean-pied de-Port et Bayonne, sur la front ère du midi.

Les villes de Rennes, La Fère, Strasbourg, Toulouse, Douai, Metz et Grenoble, ont des arsenaux de construction; et ces mêmes places, à l'exception de Grenoble, qui est remplacée par Valence, ont des écoles d'artillerie Arras, Montpellier et Metz ont des écoles régimentaires du génie; Metz a en outre une école d'application pour le génie et l'artillerie. Paris a une école militaire, une école d'application pour les ingénieurs géographes militaires et pour le corps royal d'état-major, un gymnase normal militaire, et un hôtel royal des invalides, ayant une succursale à Avignon. Il y a une école spéciale à Saint-Cyr, une école préparatoire à La Flèche, et une école d'équitation à Saumur.

Enfin, on fabrique en France beaucoup d'armes de guerre de bonne qualité. Les manufactures sont : pour la fonderie des canons, Strasbourg, Douai et Toulouse ; pour les armes blanches, Klingental, Saint-Etienne, Chatellerault ; et pour les armes à feu, Paris, Maubeuge, Charleville, Saint-Etienne, Mutzig et Tulle.

Finances.

Budget général pour l'exercice 1838.

DÉPENSES.

Dette publique (1).

Rentes, 5 p. 100, 4 1/2, 4, 3 p. 100,
    inscrites et à inscrire. 198,147,367

---

(1) A la chute de l'empire, la dette inscrite au grand livre n'était plus que de . . . . 1,266,152,000 f.

Du 1er avril 1814 au 31 décembre 1830, ce milliard s'est augmenté de. . 3,927,059,000

              Total.... 5,193,211,000
Les cautionnemens de.......... 238,061,000
On a emprunté 143,105,000
La dette flottante a été de....... 285,741,000
              Total.... 5,860,118,000
L'amortissement a racheté....... 1,343,142,000

Total de la dette inscrite au 31 décembre 1830 4,516,976,000
On a vendu en outre des bois pour 140,000,000
Et dépensé extraordinairement.... 287,262,000
                                  428,262,000

22.

Report..	198,147,367
Fonds d'amortissement.	46,283,129
Intérêts, primes et amortissement des emprunts pour ponts et canaux.	9,336,000
Intérêts des capitaux de cautionnemens.	9,000,000
Dette flottante. — Dette viagère. .	13,250,000
Pensions de la pairie..	962,000
Pensions civiles.	1,550,000
Pensions militaires.	43,900,000
Pensions ecclésiastiques..	2,500,000
Autres pensions. — Secours aux pensionnaires de l'ancienne liste civile..	3,028,000
	328,556,496

Dotations.

Liste civile.	13,000,000
Chambre des pairs.	720,000
Chambre des députés.	680,300
Légion d'honneur (supplément temporaire à sa dotation). . . .	1,805,000
	16,205,300

Ministère de la justice.
1ʳᵉ PARTIE. — Justice.

Administration centrale..	524,800
Conseil d'état.	516,400
A reporter	1,041,200

	Report	1,041,200
Cour de cassation.		969,300
Cours royales		4,243,150
Cours d'assises.		154,400
Tribunaux de première instance, de commerce, de police.—Justices de paix.		8,909,995
Frais de justice criminelle et de statistique criminelle et civile.		3,322,000
Dépenses diverses.—Secours temporaires à d'anciens magistrats et employés		45,000
		18,685,045

2me PARTIE.—Cultes.

Frais administratifs		178,500
Culte catholique.		34,251,000
Cultes non catholiques		1,010,000
		35,439,500

Ministère des affaires étrangères.

Administration centrale.		678,122
Traitement des agens du service extérieur.		4,243,000
Dépenses variables (frais d'établissemens, de voyages, de courriers. — Présens diplomatiques. —Dépenses secrètes, etc.). . . .		2,449,500
		7,370,622

Ministère de l'instruction publique.

Administration centrale.	686,623
Services généraux. — Administration académique et départementale'.	1,149,900
Instruction supérieure	1,972,050
Instruction secondaire	1,655,600
Instruction primaire	5,100,000
Ecoles normales primaires	200,000
Etablissemens scientifiques et littéraires	1,676,500
Souscriptions. — Encouragemens et secours.—Recuils et publication de documens relatifs à l'histoire de France	557,000
	12,997,673

Ministère de l'intérieur.

Administration centrale.	1,095,000
Dépenses secrètes et ordinaires de police générale.	1,265,500
Lignes thélégraphiques	939,700
Dépenses générales des gardes nationales	161,000
Bâtimens civils et monumens publics.	1,630,000
Beaux-arts.	2,564,000
A reporter	7,655,200

Report	7,655,200
Secours aux étrangers réfugiés en France.	2,000,000
Subventions aux établissemens généraux de bienfaisance et autres	901,000
Autres secours	847,000
Dépenses fixes du personnel des préfectures et sous-préfectures.	7,471,700
Autres dépenses départementales.	55,852,370
	74,727,276

Ministère des travaux publics, de l'agriculture et du commerce.

Administration centrale	572,000
Agriculture et haras.	2,809,000
Encouragemens aux pêches maritimes.	3,000,000
Manufactures, commerce.	1,493,000
Etablissemens thermaux et sanitaires.	260,000
Secours aux colons	900,000
Secours spéciaux pour pertes résultant de grêle, inondations et accidens divers.	1,891,878
Personnel du corps des ponts et chaussées	2,695,008
Personnel du corps des mines et dépenses relatives à ce services	500,000
A reporter	14,120,886

Report	14,120,886
Routes royales et ponts.	23,060,000
Navigation intérieure.	8,750,000
Ports maritimes et services divers	4,385,000
Autres dépenses relatives aux ponts et chaussées	4,014,000
	54,329,878

Minstère de la guerre.

1re PARTIE.—Division de l'intérieur.

Administration centrale.	1,582,000
Etats-majors.	14,197,998
Gendarmerie.	27,075,589
Solde et entretien des troupes . .	107,431,258
Habillement et campement. . . .	11,094,112
Matériel de l'artillerie	6,825,550
Matériel du génie. . . , ...	9,501,000
Dépense diverses . . . . ,	35,281,548
	202,189,055

2me PARTIE.—Occupation d'Ancône.

Etats-majors. — Solde et entretien des troupes. — Habillement et campement, etc.	791,552

3me PARTIE.—Possessions d'Afrique.

Administration centrale.	29,000
Gouvernement d'Afrique.	196,000
A reporter	225,000

Report	225,000

Etats-majors. — Gendarmerie. —
Solde et entretien des troupes. —
—Habillement et campement.—

Harnachment et autres objets.	24,164,309
Services civils . . . , ...	1,282,000
Dépenses accidentelles et secrètes	72,000
	25,743,309

Ministère de la marine et des colonies.

Administration centrale.	861,800
Corps et agens entretenus, traite-mens fixes, abonnemens, etc. .	7,780,800
Solde et entretien des corps orga-nisés à terre et des équipages embarqués.	22,966,300
Travaux du matériel naval	18,069,600
Travaux de l'artillerie.	1,824,400
Travaux hydrauliques et bâtimens civils.	4,454,200
Autres dépenses de service général	639,300
Service scientifique.	782,000
Service des colonies.	7,621,600
	65,000,000

Ministère des finances.

Cour des comptes.	1,151,500
Administration centrale.	6,146,960
A reporter	7,298,460

	Report	7,298,460
Frais généraux d'impressions. . .		207,000
Monnaies et médailles.		282,600
Cadastre		5,000,000
Frais de trésorerie		2,600,000
Traitemens, taxations, commissions et bonifications aux receveurs des finances, sur les impots et revenus directs et indir.		5,186,000
Traitemens et frais de service des payeurs.		988,000
		21,534,060

Frais de régie, de perception, et d'exploitation des impôts et revenus.

Contributions directes et taxes perçues en vertu de rôles . . .	15,142,300
Enregistrement, timbre et domaines.	10,334,550
Forêts	4,448,300
Douanes	23,749,398
Contributions indirectes	22,254,400
Tabacs	22,184,761
Postes.	21,603,430
Salines et mines de l'état.	153,011
	119,870,150

Remboursemens, non-valeurs et primes.

Restitutions et non-valeurs sur les contributions directes	37,328,134
Remboursemens de sommes indûment perçues sur produits indirects et divers.	2,358,000
Restitution de produits d'amendes, saisies et confiscations attribuées à divers, et perçues par les régics	4,442,000
Primes à l'exportation des marchandises	7,500,000
Escomptes sur les droits de consommation des sels et sur les droits de douanes.	2,200,000
	53,828,134

Total général des dépenses de l'exercice 1838. . .	1,037,288,050

RECETTES.

Contributions directes.

Contribution foncière.	261,852,762
— person. et mobilière	55,289,000
— des portes et fenêt.	29,279,107
— des patentes.	34,914,000
Taxes de premier avertissement. .	692,000
	382,026,869

Enregistrement, timbre et domaines.

Droits d'enregistrement, de greffe, d'hypothèques, et perceptions	174,960,000
Droit de timbre	31,200,000
Revenus et prix de ventes de domaines.	4,270,000
Prix de ventes d'effets mobiliers et immobiliers provenant des ministères	1,380,000
	211,546,000

Produits des forêts et de la pêche.

Produits des coupes de bois. . . .	28,635,000
Produits divers des forêts.	3,843,633
Droits de pêche.	400,000
	32,878,633

Douanes.

Droits de douanes, droits de navigation et recettes diverses . . .	105,126,000
Droits de consommation des sels.	55,534,000
	160,660,000

Contributions indirectes.

Boissons et droit de fabrication des bières	85,040,000
Droits divers et recettes à différens titres.	37,895,000
Vente des tabacs	77,850,000
Vente des poudres à feu.	4,720,000
	205,505,000

Postes.

Produit de la taxe des lettres. . .	35,900,000
Autres produits	5,535,000
Rétributions et droits universitaires.	3,820,000
	41,435,000

Produits de divers revenus publics et recettes de diverses natures.

Droit de vérification des poids et mesures	980,000
Taxe des brevets d'invention. . .	350,000
Ressources locales extrordinaires pour dépenses départementales.	1,500,000
Produits et revenus divers	6,246,000
	9,076,000

Produits extraordinaires.

Produits et revenus locaux d'Alger	1,700,000
Produits de la rente de l'Inde . .	1,000,000
Intérêts de la créance sur l'Espagne	1,892,576
Prélèvemens sur les bénéfices de la caisse des dépôts et consignations.	1,000,000
Recouvremens sur prêts faits en 1830 au commerce et à l'industrie.	800,000
	6,392,576
Total général des recettes de l'exercice 1838 . . .	1,053,420,078

RÉSULTAT.

Les recettes présumées sont de 1,053,340,078
Les dépenses, de. 1,037,288,020

Excéd. présumé des recettes   16,052,058

Banque de France.

Créée dans des temps difficiles, voisins de nos
tourmens politiques, où l'argent était rare, et le
cuivre le seul numéraire à peu près que l'on
vît circuler, la banque rendit, par ses billets, un
service immense à toutes les transactions. En 1808,
une loi consacra son organisation, lui accorda le
privilége d'émettre seule des billets, et fixa son
capital à 45 millions, divisés en 15 mille actions
de 1,000 fr. chacune. Ce capital fut doublé par
la suite. Il est représenté par 67,900 actions pos-
sédées par 3,623 actionnaires. L'intérêt n'en peut
excéder 6 pour cent, ou 60 fr. par action. Le sur-
plus des bénéfices, converti en rente sur l'état,
devient un fond de réserve dont l'intérêt, réparti
entre les actionnaires, forme pour eux un nouveau dividende.

Quinze régens, trois censeurs, un gouverneur et deux sous-gouverneurs, composent l'administration de la banque. Les régens dirigent les
affaires sous la surveillance des censeurs. Le gouverneur préside le conseil de régence, et nulle
délibération ne peut être exécutée sans son appro-
bation.

Tous les six mois, un conseil général, composé de deux cents des plus forts actionnaires, reçoit les comptes et prend connaissance de la situation et du mouvement des caisses.

La banque de France a cela de remarquable, qu'elle n'est ni entièrement au service du gouvernement, avec lequel elle a cependant souvent traité, ni exclusivement consacrée au commerce, bien que ses rapports avec lui constituent son principal caractère.

Ses opérations consistent à escompter à toute personne connue et domiciliée à Paris, des lettres de change ou autres effets de commerce, sur trois signatures reconnues solvables; de prendre en compte courant les sommes qu'on lui confie ou les effets à toucher; de recevoir tout dépôt de monnaie et autres valeurs; enfin de pouvoir faire le commerce des matières d'or et d'argent : tout autre lui est interdit.

En 1832, elle avait pour 239 millions de billets en circculation, et 266 millions de numéraire dans ses caisses. Sa réserve était de 240 en 1828. Il lui est arrivé d'avoir dans un seul jour 22 mille effets à recevoir (le 31 décembre 1825).

Ses billets ont cours dans un rayon de 40 lieues environ.

La banque escompte à 4 pour cent les effets qu'on lui présente. C'est là la principale source de ses bénéfices, comme sa première obligation envers le commerce. Voici quelle a été, pendant dix ans, la somme des escomptes :

En	1821	384,600,000 francs.
	22	395,235,000
	23	302,146,000
	24	489,346,000
	25	658,534,000
	26	688,592,000
	27	555,072,000
	28	407,236,000
	29	434,303,000
	30	617,493,000
		4,933,557,000
Moyenne.		493,355,700

Le mouvement annuel de toutes les caisses ou de tous les services réunis s'élève, terme moyen, à 8 milliards.

Chaque soir, le compte de toutes les caisses est établi, vérifié par le caissier général, et remis au directeur, ainsi que le solde des comptes courans.

Instruction publique.

L'instruction se donnait en France, il y a 50 ans, dans des colléges et des pensions établis à Paris et dans les provinces, et dont l'ensemble composait 23 universités.

Celle de Paris, dont l'origine remontait à l'année 1215, créée sous Philippe-Auguste, et dont les statuts furent l'ouvrage de Robert de Courcy, légat du Saint-Siége.

Aujourd'hui, il n'existe plus en France qu'une seule université ; l'instruction s'y divise en trois degrés : l'instruction primaire, secondaire et su-périeure.

L'instruction primaire comprend la lecture, l'é-criture, les élémens du calcul ; elle est donnée dans les écoles dites primaires. La loi en établit une par commune.

L'enseignement secondaire renferme la con-naissance des langues française et latine, de la géographie, de l'histoire, de la philosophie, des mathématique, de la physique, de la chimie, de l'histoire naturelle.

Depuis quelque temps, on a joint à cet enseigne-ment des cours spéciaux d'arithmétique commer-ciale, de change, de géométrie, arpentage et toisé, de dessin linéaire, de législation commerciale et de langues vivantes.

Cet enseignement est donné dans cinq sortes d'établissemens : dans les colléges royaux, dans les colléges communaux, dans quelques colléges particuliers, dans des institutions, enfin dans des pensions. Ces dernières ne diffèrent des institu-tions que parce que les chefs de celles-ci sont obligés d'avoir le grade de bacheliers ès-lettres et ès-sciences, au lieu que le premier de ces grades suffit au maître d'une pension.

Les colléges royaux sont entretenus aux frais de l'état ; il y en a 40, dont 5 à Paris, et 1 collége communal.

Les colléges communaux sont soutenus par les communes. Leur nombre s'élève à plus de trois cents.

Les institutions et les pensions sont des entreprises particulières. On en compte environ treize cents.

Tous les établissemens où se donne l'éducation secondaire, colléges royaux, communaux, institutions, pensions, paient à l'université un droit consistant dans le vingtième du prix de la pension de chaque élève.

L'enseignement supérieur appartient aux écoles dites facultés.

Il y a cinq ordres de facultés : celle de théologie, celle de droit, celle de médecine, celle des sciences et celle des lettres. A ces facultés seules appartient le droit de conférer les grades de bachelier, de licencié, de docteur ; c'est pour les obtenir qu'on suit leurs cours, qu'on subit leurs examens, et qu'on soutient des actes publics ou thèses.

Chaque faculté se compose d'un doyen, qui est à la tête, et d'un certain nombre de professeurs.

Il y a en France six facultés de théologie catholique, et deux de théologie protestante : les premières sont établies à Paris, Rouen, Bordeaux,

Lyon, Aix et Toulouse ; les secondes à Strasbourg et à Toulouse ;

Neuf facultés de droit, placées à Paris, Caen, Dijon, Poitiers, Rennes, Strasbourg, Aix, Grenoble et Toulouse ;

Trois facultés de médecine, Paris, Strasbourg et Montpellier ;

Cinq facultés des sciences et des lettres, Paris Caen, Dijon, Grenoble et Montpellier.

On comptait, il y a quelques années, dans ces différentes facultés :

Etudians en droit....	4,644,	dont 2,800 à Paris.
en théologie	500	140 protest.
en médecine	1,930	1,100 à Paris.
dans les sciences	2,135	1,200 id.
dans les lettres......	1,900	1,500 id.

Total.. 11,109

L'enseignement secondaire présente des résultats beaucoup plus satisfaisans, ainsi que le prouvent les chiffres ci-après :

	1833	1834	1835
Nombre d'étudians dans les facultés de droit...	4,467	4,807	5,137
Idem dans les facultés de médecine.............	2,013	2,446	2,672
Nombre d'écoliers dans 41 colléges royaux et 323 colléges communaux..		67,175	78,298

Plusieurs facultés réunies forment une académie. Il y en a vingt-cinq dans le royaume. Chacune est composée d'un recteur et de deux inspecteurs.

Le corps universitaire, en France, est donc composé de fonctionnaires de deux ordres très-différens : les uns administrent, les autres enseignent.

Les études ecclésiastiques ont lieu dans les séminaires; il y en a un par diocèse, quelquefois deux, et ils sont placés sous l'inspection de l'évêque.

Outre ces grands établissemens publics, l'état entretient une multitude d'écoles spéciales destinées à l'enseignement particulier d'une science quelconque. Telles sont, dans les arts de la paix, l'école normale, destinée à former des professeurs pour l'université, et celle des langues orientales, qui fournit des interprètes à nos ambassadeurs du Levant; l'école des chartes; celles des ponts et chaussées, des ingénieurs-géographes, des mines, à Paris et à Saint Etienne; l'école de chant et de déclamation (le conservatoire de musique); l'école des beaux-arts, à Paris et à Rome; l'école gratuite de mathématique et de dessin pour les jeunes gens, et de dessin seulement pour les jeunes filles; l'école forestière de Nancy; les deux écoles d'agriculture pratique établies, l'une à Roville, l'autre à Grignon; les écoles vétérinaires d'Alfort près Paris, de Lyon et de Toulouse; des arts et métiers à Châlons et à Angers.

Parmi les établissemens privés, pour l'instruction technique, on remarque: l'École des Arts et Manufactures et l'École du Commerce existant à Paris; l'École d'Agriculture, à Grignon; l'École des Sucreries, à Rueil, et l'École d'Horlogerie, à Versailles.

La guerre a aussi ses études spéciales et son enseignement particulier dans l'école spéciale d'état-major, dans l'école polytechnique, dans celles de Saint-Cyr et de La Flèche; dans celles d'application de l'artillerie et du génie, à Metz; dans relle de cavalerie, de Saumur; enfin la marine, dans l'école du génie maritime, étable à Brest, et dans celle de maistrance, à Toulon, etc.

Quelques unes de ces écoles sont gratuites; pour être admis dans les autres, il faut payer une pension.

Dans plusieurs colléges et institutions particulières, on unit aujourd'hui le développement du physique à celui du moral; et tandis que l'on étend l'intelligence par l'étude, on fortifie le corps par la gymnastique, dont le colonel Amoros a rendu, depuis quelques années, les exercices familiers dans les maisons d'éducation.

Il existe encore en France une grande quantité d'académies, de sociétés, de réunions littéraires, qui s'occupent de sciences, d'antiquités, d'agriculture, etc. : telles sont, à Paris, l'académie royale

de médecine, l'école de pharmacie, la société
d'encouragement de l'industrie nationale, l'académie de l'industrie agricole, manufacturière et
commerciale ; celle des amis des arts, de l'enseignement élémentaire, les sociétés asiatique, de statistique et de géographie ; dans les départemens,
l'académie des jeux floraux de Toulouse, les académies des sciences de Bordeaux, Dijon, Mâcon,
Besançon, Rouen, etc.

Bien loin de l'enseignement supérieur, et au-
dessous de l'enseignement secondaire, vient se
placer l'instruction élémentaire ou primaire, donnée dans la plupart des villes et des villages par
un simple maître d'école, ou par les frères de la
doctrine chrétienne et les sœurs de charité. Ap-
prendre à lire, à écrire, ainsi que les simples élémens du calcul, compose tout l'ensemble de cet
humble enseignement, le moins brillant de tous,
et le plus nécessaire sans doute, puisqu'il est utile
à tous. Grâce à la concurrence des écoles d'enseignement mutuel, on y a joint depuis quelque
temps la connaissance du dessin linéaire, et quelques notions de géographie.

En 1827, le nombre d'enfans de l'âge de 5 à 12
ans qui fréquentaient les écoles étaient d'un million environ.

En 1832, la population des écoles, pensions,
colléges et séminaires, s'élevait aux nombres suivans :

Il existait 42,092 écoles, dont 32,520 entrete-

nues aux frais des communes, et 9,572 par des
maîtres qui en faisaient une entreprise particulière.

La méthode de l'enseignement mutuel était
suivie dans 1,334 de ces écoles, la méthode indi-
viduelle dans 16,185, la méthode simultanée dans
24,173.

On estime que le rapport le plus élevé de l'instruction avec la population est, en France, d'un
individu sur 8 (Bas-Rhin et Haute-Marne), et le
plus faible, d'un sur 152 (Corrèze). Quelques
écrivains évaluent aux deux tiers le nombre des
enfans de 5 à 12 ans qui manquent entièrement
d'instruction.

31,420 écoles recevaient les garçons ;
10,672 — les filles.

Le nombre des élèves qui les fré·quentaient était de............	1,907,000
Celui des pensions, institutions, de.	20,500
— des collèges communaux, de.	29,700
— des collèges royaux, de.....	11,000
	1,968,200
Élèves en théologie dans les sémi-naires.....................	13,000
	1,981,200

Au-dessus de ces écoles, de ces facultés, de
ces académies, quelles qu'elles soient, est l'Institut de France, formé par la réunion des quatre

24

anciennes académies française, des inscriptions, de peinture et des sciences. On sait que Richelieu fonda la première en 1635, et Colbert les trois autres, en 1663, 1664 et 1666. Une cinquième, créée sous le directoire et supprimée sous l'empire, a été rétablie en 1832, sous le nom d'académie des sciences morales et politiques.

Les cinq académies qui composent aujourd'hui l'Institut, comprennent 215 membres titulaires, 35 académiciens libres, 31 associés, et 216 correspondans.

L'Institut n'est point un corps enseignant; mais il est le centre et le foyer de toutes les connaissances humaines; il en entretient le goût et l'étude par ses concours; il en récompense les travaux par ses couronnes.

Le nombre d'ouvrages imprimés en France, en 1836, a été de 5,511 publications, savoir: sciences et arts, 1,811; belles-lettres, 1,588; histoire, 1,314; théologie, 569, et jurisprudence, 129.

Garde nationale.

La défense du territoire français est confiée à la garde nationale et à l'armée.

L'institution des citoyens armés, réunis en gardes nationales, remonte à 1789.

Les gardes nationales furent tantôt laissées en oubli, tantôt suspendues, quelquefois même dissoutes; la garde nationale de Paris n'existait plus en 1830.

Maintenant les gardes nationales de la France continentale sont organisées en vertu d'une loi de 1837.

D'après cette loi, le service personnel dans la garde nationale est obligatoire pour tous les Français âgés de 20 à 60 ans, sauf certaines incompatibilités, certaines exceptions et certaines exclusions.

Les exclusions repoussent les vagabonds ou gens sans aveu, les condamnés en police correctionnelle pour certains délits, et tous les condamnés à des peines afflictives et infamantes.

Les insignes des grades sont les mêmes que ceux de l'armée.

Les élections sont faites pour trois ans.

Le roi choisit les chefs de légion et les lieutenans-colonels, sur une liste de dix candidats dressée par les électeurs des bataillons. Il nomme les majors, adjudans-majors, chirurgiens-majors et aides-majors.

Il ne peut y avoir aucun grade sans emploi.

Les fautes et délits relatifs au service de la garde nationale sont jugés par des conseils de discipline, et dans certains cas par les tribunaux correctionnels.

Outre les corps d'infanterie et de cavalerie, la garde nationale, dans certaines localités, peut former des compagnies d'artillerie, de sapeurs-pompiers, de marins et ouvriers marins.

La garde nationale a la droite de l'armée.

Les garde nationales sont placées sous l'autorité des maires, sous-préfets, préfets, et du ministre de l'intérieur.

Une partie des citoyens inscrits sur le contrôle du service ordinaire et mobilisable, et peut être formée en gardes nationales mobiles, qui prennent momentanément rang dans l'armée, et y combattent avec elle pour la défense du territoire.

L'inscription sur les registres matricules a été confiée aux conseils de recensement. Le résultat général a été :

Contrôle de la réserve...... 1,947,846
— du service ordinaire 3,781,206

Total.... 5,729,052

La proportion moyenne des inscriptions à la population, est donc de 18 sur 100 ; et sur 100 inscriptions, de 66 pour le service ordinaire et de 34 pour le service extraordinaire.

Les citoyens inscrits au contrôle du service ordinaire sont ainsi répartis :

Armes.	Effectif.	Armés.	Equipés.	Habill.
Infanterie. Organisation communale	1,871,073	485,936	264,463	362,895
Organisation cantonnale	1,823,958	371,768	145,434	288,080
Cavalerie	10,415	9,875	9,911	10,087
Artillerie	19,025	17,252	16,233	17,216
Sapeurs-pompiers.	54,723	43,016	36,636	43,458
Marins et ouvriers marins	2,012	846	645	702
Total...	3,781,206	928,496	473,302	724,438

Sur cet effelif, 1,945,899 sont mobilisables ; c'est environ 6 pour cent de la population générale.

Les mobilisables se divisent en six classes :

1re Célibataires de 20 à 35 ans....... 1,231,033
2e Veuf sans enfans de 20 à 30 ans.. 4,019
3e Citoyens ayant un remplaçant à l'armée idem................. 55,157
4e Mariés sans enfans idem......... 156,096
5e Dans une position exceptionnelle, aînés d'orphelins, fils de veuves, etc., idem 106,541
6e Mariés avec enfans idem........ 393,053

Total..... 1,945,899

Ce calcul prouve que la garde nationale se divise en trois masses d'une force numérique à peu près égale.

1/3 réserve pour le service ordinaire en cas de guerre.

1/3 garde nationale mobilisable, force additionnelle de l'armée.

1/3 garde nationale propre au service intérieur et à la défense des places frontières.

Les objets d'armement livrés par l'état à la garde nationale sont au nombre de 871,208 fusils; 21,889 mousquetons; 4,094 paires de pistolets; 242,183 sabres; 343 épées de sous-officiers d'artillerie; 2,541 lances; 630 canons.

D'après le compte présenté par le ministre, et

24.

en, admettant toutes ses évaluations, la somme annuelle que coûte à la France le service de la garde nationale, peut être estimée à 60,679,400 f., savoir :

Dépenses au compte des citoyens.... 54,750,000
  — des communes ..   4,544,400
  — des départemens.   185,000
  — de l'état........   1,200,000

      Total ... 60,679,400

Cette somme représente, au taux du budget de 1832, la dépense annuelle d'une armée de 101,000 hommes de troupes régulières.

Forces de terre et de mer.

L'effectif général des troupes de toutes armes de l'armée de terre s'élevait, en 1836, à 278,141 hommes, ainsi répartis :

Etats-majors	3,844
Gendarmerie......	15,778
Infanterie	186,020
Cavalerie	38,641
Artillerie	21,429
Génie	4,407
Equipages militaires	1,272
Vétérans de l'armée	6,690
Total	278,141

Le nombre des chevaux était alors de 51,276.

Le personnel de l'armée de mer est de 50,000 hommes environ. Les forces navales, en temps de paix, consistent en 40 vaisseaux, 50 frégates et 220 bâtimens de guerre de moindre force, répartis ainsi qu'il suit :

Vaisseaux du 1er rang de 120 canons....			10
2e	100	id.	10
3e	90	id.	15
4e	80	id.	5
Frégates du 1er rang de 60 canons....			17
2e	50	id.	17
3e	40	id.	16

Corvettes à gaillards de 30 bouches à feu.. 8
Corvettes sans gaillards de 24........... 12
Bricks de 20......................... 30
Corvettes-avisos de 16................ 10
Bricks-avisos de 10................... 20
Canonnière-bricks de 4............... 10
Goëlettes, cutters, etc., de 6 à 10 bouches à feu, et bâtimens de flotille de 4 idem et au-dessous......................... 40
Bâtimens à vapeur de 150 chevaux et au-dessus................................ 40
Corvettes de charge de 800 tonneaux..... 20
Gabarres de 380 tonneaux.............. 30

Total des bâtimens de tous rangs. 310

Sur les 40 vaisseaux et les 50 frégates désignés

ci-dessus, 20 vaisseaux et 25 frégates sont entretenus à flot.

20 vaisseaux et 25 frégates restent sur les chan-
tiers au 22/24 d'avancement.

Tous les bâtimens d'un rang inférieur sont entretenus à flot.

En outre de cet état naval, il est tenu en chantier une réserve de vaisseaux et de frégates qui ne
peut excéder le nombre de 13 pour les vaisseaux,
et de 16 pour les frégates.

Le plus haut grade de la marine est celui d'a-
miral, qui correspond à celui de maréchal dans
l'armée de terre. Il n'y a que trois amiraux; avant
1830, on n'en comptait que deux. Les grades immédiatement inférieurs sont ceux de vice-amiral
et de contre-amiral; le premier correspond à celui de lieutenant-général dans l'armée de terre, et
le second à celui de maréchal-de-camp.

Sous le rapport maritime, la France se divise
en 5 arrondissemens, qui se subdivisent en quartiers. A la tête de chaque arrondissement se trouve un préfet maritime, chargé de l'administration
de plusieurs ports.

Enfin l'ensemble de la marine française comprend :

500 lieues de côtes ;
75 ports de commerce et de pêche, dont 10
peuvent être considérés comme étant
du premier ordre ;

5 grands ports militaires ;

18,000 navires et bateaux, donnant en masse une capacité de 150,000 tonneaux ;

100,000 marins partagés en

Marins embarqués sur la flotte 14,100

Officiers mariniers et matelots du commerce............. 51,500

Capitaines, maîtres, pilotes.. 15,900

Ouvriers.................... 14,900

Mousses.................... 12,300

10,000 ouvriers des professions maritimes ;

5 grands arsenaux renfermant un mobilier naval d'une valeur immense ;

6 établissemens coloniaux et plusieurs comptoirs dans l'Inde ;

500 millions de valeurs commerciales en ar- memens maritimes ;

3 millions d'habitans du littoral, vivant plus ou moins de la pêche et du com- merce.

Ordres de chevalerie.

Les ordres de l'ancienne monarchie, ceux, par exemple, du Saint-Esprit, fondé par Henri III, en 1578, et de Saint-Louis, fondé par Louis XIV, en 1692, ont tous été abolis à la révolution de 1789. En 1802, Napoléon créa l'ordre de la Lé- gion-d'Honneur. Sous la restauration, quelques uns des anciens ordres furent rétablis ; celui de la Légion-d'Honneur fut maintenu ; mais à l'image de Napoléon on substitua celle de Henri IV. En 1815, les Bourbons avaient encore créé à Gand l'ordre de la Fidélité, exclusivement réservé à ceux qui les avaient suivis dans cette ville après le retour de Napoléon de l'île d'Elbe. La révolution de juillet 1830 n'a conservé des ordres anciens et existans que celui de la Légion-d'Honneur ; mais elle a donné lieu à la création d'une nouvelle décoration, la Croix de Juillet, pour ceux qui s'étaient distingués pendant les trois journées de 1830.

COLONIES FRANÇAISES.

La France possède :

1° En *Asie*, sur la côte de Coromandel, la ville de Pondichéry et celle de Karikal ; dans le Bengale, la ville de Chandernagor ; sur la côte de Malabar, celle de Mahé ; dans l'Orissa, celle de Yanon ou Ganjam.

2° En *Afrique*, le pays d'Alger et ses environs, celui d'Oran et quelques points de la côte ; l'île Sainte-Marie de Madagascar, qui peut avoir 26 lieues de circonférence (les établissemens et la population sont peu considérables); le Sénégal, qui forme deux arrondissemens principaux, celui de Saint-Louis et celui de Gorée ; l'île de Bourbon ; superficie, 64,578 hectares ; population, 97,500.

3° En *Amérique*, les îles Saint-Pierre et Miquelon, qui ne compte qu'une population de 861

pêcheurs ; la Martinique, dont la superficie est
de 75,000 hectares ; et la population de 109,995
individus ; la Guadeloupe, dont la superficie est
de 45,000 hectares, et la population de 12,113
habitans ; les petites îles de Marie-Galande, de
Désirade, les Saintes de Saint-Martin, la Guyane,
qui offrent un développement de 200 lieues de
côtes.

PRÉCIS HISTORIQUE.

Les historiens modernes n'ont écrit l'histoire de France
que de l'année 419 ou 420 depuis Jésus-Christ; ils ne
conviennent point du temps ni du pays ou les Français
ont pris leur origine, et varient d'opinion les uns et les
autres. On pense généralement qu'Anthénor, plus de
400 ans avant Jésus-Christ, commandait à de certains
peuples qui habitaient aux confins de Scythie; lesquels
ayant abandonné leur patrie, furent d'abord appelés
Sicambriens, ensuite Francs, à cause de leurs franchises
et liberté, et enfin Français.

Nous regrettons de ne pouvoir indiquer, même som-
mairement, tous les combats que cette nation intrépide
et guerrière livra, depuis qu'elle fut sortie de son pays,
sous le commandement de 43 princes, pour venir habi-
ter la Germanie et la Franconie; et combien de fois elle
tenta le passage du Rhin pour faire la conquête des
Gaules; où elle ne put se fixer que sous son chef Pha-
ramond, ou, pour mieux dire, sous Mérovée, qui fut
véritablement le premier roi des Francs.

Nous terminerons cet aperçu statistique de la France
par l'indication des noms des souverains, de l'époque de
leur avénement au trône, de leur âge lors de l'avénement, et de la date de leur mort, afin qu'on puisse connaître la durée de leur règne.

RACE DES MÉROVINGIENS.

Vint-trois rois sous 334 ans d'existence.

Noms.	Epoque de l'avénement.	Age à l'avén.	Date de la mort.
1 Pharamond.....	420	»	428
2 Clodion........	428	»	448
3 Mérovée	448	»	456
4 Childéric Ier....	456	»	481
5 Clovis Ier.......	481	15 ans.	511
6 Childebert Ier...	511	»	558
7 Clotaire Ier.....	558	»	562
8 Caribert.......	562	»	566
9 Chilpéric Ier....	566	»	584
10 Clotaire II.....	584	4 mois.	628
11 Dagobert Ier....	628	26 ans.	638
12 Clovis II........	638	4	656
13 Clotaire III.....	656	5	670
14 Childéric II	670	18	673
15 Thierry Ier.....	673	23	691
16 Clovis III	691	11	695
17 Childebert II...	695	12	711
18 Dagobert II	711	12	715
19 Clotaire IV.....	715	»	719
20 Chilpéric II....	719	»	720
21 Thierry II ...,.	720	6	737
22 Interrègne	737	»	742
23 Childéric III....	742	»	754

RACE DES CARLOVINGIENS.

Quatorze rois sous 236 ans d'existence.

Noms.	Avénement.	Age.	Mort.
24 Pépin-le-Bref...	751	37	768
25 Charlemagne ...	768	26	814
26 Louis Ier	814	36	840
27 Charles II......	840	17	877
28 Louis II	877	33	879

29 Louis III et Carloman......	879	»	884
30 Interrègne......	»	»	»
31 Charles-le-Gros.	885	»	888
32 Eudes.........	888	30	898
33 Charles III.....	898	19	923
34 Raoul.........	923	»	936
35 Louis IV.......	936	16	954
36 Lothaire.......	954	13	986
37 Louis V........	986	20	987

RACE DES CAPÉTIENS.

Trente-cinq rois sous 822 ans d'existence.

Noms.	Avénement.	Age.	Mort.
38 Hugues-Capet..	987	45	996
39 Robert........	996	25	1031
40 Henri Ier.....	1031	26	1060
41 Philippe Ier....	1060	8	1108
42 Louis VI.......	1109	30	1137
43 Louis VII......	1137	17	1180
44 Philippe II... .	1180	15	1223
45 Louis VIII......	1223	36	1226
46 Louis IX.......	1226	11	1270
47 Philippe III.....	1270	25	1285
48 Philippe IV.....	1285	17	1314
49 Louis X........	1314	25	1316
50 Philippe V.....	1316	23	1322
51 Charles IV.....	1322	26	1328
52 Philippe VI....	1328	35	1350
53 Jean-le-Bon....	1350	30	1364
54 Charles V......	1364	27	1380
55 Charles VI.....	1380	12	1422
56 Charles VII....	1422	20	1461
57 Louis XI.......	1461	39	1483
58 Charles VIII....	1483	13	1498
59 Louis XII......	1498	36	1515
60 François Ier....	1515	20	1547

Noms.	Avénement.	Age.	Mort.
61 Henri II	1547	29	1559
62 François II	1559	16	1560
63 Charles IX.....	1560	10	1574
64 Henri III.......	1574	22	1589
65 Henri IV.......	1589	36	1610
66 Louis XIII.....	1610	9	1643
67 Louis XIV.....	1643	5	1715
68 Louis XV......	1715	5	1774
69 Louis XVI......	1774	20	1793
70 République	1793	»	1804
71 Napoléon	1804	34	1821
72 Louis XVIII....	1814	58	1824
73 Charles X......	1824	67	1837
74 Louis-Philippe Ier	1830	57	

BELGIQUE (ROYAUME DE).

STATISTIQUE PHYSIQUE ET DESCRIPTIVE.

Le royaume de Belgique est situé entre 0 et 4° 15' de longitude est, et entre 49° 30' et 51° 30' de latitude nord.

Il est borné au nord par le royaume de Hollande; au sud par la France; à l'ouest par la mer du Nord; à l'est par le grand-duché du Bas-Rhin.

Son étendue, avec le duché de Luxembourg, est de 530 milles carrés.

La population était portée en 1833 à 4,142,257: en 1832, la Belgique ne comptait que 3,827,222. En 1834, M. A. Rodenbach l'a portée à 4,082,427.

En 1837, le chiffre a monté à 4,262,260.

Voici sa distribution en 8 provinces, selon
M. Rodenbach.

Provinces	Milles carrés.	Population absolue.	relative.
Flandre occidentale.	59	603,214	10,224
— orientale...	55	733,938	13,334
Anvers.............	51	347,590	6,815
Brabant............	60	556,046	9,367
Limbourg..........	51	338,395	6,647
Hainaut............	68	608,524	8,949
Namur.............	66	211,544	3,205
Liége.............	66	371,568	5,630
Luxembourg	54	311,608	5,770
	530	4,082,427	7,702

Les 96 villes de Belgique renferment 958,228
habitans; et dans les 3,738 communes (4,609 bourgades et villages), on en compte 3,124,200.

Les villes les plus populeuses sont :

Bruxelles....	103,000	habitans.
Gand	85,000	
Anvers......	76,000	
Liége........	60,000	
Bruges.......	42,000	
Tournay.....	29,000	
Louvain	24,000	
Malines......	23,000	
Mons........	23,000	
Namur......	20,500	
Saint-Nicolas.	20,500	
Verviers.....	20,000	

La Belgique est un pays de plaines ; le sol s'é-
lève vers le sud-est, où se trouvent les Ardennes.

Une foule de rivières sillonent le pays ; les plus
remarquables sont : la Meuse et la Sambre, son
conflueut ; l'Escaut, qui prend sa source en France
dans les colines crayeuses du Câtelet (Aisne), n'acquiert de l'importance qu'à peu de distance de sa
double bouche, voisine de celles de la Meuse.
Parmi les autres rivières, on remarque : l'Outhre
et la Védre, affluens de la Meuse ; la Lys et le
Rupel, qui se jettent dans l'Escaut ; la grande et
la petite Nèthe, la Dyle, grossie des eaux de la De-
mer et de la Senne, qui forment le Rupel. La
Lèse, ruisseau, n'est célèbre que par son passage
souterrain dans la grotte de Ilan.

La Belgique est, comme la Hollande, favorisée
par un grand nombre de canaux, parmi lesquels
on distingue : le canal du Nord, qui unit l'Escaut
à la Meuse, celui de Mons à Condé, celui de
Charleroi à Bruxelles, celui de Bruxelles à Anvers, celui de Terneuse à Gand, celui de Bruges
à Ostende, et de Bruges à Gand.

Un chemin de fer, construit depuis peu, conduit
de Bruxelles à Anvers (1) ; deux autres sont pro-

_____

(1) Ce chemin se compôse de six sèctions, dont voici
la longueur en mètres :

Au nord.

Sur Anvers   23,680

jetés et devront conduire de Bruxelles à Aix-la-Chapelle, et de Bruxelles à Lille.

Les routes de ce royaume sont en très-bon état.

Le climat est doux : la température moyenne est de 8° au-dessus de zéro.

STATISTIQUE PRODUCTIVE ET COMMERCIALE.

Sous le rapport agricole, la Belgique est divisée en 3,420,750 bonniers, partagés en 6,577,610 parcelles cadastrales.

Sur 284,106 bonniers qui forment la province d'Anvers, il y en a 161,154 de terres labourées,

A l'est.

Sur Louvain	25,700
De Louvain à Tirlemont..	18,900
De Tirlemont à Waremme	23,260
De Waremme à Ans.....	19,670

A l'ouest.

Sur Termonde..........	26,750
De Termonde sur Gand...	28,340
De Gand à Bruges.......	40,460

Au midi.

A Bruxelles.............	20,350
	227,110

45 lieues 2 cinquièmes.

Sur la ligne principale de Bruxelles, il passe annuellement plus d'un million de voyageurs.

25.

et 76,860 de terres incultes; c'est-à-dire que les terres cultivées sont aux terres incultes comme 2 à 1.

Dans le Limbourg et dans le Luxembourg, on peut évaluer approximativement à la même quantité la proportion des terres incultes.

Le Brabant comprend 328,323 bonniers, dont 274,053 de terres cultivées, et 1,106 de terres incultes.

La Flandre occidentale, 323,526 bonniers, dont 273,140 cultivés, et 7,281 incultes.

La Flandre orientale, 299,784 bonniers, dont 254,477 cultivés, et 1,409 incultes.

Le Hainaut, 372,193 bonniers, dont 295,178 cultivés, et 2,674 incultes.

Les céréales viennent en abondance en Belgique; le lin, le chanvre, le tabac, le houblon et la garence prospèrent dans ce pays, où l'agriculture est perfectionnée, où rien n'est laissé à la routine ignorante.

Prix de l'hectolitre de grains, à différentes époques.

	1817	1824	1831	1833
	fr. c.	fr. c.	fr. c.	fr. c.
Froment blanc....	35 38	11 09	15 06	9 85
— roux	35 65	10 67		
Seigle...........	24 70	6 37		

Les prairies, bien entretenues, permettent d'élever le bétail de la meilleure espèce. Les moutons et les bêtes à cornes sont les plus nombreux dans

le Luxembourg ; le Hainaut a le plus de chevaux ;
le Limbourg, le plus de voitures.

Le jardinage n'est pas moins bien cultivé que
les autres branches de l'industrie rurale.

La Belgique est riche en minéraux ; ses mines
produisent le fer, le cuivre, le plomb, le marbre,
le calcaire propre aux constructions, la chaux,
l'ardoise, l'albâtre, et surtout la houille ; la seule
province de Hainaut contient 120 houillères exploitées, qui donnent, par an, près d'un million
de quintaux métriques de charbon de terre (1).

_____

(1) Il résulte d'un rapport tout nouvellement adressé
à la chambre des représentans de Belgique, que les
houillères de ce petit royaume, dont la superficie égale
à peine celle de cinq départemens français, ont produit,
l'année dernière, 32,000.000 de quintaux métriques,
tandis que les nôtres n'en rendaient que 20,000,000.
L'exploitation a eu lieu en France dans 198 mines, qui
occupent 1,750 ouvriers, elle s'opère en Belgique dans
250 mines, qui fournissent du travail a 3,120 mineurs.
Le charbon provenant des mines françaises est évalué à
19 000,000 de francs ; celui des mines belges atteint au
moins 22,000,000.
L'industrie des fers, en Belgique, n'est pas dans une
situation moins brillante. Il existe actuellement sur le
territoire belge 88 hauts fourneaux en activité, dont 66
au charbon de bois et 22 au coke. On sait qu'un haut
fourneau au coke rend de 3 à 5 fois autant qu'un haut
fourneau au charbon de bois ; et la Belgique en a 20 nouveaux de cette espèce en construction. Toutes les usines

L'industrie manufacturière de la Belgique égale et surpasse même son industrie agricole ; elle tient un des premiers rangs parmi les nations industrieuses. Les dentelles, les cotons imprimés, les tapis, les draps, les tanneries, le tabac, la carrosserie, les faïences, l'orfévrerie, les ouvrages de fer, d'acier et de laiton, et la librairie, servent d'élémens à son commerce.

La ville d'Anvers, port principal de commerce, voit apporter, par environ 400 navires, plus de 60,000 tonneaux de marchandises. Il sort de ce port 250 navires, jaugeant plus de 33,000 tonneaux. L'Angleterre, la Suède, les Etats-Unis, la Russie, le Brésil et la France alimentent ce commerce.

Voici le nom et le chiffre des valeurs des principaux objets d'importation en 1831 :

Cafés........	12,100,300 francs.
Sucres......	6,689,300
Cuirs.......	5,140,900
Grains......	4,015,800

françaises réunies ont donné 2 948,000 quintaux métriques de fonte ; celles de la Belgique en ont fourni 1,350,000. Proportionnellement à la population, le chiffre belge est supérieur à celui de l'Angleterre elle-même; car la production de la Grande-Bretagne n'est guère que le double de celle de la France, tandis que la population est sextuple de celle de la Belgique.

Teintures...	1,850,300
Tabacs......	1,638,700
Potasse......	1,498,400
Cotons......	1,498,400
Bois........	1,104,800
Total...	35,536,900 francs.

Les villes les plus commerçantes et les plus industrieuses de la Belgique, Bruxelles et Anvers excépté, sont : Neufchâteaux, Namur, Ostende (port), Bruges, Ypres, Gand, Tournay, Verviers, Malines.

STATISTIQUE MORALE ET ADMINISTRATIVE.

Les Belges constituent presque la totalté des habitans de ce royaume ; car sur 3,580,782 habitans, on comptait 3,570,000 Belges, 10,000 Allemands et Bataves, et 782 Juifs.

Sous le rapport des cultes, en s'appuyant sur le chiffre de 3,434,155, habitans, il y a :

3,420,198 catholiques.
12,394 protestans.
782 juifs.
781 des cultes inconnus.

L'archevêque réside à Malines ; les évêques à Tournay, Namur, Liége, Gand, Bruges.

La constitution du gouvernement représentatif de Belgique proclame tous les Belges égaux devant la loi. Les propriétaires payant 2,000 francs d'impôt sont aptes à devenir sénateurs ; pour être élu député, il suffit d'être citoyen. La presse y jouit d'une grande liberté. L'exercice de tous les cultes est libre ; mais le catholicisme prédomine.

L'instruction en Belgique est entièrement libre. On y compte 4 universités : à Liége, à Gand, à Louvain et à Bruxelles ; 1,500 étudians, 1 sur 2,666 habitans, en suivent les cours. 409,250 élèves fréquentaient, en 1834, les écoles publiques ; ainsi plus d'un élève sur dix habitans.

Les arts en Belgique sont en honneur depuis des siècles ; la peinture entre autres y fut très-cultivée, et est connue sous le nom d'*ecole Flamande*. Dans la littérature et la musique, la Belgique suit le mouvement de la France.

La forme du gouvernement est représentative. Le roi Léopold Ier, élu le 4 juin 1831, règne en Belgique. La chambre des sénateurs est composée de 51 membres, élus pour 8 ans. La chambre des représentans compte 102 membres, élus pour 4 ans. Les mêmes électeurs choisissent et les sénateurs et les représentans. Il y a eu en Belgique 1 représentant sur 39,821 habitans. Les sénateurs se renouvellent par moitié tous les 4 ans ; les représentans tous les 2 ans.

Bruxelles est la capitale du royaume.

Le code Napoléon et toutes les lois civiles publiées en France de 1795 à 1814 sont en vigueur

en Belgique, sauf quelques exceptions. L'institution du jury y date de 1831. Le nombre total des
affaires soumises aux assises, en 1836, a été, pour
l'arrondissement de Bruxelles, de 59 accusés, ou
1 sur 4,825 habitans ; à Anvers 27, ou 1 sur 6,039
habitans ; Louvain , 19, ou 1 sur 7,095 habitans ;
à Malines, 1 sur 11,702, et à Mons 1 sur 30,935
habitans.

Le terme moyen des accusés devant les cours
d'assises est 1 accusé sur 6,550 habitans. Sur 100
crimes contre les personnes et les propriétés, il y
a 68 délits contre les propriétés et 32 contre les
personnes. Sur 100 accusés, on en compte 40 d'acquittés. Sur 1,431 condamnations de 1831 à 1834,
il y avait 47 condamnés à mort , 128 aux travaux
perpétuels, 226 aux travaux à temps, 410 à la ré-
clusion, 599 à des peines correctionnelles, 21 à la
simple détention.

Les tribunaux correctionnels jugent environ
23,500 affaires par an. Sur 100 prévenus, il y a
24 acquittés et 76 condamnés.

Les tribunaux de police s'occupent de plus de
16,500 inculpations ; sur 100 accusés il y a 16
acquittés.

Plus de la moitié des accusés sont traduits devant les tribunaux pour vol, abus de confiance ou
escroquerie. Sur 100 inculpés, on compte 6 individus qui ont moins de 16 ans, 12 de 16 à 21 ans,
81 de 21 à 70, et 1 de plus de 70 ans.

Accidens en Belgique, dans le cours de 1837

Incendies	259
Suicides	107
Morts accidentelles	298
Meurtres involontaires	2
Cadavres	340
Coups mortels	37
Infanticides	4
Blessures accidentelles	54
Disparutions	6
Orages et ouragans	17
Inondations	4
Navires échoués	10
Bateaux chavirés	6
Eboulemens violens d'édifices	2
Dégradations	9
Chiens enragés	7
Arrestations de toutes sortes, crimes, dé- lits, mandats de justice	3,507

La mortalité en Belgique.

Sur 116,573 morts, il y en a

10,950 au-dessous d'un mois.

5,525 de 2 à 3 ans.

3,636   3   4

4,084   20   25

3,622   25   30

706 âgés de plus de 90 ans, dont

14 de 98 à 99 ans.

11   99   100

12 au-dessus de 100 ans.

En 1832, on a constaté, en Belgique, 19,316 cas de *choléra-morbus*.

> 12,905 malades ont été guéris.
> 6,611 sont morts.

Le budget de 1836 présentait 85,558,151 fr. de revenus et autant de dépenses.

Voici le détail des dépenses :

Ministères.............	58,563,919 fr.
(Guerre, 37,341,000 f.)	
Liste civile...........	1,800,000
Pensions, intérêt de la dette publique......	25,194,232
Dette................	119,207,494 fr.
Emprunt projeté......	30,000,000

L'armée belge présente un effectif de

> 77 bataillons d'infanterie.
> 40 escadrons de cavalerie.
> 3 régimens d'artillerie.

L'infanterie se divise en 12 régimens de ligne, 8 régimens de chasseurs, 1 régiment de grenadiers et de voltigeurs, et 9 régimens de réserve ; en tout 25 régimens.

La cavalerie est formée de 14 escadrons de lanciers, 14 escadrons de chasseurs, 8 escadrons de cuirassiers et 4 escadrons de guides.

Les places fortes de la Belgique sont :

Anvers,	Maëstricht,
Mons,	Tournay,
Charleroi,	Namur.

La marine belge consiste en 2 brigantins de 8 canons, 4 goélettes de 8 canons, 8 chaloupes de 5 canons.

Les ordres de la Belgique, créés depuis 1831, sont : l'Etoile-d'Honneur, 3 classes, pour les services rendus à la patrie en 1830 ; l'Ordre de Léopold, 4 classes, pour le mérite militaire et civil; la Croix de Fer, 2 classes.

Les armes présentent le Lion du Brabant, avec cette inscription : *L'union fait la force.*

Les couleurs nationales sont : le rouge, le jaune et le noir réunis.

HOLLANDE (ROYAUME DE).

STATISTIQUE PHYSIQUE ET DESCRIPTIVE.

La Hollande est située entre 51° 30' et 53° 32' de latitude du nord, et entre 1° et 5° de longitude est.

Ses bornes sont, à l'ouest et au nord, la mer du Nord ; le royaume de Hanovre et le grand-duché du Bas-Rhin, et au sud, le royaume de Belgique.

La superficie du royaume comprend, avec le duché de Luxembourg, 662 milles carrés.

La population dépasse 2,800,000 âmes.

Les possessions hollandaises d'outre-mer présentent 4,735 milles carrés, et 6,550,000 habitans. Total, 5,407 milles carrés, et 7,550,000 habitans.

La Hollande se compose de 10 provinces et d'un grand-duché, savoir :

	milles carrés.	population.
Frise................	49	217,882
Dieulhe	45	67,230
Groningue...........	43	166,164
Over-Yssel..........	61	186,062
Gueldre	94	323,167
Hollande septentrionale	42	420,345
Hollande méridionale..	52	492,918
Utrecht.............	25	134,364
Zeelande	30	140,342
Brabant	93	355,150
Duché de Luxembourg.	126	302,654

Les possessions d'outre-mer présentent :

Dans l'Océanie : Java, Amboine, Banda, Ternate, Makassar, Sumatra, Timor.
Total, 4,225 milles carrés, et 6,562,000 habitans.

En Afrique : les forts d'Elmina, de Nassau, d'Apam, d'Antonius, de Hollandia, de Sébastien, de Crevecœur.
Total, 131 milles carrés et 15,000 habitans.

En Amérique : les îles Bonair, Curaçao, Saint-Eustache, Saint-Martin (en partie), Saba ; colonie Surinam, dans la Guyane.
Total, 504 milles carrés et 90,000 habitans.

Les villes les plus importantes de la Hollande sont : ...

Amsterdam ...... 236,000 habitans ; sb
Rotterdam 76,000
La Haye 58,000
Leyde 35,000
Utrecht 34,000
Groningue 25,000
Harlem 22,000
Maëstricht 20,000

La Hollande est une vaste plaine dont plusieurs parties sont inférieures au niveau de la mer, mais dont la surface est défendue par des digues et des canaux, des marais et des prairies.

Quelques îles, qui font presque une partie contigüe de ces pays bas, se divisent en deux groupes : le groupe méridional, formé par les diverses branches de l'Escant : Kadzand, Nord et Sud-Beveland, Walcheren, Tholen, Schouven, Over-Flakée, Voorn et Beyerland, etc., le groupe septentrional, où l'on remarque : Wieringen, Texel, Vlieland, Ter-Schelling et Ameiland.

Le Rhin est la plus grande rivière de ce pays, à la frontière, il se divise en deux bras, qui prennent les noms d'Yssel et de Wahal.

La Meuse, qui accourt de la Belgique, semble lutter avec le Rhin à qui entrera le premier dans la mer ; elle l'atteint entre Meyen et Bommel.

L'Escant appartient à la Belgique, mais il verse

ses eaux en face des îles qui appartiennent à la Hollande; son embouchure est dans les limites de ce royaume.

Ce pays est sillonné par un grand nombre de rivières, peu considérables sans doute, mais qui, avec les canaux, forment un système de navigation qui laisse peu à désirer.

Parmi les plus remarquables, nous mentionnerons : l'Ems, le Vecht, l'Over-Yssel, l'Onde-Yssel, le Nouvel-Yssel (bras du Rhin).

Le canal du Nord, qui établit une communication directe entre Amsterdam et le port du Helder, est un des plus beaux ouvrages qui existent dans ce genre ; ce canal, qui passe par Groningue et Leeuwarden, s'étend depuis l'Ems jusqu'à Zuyderzée.

Dans la Hollande méridionale et la Hollande septentrionale, les villes communiquent par des canaux comme elles communiquent ailleurs par des routes; les barques y remplacent les diligences.

Parmi les digues qui défendent le sol de la Hollande des invasions de la mer, on distingue celle de Coest-Cappel, à la pointe occidentale de l'île de Walcheren.

La mer de Harlem est le lac le plus considérable de ce pays ; il a 3 milles de longueur sur 1 et demi de largeur. Sa formation date de 1282.

L'air de la Hollande est froid; l'humidité y rend fréquentes les irruptions de fièvres. La température moyenne est de 8 degrés au-dessus de zéro.

En général, le climat est nébuleux et froid ; il serait même très-insalubre si les habitans n'en prévenaient les pernicieux effets par la plus grande propreté, et par tous les moyens que leur suggère leur industrieuse activité.

STATISTIQUE PRODUCTIVE ET COMMERCIALE.

La Hollande n'est fertile qu'à force de travaux.

On évalue le territoire à 2,860,888 hectares, dont :

> 1,931,376 de terres cultivées.
> 789,322 — incultes.
> 132,128 de chemins et canaux.
> 8,062 de bâtimens.

Le terrain est gras et marécageux dans certaines parties, sablonneux et couvert de landes dans d'autres. Les cantons propres à la culture produisent des légumes farineux, de la gaude, de la garance, du raifort et du millet. On cultive la vigne dans le duché de Luxembourg.

Les prairies nourrissent de nombreux bestiaux. Leur éducation et la manipulation du beurre et du fromage sont les principales occupations des fermiers. Les moutons hollandais sont estimés pour la finesse de leur laine.

La tourbe, le fer et la pierre à bâtir, de Maëstricht, sont les productions minérales les plus importantes.

La Hollande fut toujours citée pour son industrie et son commerce. Ses fabriques produisent des toiles, de la céruse, du borax, du salpêtre, de la cirerie, du genièvre, du vermillon, des papiers. Les blanchisseries, les tanneries, les fabriques de tabac, les raffineries de sucre, distinguent particulièrement l'industrie hollandaise..

Le commerce, quoique bien inférieur à celui que faisaient au xvıᵉ siècle les Provinces-Unies, est pourtant grand et prospère. Les Hollandais ont un capital commercial de 3,400,000,000 de francs chez les différens peuples du monde connu.

Les importations consistent en grains, sels, vins, bois de construction, bœufs maigres pour y être engraissés, chiffons, fer et matières premières de manufactures. On exporte les toiles, les fromages, le beurre, les poissons salés, le papier, la viande, la garance, etc. Le commerce de fleurs, la pêche de la baleine et du hareng, quoique déchu comparativement aux siècles passés, ne sont pas sans importance. Le commerce de commission, la vente des produits coloniaux, le change des monnaies, augmentent les forces industrielles de ce pays.

Les principales villes commerçantes sont : Amsterdam, Rotterdam, Middelbourg, Flessingue, Groningue et leurs ports ; Utrecht, Leyde et Delft, à l'intérieur.

STATISTIQUE MORALE ET ADMINISTRATIVE.

La population de la Hollande, en 1831, présentait :

> 1,908,000 Bataves ou Hollandais.
> 280,000 Wallons.
> 252,000 Allemands.
> 150,000 Frisons.
> 50,000 Juifs.

Les Hollandais sont robustes de corps, froids et méfians de caractère, mais probes et hospitaliers. Ils se livrent particulièrement au commerce et à la navigation. La politique, les idées de religion et de liberté jouent de grands rôles dans leur histoire.

Le calvinisme est la religion prédominante ; mais tous les cultes sont tolérés et protégés. En 1831, on comptait en Hollande :

> 1,700,000 réformés.
> 350,000 luthériens.
> 280,000 catholiques.
> 120,000 mennonites.
> 40,000 juifs.
> 57,000 des différ. sectes chrétiennes.

En 1835, on trouvait 1,237 communes réformées, 686 paroisses catholiques, 56 consistoires luthériens, 118 synagogues juives, 188 autres associations religieuses.

»La langue hollandaise est un bas-allemand, dialecte corrompu de l'ancien teuton ; elle s'écrit avec les caractères latins. Les premières classes de la société parlent ordinairement le français et l'anglais.

Parmi les savans qui ont illustré la Hollande, on compte : Erasme, de Rotterdam ; Grotius, le célèbre médecin ; Boerhave, Groevius, Burman, Lucas, Rembrandt, Gérard Dow, Heinsius, Van Smieten, Muschenbroeck, Laurent Coster, etc.

On trouve en Hollande plusieurs musées d'histoire naturelle et d'ojets d'arts très-curieux, les riches collections de tableaux de l'école flamande et hollandaise. A Rotterdam, il y a une société batave de philosophie ; à Leyde, une société de philosophie, de littérature, d'histoire et d'Archéologie.

Jadis on envoyait les jeunes gens pour finir leur éducation aux universités de Leyde, d'Utrecht, de Groningue, de Hardwick, de Frakener, qui jouissaient d'une réputation de libéralisme illimitée ; de nos jours, il ne reste que trois de ces universités, celles de Leyde (770 étudians), de Groningue (265 étudians) et d'Utrecht (490 étudians), total, 1,525 étudians ; ainsi, 1 élève sur 1,823 habitans. Dans les colléges latins, il y a 2,255 élèves. Les écoles primaires sont au nombre de 2,090, et comptent 304,460 élèves, dont 173,578 garçons et 130,882 filles, total 307,240 élèves ; ainsi, 1 écolier sur 9 habitans.

Amsterdam est la capitale de la Hollande ; mais la cour réside alternativement dans cette ville et à La Haye.

La forme du gouvernement est représentative.
La représentation se divise en deux chambres : la
première se compose de 40 à 60 membres nommés
à vie par le roi ; la seconde est composée de 110
députés nommés par les provinces. Les états-gé-
néraux s'assemblent une fois par an. L'égalité est
dans l'esprit des lois ; pourtant chaque province
a ses états particuliers, composés de trois ordres :
l'ordre équestre ou de noblesse, l'ordre des villes
et l'ordre des campagnes ; les ordres s'assemblent
une fois l'an, et chaque fois que le roi les convoque. Les colonies sont régies par le roi, exclusivement.

Le budget présenté pour 1838 monte à 45 millions 187,045 fl. 30 cen. de dépenses ; les revenus
sont calculés moins de 15,000 fl.

Les colonies d'outre - mer devaient fournir
1,200,000 fl. (1)

Les dépenses de ce budget ont été réparties
dans les chapitres suivans :

	florins.	cen.
Liste civile........	1,425,000	
Chancellerie d'état.	538,200	
Affaires étrangères	797,600	
Justice............	1,347,520	
Intérieur.........	2,991,800	
Église réformée...	1,336,900	
— catholique..	400,000	

(1) Chaque florin a la valeur de 2 francs 13 centimes
et demi.

Marine............	4,750,000	
Guerre............	11,000,000	
Dette.............	15,214.894	
Finances..........	4,795,794	44
Colonies	89,335	86

La dette s'élève à 140,000,000 fl.

Les dépenses pour 1834, montaient à 53,892,828 florins, et voici leur répartition :

Finances, amortissement de la dette, pensions..	26,374,017
Forces de terre	12,100,000
Marine	6,500,000
Intérieur............	2,926,000
Liste civile...........	1,425,000
Affaires étrangères......	1,121,387
Justice	1,144,500
Chancellerie d'état.....	571,903
Eglise réformée........	1,330,000
— catholique.......	400,000

Le total de la dette montait, pour la même année, à 1,945,691,600 flor. En 1836, on emprunta 14,000,000 fl.

La force armée est évaluée à 70,000 hommes, composée de 48 bataillons d'infanterie, 23 escadrons de cavalerie, et 9 corps de francs-chasseurs.

La marine présentait, en 1832 :

2	vaissaeux à	84 canons.
6	—	74
1	—	64
3	—	00
16	—	44

7	—	32
12	—	28
4	—	20
9	—	18
4	—	11
1	—	12
3	—	8

4 chaloupes.
3 bateaux de transport.

Total, 75

Les équipages comportaient plus de 3,000 hommes; on y comptait : 1 amiral, 4 vice-amiraux, 7 contre-amiraux, 25 capitaines, 37 lieutenans-capitaines, 83 lieutenans de première classe, 179 lieutenans de deuxième classe, 49 aspirans.

Les places fortes les plus importantes de la Hollande sont : Maëstricht, Bréda, Berg-op-Zoom, Bois-le-Duc, Flessingue, le Helder.

Elle a pour armes un lion sur fond jaune.

Ses ordres sont : celui de Guillaume, pour les militaires, 4 classes, et celui du Lion-Néerlandais, 3 classes.

CONFÉDÉRATION GERMANIQUE.

STATISTIQUE PHYSIQUE ET DESCRIPTIVE.

La Confédération germanique, connue généralement sous le nom d'*Allemagne*, se compose de 38 états indépendans l'un de l'autre, et est située

entre 2° 3' et 18° de longitude, et 45° 30' et 55° de
latitude.

Les états de la Confédération ont pour limites :
au nord, la mer du Nord, le Danemarck et la
Baltique ; au midi, les provinces de l'empire
d'Autriche qui n'appartiennent pas à la Confédération, la mer Adriatique et la confédération
suisse ; à l'ouest, la France, la Belgique et la Hollande ; à l'est, les provinces de la monarchie
prussienne qui n'appartiennent pas à la Confédération germanique, le royaume de Pologne et la
ville libre de Krakovie.

Nous ne comprenons dans cet état de la Confédération germanique que les états qui en font
partie ; nous en écarterons les états du royaume
actuel de la Prusse et de l'empire d'Autriche, ces
contrées n'entrant que politiquement dans la
société allemande.

La Confédération germanique ainsi limitée,
présente toute l'Allemagne ou ci-devant empire
germanique, à l'exception pourtant de presque
tout l'évêché de Liége (réuni au royaume
actuel de Belgique), de l'évêché souverain de
Bâle, de deux des quatre Villes forestières et du
Frickthal, agrégés à la confédération suisse, de
quelques enclaves réunis à la France, et enfin le
grand-duché de Luxembourg, et quelques petites fractions détachées de l'Alsace et de la Lorraine.

Le total des pays composant la Confédération présente 11,600 milles carrés de superficie, et plus de 37,000,000 d'habitans.

Voici leur état en 1836.

Dénominations (1).	Milles carrés.	Population.
Autriche................	3,667.85	11,412,022
* Prusse................	3,359.28	10,356,300
* Bavière...............	1,477.29	4,187,390
* Saxe	271.46	1,579,430
Hanovre................	695.27	1,662,500
* Wurtemberg..........	360 40	1,587,448
* Baden................	279 54	1,208,697
* Hesse électorale........	208.90	677,849
* Hesse grand-ducale.....	177.00	736,930
Holstein................	172.55	430,000
Luxembourg............	108.60	315,000
Mecklenbourg-Schwerin..	223.88	466,540
* Oldenbourg (2)........	116.05	252,000
* Saxe-Weimar.........	66.82	241,146

(1) Les astérisques indiquent les états qui appartiennent à l'union des douanes prussiennes.

(2) Oldenbourg appartient à l'union des douanes, mais seulement pour la principanté de Birkenfeld. — 8.80 m. c. 24,515 habitans.

Mecklenbourg-Strélitz....	36.13	58,257
* Nassau..............	82.07	370,374
* Brunswick............	70.37	248,000
* Saxe-Meinungen.......	41.08	146,324
* Saxe-Cobourg	37.06	131,861
* Saxe-Altenbourg.......	23.41	117,921
* Anthalt-Dessau	17.00	57,629
* Anthalt-Bernbourg.....	16.00	45,135
* Anthalt-Coethen.......	15.00	40,153
* Schwartzbourg - Rudol-		
stadt..............	19.10	64,239
* Schwartzbourg - Sonder-		
hausen	16.90	54,080
* Reuss de la ligne aînée..	6.84	30,041
* Reuss de la ligne cadette	21.10	68,854
Lippe-Detmold..........	20.60	77,500
Lippe-Schaumbourg......	9.95	26,000
* Waldeck.............	21.66	57,000
* Hohenzollern-Hechingen	6.50	21,500
* Hohenzollern-Sigmatin-		
gen	18.25	42,341
Lichtenstein............	2.45	5,800
* Hessen-Hombourg	7.84	23,000
Lubeck...............	6.75	47,000
* Francfort-sur-Mein.....	4.03	54,000
Brême...............	3.21	57,000
Hambourg.............	7.10	154,000

A la fin de cette notice générale de la confédération, nous donnerons séparément une description
succincte de chaque état ; nous nous bornerons
seulement à citer les faits principaux, le résumé
statistique de tous ces états.

On compte en Allemagne 2,390 villes, 2,340
bourgades, 104,000 villages, hameaux, et dans
tous ces lieux habités, 5,025,000 maisons.

Les villes les plus peuplées de la confédération
germanique sont :

Vienne	350,000 h.	Breslau.....	86,000 h.
Berlin	270,000	Dresde	66,200
Hambourg..	122,000	Cologne	61,000
Praga......	107,500	Trieste	60,000
Munich	96,000	Magdebourg.	51,000

L'Allemagne est couverte de montagnes qui
toutes appartiennent aux trois systèmes alpique,
hercyno-carpatien et gallo-francique. A ce dernier appartiennent les hauteurs qui sillonnent
les territoires des Pays-Bas, de la Prusse et de la
Bavière à l'ouest et le long du Bas-Rhin ; les
Fagnes, dans l'Eifel, élevé de 444 toises, est le
point culminant. Les montagnes au nord du Danube sont comprises dans le système hercyno-
carpatien, qui s'étend sur les provinces prussiennes et autrichiennes, sur les royaumes de
Hanovre, de Saxe, de Bavière et de Wurtemberg ;
sur les états de la maison de Hesse, et sur d'au-

tres pays de l'Allemagne septentrionale et centrale. Le Schneekoppe et Riesenkoppe, hauts de
825 toises, dans la Silésie prussienne méridionale
et proprement dans la chaîne Riesenberg, est le
point le plus élevé de ce système. Le système
alpique, au sud du Danube, a pour points culminans : l'Orteler-Spitz, haut de 2,010 toises, dans
les Alpes rhétiques du Tyrol ; le Gross-Glockner,
élevé de 1,998 toises, dans les Alpes noriques de
Saltzbourg.

Autour de ces montagnes se déploient de vastes
plaines, de riches et verdoyantes vallées, qu'ar-
rose un nombre considérable de fleuves. Les
principaux sont : le Danube, le Rhin, le Weser,
l'Ems, le Lech et l'Isar, l'Inn, la Morawa, l'Aar,
le Neckar, le Mein, la Moselle, l'Atlar, la Moldawa, l'Oder et plusieurs autres.

Le nord et le sud de l'Allemagne présentent
seuls des lacs ; ceux de Constance, de Muritz,
d'Amer, de Wurm et de Chiem, de Kospin, de
Flesen, de Plan, de Ratzebourg, de Schwerin et
de Diepholz sont les plus remarquables.

Le climat de l'Allemagne offre des variétés
remarquables ; au nord, il est froid et surtout humide ; vers le centre et le midi, il est généralement plus doux. La température moyenne de la
ville de Hambourg est de 7 degrés au-dessus de
zéro ; à Berlin, situé à 130 pieds au-dessus de la
mer, elle est de + 6°.48 ; à Breslau, plus au sud,
mais aussi plus élevé (à 385 pieds), de + 6°.31 ;

à Augsbourg (haut de 1,478 pieds), de + 6°.49 ;
à Troppau, de + 7°.3 ; à Praga, de + 7°.76 ; à
Trèves (haut de 480 pieds), de + 8°; à Vienne
(haut de 480 pieds), de + 8° 36 ; à Trieste, de
+ 11°.57.

STATISTIQUE PRODUCTIVE ET COMMERCIALE.

Il n'est aucun pays en Europe où l'agriculture
soit arrivée à un plus haut degré de perfectionnement. Toutes les parties de l'Allemagne sont
fertiles en céréales de toute espèce. Le maïs et la
seule graminée qui ne prospère que dans le midi.
Le lin, le chanvre, le tabac, le cumin, la corian-
dre, le houblon, le safran, la garance, viennent
partout en abondance.

La célébrité des vins du Rhin, des bords de la
Moselle, du Mein, du Danube et de l'Adige est
proverbiale.

Les fruits et les olives ne viennent bien que
dans le sud, ainsi que le maïs, la manne et le
blé sarrazin. Le jardinage est très-goûté en Allemagne, même dans le nord. Les légumes, ce qui est
dû incontestablement à l'excellence de la culture
allemande, y sont abondans et bons.

Le houblon, l'une des plantes utiles de ce pays,
et qui croît presque sans culture sous ce climat,
y est d'un rapport immense.

Les pâturages sont d'une richesse remarquable,
et les bestiaux nombreux et beaux.

Les forêts, peuplées de gibier de toute espèce,

sont, ainsi que les rivières, qui sont très-pois-
sonneuses, une ressource inépuisable. La pêche
fluviale l'emporte de beaucoup sur la pêche maritime.

Les vastes et majestueuses forêts de l'Allemagne tiennent le premier rang parmi celles de
l'Europe; elles couvrent un tiers de la surface de
l'Allemagne. Les principales sont celles de Bohême, d'Oden, de Thuringue et la forêt Noire.

L'Allemagne est un des pays les plus riches en
minéraux de toute espèce.

De nombreuses sources d'eaux minérales enri-
chissent les différens états de l'Allemagne du numéraire qu'y laissent de nombreux visiteurs. Les
eaux d'Aix-la-Chapelle, de Karlsbad, de Tœplitz,
de Bade, de Sedleis, de Seidlitz et de Seidschutz
sont particulièrement renommées.

L'industrie allemande s'occupe particulièrement de la fabrication des toiles. On fabrique
aussi les draps, les papiers, les cuirs et maroquins, le tabac, le verre, la porcelaine, la bière et
l'eau-de-vie. La Prusse possède le plus grand
nombre de raffineries de sucre.

L'introduction de la culture du mûrier et de
l'éducation des vers à soie, en Allemagne, est un
objet d'une importance incalculable. Personne
n'ignore que des sommes énormes passent chaque
année, de l'Allemagne dans les pays étrangers,

pour l'acquisition des soies nécessaires aux fabriques, et que la maison Werza de Cauzo, de Milan,
a importé dernièrement, dans les provinces du
Rhin qui appartiennent à la Prusse, 690 balles de
soie, chacune du poids de 137 livres de Milan.
Cette importation seule était d'une valeur de
500,000 écus prussiens.

Le commerce intérieur de l'Allemagne a éprouvé de grandes améliorations par le système de
douanes introduit par la Prusse. Les frontières
fictives n'existent plus entre les états qui ont
adhéré à ce système (voir plus haut la dénomination de ces états). Quelques prétentions mal rai-
sonnées ont empêché quelques états de s'associer
à cette amélioration; l'Autriche est un de ces
gouvernemens mal inspirés. Le Hanovre non
plus jusqu'à présent ne fait pas partie de l'union
commerciale, à cause de ses liaisons avec la famille
régnante d'Angleterre; cependant un compromis
a été fait pour quelques franchises de commerce.

Les objets d'exportation de l'Allemagne consistent en laine, grains, bois de construction, fer
plomb, étain, vitriol, miel, cire, cuirs, chevaux,
bestiaux, soies de porc et autres articles bruts.
Les principaux importés sont : les vins, les eaux-
de-vie et liqueurs, les poissons secs et salés, le
fromage, les peaux, le goudron, l'huile de poisson, le suif, le cuir, la potasse, le cuivre, le fer,
le lin, le sucre, le café, le thé, le cacao, la vanille,
le rhum, le riz, les épices, les drogueries, le coton
et la soie.

Le commerce de transit est très-considérable, et donne des gains immenses aux villes qui l'exercent.

Les principales villes maritimes commerçantes de la confédération germanique sont : Hambourg, Lubeck, Brême, Emeon. Les principales places commerçantes de l'intérieur sont : Francfort, Leipzig, Augsbourg, Nuremberg, Brunswick, Hanovre, Cassel, Munich, Carlsruhe, Darmstadt, Weimar, Breslau. La foire de Leipzig n'a pas d'égale dans le monde connu sous le rapport du commerce de la librairie. A la foire de Pâques, en 1837, on a mis en vente 4,251 ouvrages nouveaux, dont 2,375 sont dus à des auteurs de l'Allemagne du nord ; 1,349 à ceux de l'Allemagne du sud ; 105 à des Suisses, et 422 à des auteurs étrangers.

STATISTIQUE MORALE ET ADMINISTRATIVE.

La population de la confédération germanique se compose de

    30,000,000 Allemands.
    6,000,000 Slaves.
    350,000 Français et Wallons.
    320,000 Juifs.
    210,000 Italiens.
    5,000 Grecs et Arméniens.
    900 Zigans.

Sous le rapport des cultes, elle se divise en

    20,000,000 Catholiques.

15,036,000 Protestans, y compris les
    Mennonites et les frères
    Moraves.
  320,000 Juifs.
   4,700 Grecs.
   3,000 Arméniens.

L'instruction est très-répandue dans l'Allemagne ; chaque état a soin de répandre l'éducation élémentaire parmi les pauvres : il est rare qu'un homme du peuple, en Allemagne, ne sache pas lire. Généralement on compte dans le royaume de Wurtemberg 1 élève sur 6 habitans et demi ; en Bavière et dans le grand-duché de Bade, 1 sur 7 ; en Prusse, 1 sur 10 ; en Moravie et en Bohême, 1 sur 13 ; dans l'Autriche proprement dite, 1 sur 15 ; dans les autres parties de l'empire, 1 sur 18. L'Allemagne n'est surpassée dans les hautes études par aucun pays du monde. Les universités, au nombre de 24, possèdent environ 18,000 étudians, ce qui donne 1 étudiant sur 2,000 habitans.

Voici la liste de ces universités, avec l'époque de leur fondation :

Praga	1348	Giessen	1607
Vienne	1356	Munster	1631
Wurzbourg	1403	Kiel	1655
Leipzig	1409	Halle	1694
Rostock	1319	Breslau	1702
Greifswald	1457	Gœttingue	1737

Freiburg ...	1457	Erlangen	1743
Tubingue ..	1477	Bonn	1818
Maibourg ..	1527	Berlin	1820
Iéna........	1558	Munich	1826
Olmutz	1567	Inspruck	1826
Heidelberg .	1586	Gratz.......	1827

Six de ces établissemens scientifiques sont en Prusse, cinq en Autriche, trois en Bavière, deux en Bade, et le reste dans les petits états de la Confédération.

Nous ne pouvons mieux constater les progrès continuels des sciences et des lettres en Allemagne, qu'en citant ici une comparaison entre les catalogues des ouvrages publiés dans les années 1786 et 1836, c'est-à-dire à 50 ans de distance. Les voici :

	En 1786.	En 1836.
Littérature et beaux-arts.	307	502
Instruction	64	297
Livres de piété.........	124	282
Philologie.............	73	269
Médecine	156	234
Histoire..............	198	216
Théologie	100	212
Sciences commerciales ..	21	170
Jurisprudence	126	160
Economie domestique...	81	159
Sciences naturelles	132	157
Economie politique.....	55	127
Géographie	117	117
Mathématiques.........	47	73

Pédagogie...............	84	72
Art militaire............	14	42
Philosophie.............	79	29
Mélanges...............	229	202

En 1836, la presse périodique en Allemagne comptait 461 gazettes politiques et feuilles locales, et 407 journaux littéraires et scientifiques.

Cette dernière classe se répartit ainsi entre les diverses branches de l'encyclopédie : théologie protestante, 39 ; théologie catholique, 25 ; pédagogie, 20 ; philologie, 4 ; philosophie et sciences en général, 21; droit, 20; science politique et administrative, 17; médecine, 46 ; art vétérinaire, 5; histoire naturelle, 9; chimie et pharmacie, 9 ; géographie et histoire, 4 ; économie rurale et forestière, 44 ; technologie, 19 ; mathématiques et art militaire, 9 ; commerce, métallurgie, 16 ; belleslettres et beaux-arts, 50 ; théâtre, 4 ; musique, 8 ; divers ou mélanges, 36.

Le terme moyen du nombre d'abonnés des principaux journaux politiques de l'Allemagne est :

Gazette d'Augsbourg ...	8,500
— de Vienne......	6,300
— d'État de Prusse.	5,200
Mercure de Souabe.....	5,000
Gazette de Hambourg...	4,300
Journal de Francfort....	4,200
Correspondant de Nuremberg..............	3,300

Nouvelle Gazette de Zu-
    rich 2,800
Gazette de Carlsruhe.... 2,200
   —   de Cologne...... 2,000
Journal de Leipzick..... 2,000
Gazette de Francfort.... 1,800
   —   de Munich...... 1,500

L'Allemagne, outre ses établissemens d'instruction publique, possède un nombre considérable de
musées, de collections et de bibliothèques ; aucune
branche des arts ni des sciences n'est négligée
dans cette nation d'hommes travailleurs et stu-
dieux ; et la galerie de tableaux de Dresde et les
antiquités de Munich occupent un haut rang
parmi les collections de ce genre.

L'Allemagne, autant que toute autre grande
nation, a fourni à l'humanité des hommes célèbres et distingués ; ce pays coopéra toujours for-
tement au progrès des lumières et de la philan-
tropie ; toujours il sut défendre son indépendance
et sa liberté. La guerre de trente ans et celle que
toute l'Allemagne soutint dans ces derniers temps
contre l'usurpation de Napoléon font preuve que
la force de son bras égale la puissance de son
génie.

Les Allemands sont en général lourds et lents,
mais réfléchis dans leurs travaux ; opiniâtres
dans leurs idées, ils renoncent rarement à leurs
desseins ; d'une rudesse féroce dans la colère, ils

sont cependant d'une humeur douce, serviable et bienveillante ; dans les relations privées, ce sont des gens d'honneur et de probité. L'Allemand n'aime pas l'ostention dans le bien qu'il fait ; mais les titres honorifiques et officiels ont un grand attrait pour lui. La préposition *von*, qui égale le *de* des Français, n'est jamais omise devant le nom de celui qui a le droit de la porter.

La confédération comprend 38 états, dont 34 ont la forme monarchique, et 4 la forme républicaine.

L'union de tous les états allemands a pour but d'assurer à l'Allemagne une sécurité intérieure et extérieure. Les états de la confédération s'engagent à défendre contre toute attaque, tant l'Allemagne entière que chaque état individuel de l'union ; ils se garantissent mutuellement toutes celles de leurs possessions qui se trouvent comprises dans cette union. Lorsque la guerre est déclarée par la confédération, aucun membre ne peut entamer de négociations particulières avec l'ennemi, ni faire la paix ou un armistice sans le consentement des autres. Les membres de la confédération, tout en recevant le droit de former des alliances, s'obligent cependant à ne contracter aucun engagement qui serait dirigé contre la sûreté de la confédération ou des états individuels qui la composent. Les états confédérés s'engagent de même à ne se faire la guerre sous aucun prétexte, à ne point poursuivre leurs différends par la force des armes, mais à les soumettre à la diète. Celle-ci essaie, moyennant une commission, la voie de la médiation ; si elle ne réussit pas , et qu'une sentence juridique devienne nécessaire, il y est pourvu par un jugegement austégral (*Austegral-Instanz*) bien organisé, auquel les parties litigantes se soumettent sans appel.

La diète se compose des commissaires de tous les états. Le nombre de voix dans le conseil ordinaire est de 17, et dans le plein conseil, de 70.

Les 17 voix dans le conseil ordinaire sont réparties comme il suit :

L'Autriche, la Prusse, la Bavière, la Saxe, le Hanovre, le Wurtemberg , le Baden, la Hesse électorale, la Hesse ducale, le Holstein et le Luxembourg ont chacun une voix, total.. 11

Les duchés de la maison de Saxe , au nombre de cinq 1

Le Brunswick et le Nassau............. 1

Le Mecklenbourg-Schwerin et le Mecklenbourg-Strélitz...................... 1

Le Holstein-Altenbourg , l'Anthalt et le Schwartzbourg........................ 1

Le Hohenzollern, le Liechtenstein, le Reuss, le Schaumbourg-Lippe, le Lippe et le Waldeck

Les villes libres de Lubeck , de Francfort, de Brême et de Hambourg............... 1

Dans le plein conseil, les états d'Autriche, de

Prusse, de Bavière, de Saxe, de Hanovre et de Wurtemberg ont chacun 4 voix ; le Bade, la Hesse électorale, la Hesse grand-ducale, le Holstein et le Luxembourg ont chacun 3 voix ; le Bruswick, le Mecklenbourg-Strélitz et le Nassau, chacun 2 voix, et le reste des états confédérés ont chacun une voix.

La ville libre de Francfort-sur-Mein étant la résidence de la diète, est considérée comme la capitale de toute l'Allemagne.

Toutes les forces de l'armée fédérale sont divisées en 10 corps, et comprennent un total de 312,278 hommes, ainsi classés :

Infanterie.....	229,758
Chasseurs	12,698
Cavalerie.....	45,098
Artillerie.....	21,717
Pionniers, etc.	3,017

Et 612 pièces de campagne, divisées en 72 batteries.

Les forteresses de la confédération sont :

Mayence,   Luxembourg,   Landau.

La confédération ne possède aucune flotte fédérale, quoiqu'elle ait quelques ports dans les états des princes qui en sont membres.

Le contingent en argent que paient les membres de la confédération s'élève à 30,000 guldens, pour couvrir les frais de bureau de la diète.

— 329 —

Les revenus de tous les états de la confédération montent à 244,961,396 guldens, un peu plus de 612,403,490 francs.

Nous allons maintenant passer en revue, sous le point statistique, tous les états qui composent la Confédération germanique, en y comprenant la Prusse et l'Autriche, que nous traiterons en outre séparément, parce que certaines possessions de ces puissances dépasssent les frontières de la Confédération germanique.

ROYAUME DE PRUSSE.

Cette monarchie, qui de jour en jour acquiert plus d'influence sur la Confédération et y exerce une certaine souveraineté par son association des douanes allemandes, a, dans la Confédération, 7 provinces:

	Milles car.	Population (1).
Brandebourg .	730.94	1,691,754
Poméranie ...	567.10	971,012
Silésie	741.74	2,594,862
Saxe.........	160.63	1,529,607
Westphalie...	367.60	1,323,947
Juliers, Clèves et Berg....	173.35	1,170,343
Duché du Bas-Rhin	306.62	1,274,748

(1) La population est établie d'après le recensement de 1836.

28.

Le contingent de l'armée fédérale est de 79,484 hommes, et les dépenses de la chancellerie sont portées à 7,905 guldens (2), 21 1/4 kreutzers.

(Voir la Prusse.)

EMPIRE D'AUTRICHE.

Le chef de cet empire préside la diète de la Confédération germanique; son contingent est porté à 94,822 hommes et 9,430 guldens 50 kreutzers.

L'Autriche est unie à la Confédération par les pays suivans :

	Milles car.	Population.
Duché d'Autriche	708.65	2,081,950
— de Styrie........	400.12	855,720
Royaume d'Illyrie......	519.74	1,190,000
Comté de Tyrol........	519.40	784,472
Royaume de Bohême ...	949.35	4,200,000
Moravie et Haute-Silésie.	482.01	2,037,940

(Voir l'Autriche.)

ROYAUME DE BAVIERE.

Le royaume s'étend entre 6° 35' et 10° 32 de longitude est, et entre 47° 15' et. 50° 42' de latitude nord. Il comprend 1477,20 milles carrés et

---

(2) Un gulden (florin) vaut environ 2 fr. 46 cent.; il comprend 60 kreutzers.

4,187, 397 habitans, repartis en 8 cercles ou départemens, comme il suit :

Cercles.	Milles carrés	Habitans.
Isar	288	595,563
Bas–Danube...	197. 30	432,068
Ratisbonne...	194. 70	432,172
Haut-Danube.	171. 75	516,435
Rezat........	148. 36	552.028
Haut–Mein...	186. 43	547,003
Bas-Mein	155. 70	568,337
Rhin	140. 05	543,984

En 1834, la population présentait 4,245,778
ames ; 2874 par mille carré.

On y compte, en tout, 218 villes, 404 bourgades
et 23,452 villages et hameaux.

En novembre 1837, les divisions administratives ont reçu une nouvelle dénomination, plus
conforme, comme le soutient le rescrit royal, à l'esprit historique du territoire.

Voici ses divisions, avec la population dans la
même époque :

Haute-Bavière.........	649,843 ames.
Basse-Bavière.........	566,883
Pfalz...............	546.972
Souabe............	518,643
Haut–Pfalz et Bayreuth	437,255
Franconie-moyenne ...	497,367
Haute-Franconie	461,832
Basse – Franconie et Aschaffenbourg....	502,753
	4,181,548

Les chefs-lieux des départemens, sont :

	Habitans.
Munich avec...	95,000
Ratisbonne....	26,500
Augsbourg....	34,200
Passau........	10,500
Anspach.......	17.000
Bayreuth.....	14,000
Wurtzbourg..	24,000
Spire.........	7,500

Les autres villes populeuses du royaume sont peu nombreuses; le premier rang appartient à

Nuremberg....	42,000 habitans.
Bamberg.......	22,000
Furth.........	16,500
Schwabach.....	9,500
Landshut......	8,500
Amberg........	8,000

Le territoire se divise en 22,234,100 Tagwerkes ou morgs, dont :

9,793,264 morgs de terres cultivées.
6,444,864 de forêts.
2,792,160 de prairies.
2,332,771 de terres incultes.
507,247 sous les eaux.
363,812 de jardins, de vignobles et sous les bâtimens.

La valeur totale des terres cultivées, des prairies et forêts peut être évaluée à 1,674, 235,000 guldens (2 fr. 59 cent. le gulden), celle des bâtimens à 1,325,200,000 guldens. Sa valeur totale des biens serait de 3,300,000,000 guldens.

Les finances de l'état présentent :

28,185,000 guldens ; 7,385,000 guldens d'impôts directs et 20,800,000 guldens d'impôts indirects.

28,000,000 de dépenses, dont 7,451,500 pour la force armée et, 3,188,800 pour la liste civile, et 8,100,000 pour l'amortissement de la dette qui monta à 188,800,000 guldens. En 1837, le budget dépassait 30,000,000 guldens.

L'armée bavaroise, en 1837, présentait 32 bataillons, ou 32 régimens d'infanterie de ligne et 4 bataillons d'infanterie légère ; 12 escadrons (2 régimens) de cuirassiers ; 36 escadrons (6 régimens) de chevaux légers ; 2 régimens d'artillerie composés de 4 bataillons subdivisés en 24 compagnies ; 5 compagnies du génie, savoir : 1 de mineurs, 2 de sapeurs, 1 de pontonniers, 1 d'ouvriers. Le tout, y compris les employés des états-majors, donnent un chiffre de 1797 officiers, et 54,472 soldats, avec 6,034 chevaux, dont 1,132 d'officiers. La somme portée au budget pour l'entretien de cette armée s'élève à 6,509,746 guldens. La gendarmerie se compose de 6 officiers et 139

soldats à cheval, plus 31 officiers et 1,835 solda's
à pied, ensemble 2,011 hommes coûtant à l'état
613,976 guldens.

Le contingent de la Bavière est de 35,600 en
hommes, composant les 7 corps ; et 3,540 guldens
42 kreutzers en argent.

Le gouvernement est constitutionnel, d'après la
loi fondamentale du 26 mai 1818. Le roi partage
avec deux chambres le pouvoir législatif. La première chambre, *Die Kammer der Reichsrathe*, se
compose de princes, des prélats des hauts-fonc-
tionnaires d'états et des princes médiatisés; la
deuxième chambre (*Die Kammer der Abgeor-
dneten*) est élue parmi les propriétaires-juges, les
membres des universités, les ecclésiastes catholiques et protestans, les députés des villes et des
bourgades, et enfin des propiétaires non-juges. La
couronne est héréditaire, dans la ligne mâle ; en
cas d'extinction absolue, elle passe dans la ligne
feminine.

Les sujets bavarois se divisent en 4,000,000 Allemands, 7,000 Français, 80,000 Juifs.

Sous le rapport des cultes, ils se divisent en
3,000,000 catholiques, 80,000 juifs, 1,100,000
protestans, 7,000 diverses religions.

La Bavière possède trois universités, savoir :
celle de Munich, avec 1,350 étudians; celle de
Wurtzbourg, avec 460 étudians, et celle d'Erlan-
gen avec 300 étudians. 1 lycée ; 24 gymnases et

établissemens d'instruction ; 5 écoles normales ;
34 écoles latines ; 31 écoles locales ; 1 institut des
sourds-muets ; 1 institut optalmique ; 1 établissement de jeunes demoiselles ; 1 école d'arts complètent le système d'instruction publique.

ROYAUME DE SAXE.

Il est situé entre 9o 34' et 12o 44' de longitude
est, et entre 50o 10' et 51o 28' de latitude nord, se
divise en 4 cercles savoir :

Cercles.	Milles carrés.	Population.
Dresde.....	78.783	417,000
Leipzig.....	63.139	265,000
Zwickau...	84.227	554,000
Baulzen....	45 527	260,000

Les villages sont au nombre de 3,499, avec
1,085,900 habitans, et les villes au nombre de
143, avec 510,600 habitans.

Les villes les plus populeuses sont :

Dresde...	66,200 habitans.
Leipzick..	45,000
Chemnitz.	22,000
Freybourg	11,000
Plauen...	8,500
Baulzen..	8,500

La population de la Saxe royale se divise en :

1,545,000 Allemands.	900 Juifs.
50,000 Wendes.	90 Grecs.

Sous le rapport des cultes, on y compte :

1,565,170 luthériens.   900 israélites.

27,938 catholiques.   90 grecs.

1,620 calvinistes.

Les mines font la richesse de la Saxe ; plus de 12,000 ouvriers et employés sont attachés à leur exploitation. En 1824, on a évalué les produits des mines à 1,760,183 thalers (3 fr. 89 c. le thaler). Dans la même année, on retira de ces mines 69,612 marcs d'argent, 75,000 quintaux de fer, 9,362 quintaux de plomb, 512 quintaux de cuivre, et environ 1,704,000 quintaux de houilles.

Les fabriques de toiles, d'étoffes de soie, de laine et de coton, de blondes, de dentelles, de rubans, de mousseline, sont très-perfectionnées. On y confectionne avec une égale perfection les chapeaux de paille, le papier, les armes, les instrumens de musique, les porcelaines, les faïences. Plus d'un million d'habitans vivent de ces produits. La valeur du commerce intérieur est de 44 millions de francs ; les affaires qui se traitent à la foire de Leipzick sont évaluées à 67 millions.

La Saxe, pour l'instruction de ses habitans, possède :

1 université.
2 écoles supérieures.
15 gymnases.
4 écoles normales.
1 — des mines.
1 — forestière.
2 — militaires.
1 — agronomique.

Les revenus de l'état montèrent, en 1836, à 5,162,946 thalers; les dépenses, dans la même année, s'élevèrent à 5,074,513 thalers. La dette nationale est de 11,170,032 thalers.

Le contingent du royaume de Saxe à l'armée fédérale est de 12,000 hommes, et de 1,193 guldens 30 kreutzers pour la chancellerie.

La Saxe est régie par un gouvernement monarchique, limité par les deux chambres. La couronne est héréditaire dans la ligne mâle albertine.

L'armée se compose de 12,193 hommes.

370 des gardes.
7,080 d'infanterie de ligne.
2,066 de cavalerie.
1,032 d'artillerie.
1,454 de chasseurs.
191 de train.

ROYAUME DE HANOVRE.

Ce royaume est compris entre 4° et 6° de longitude est, et entre 51° 25′ et 54° de latitude-nord; il est divisé dans les 7 *landdrosteien* qui suivent:

	Milles car.	Population.
Hanovre....	116.40	320,180
Hildelsheim .	81.59	352,196
Lunebourg ..	208.92	303,114
Stade	125.41	241,142
Osnabruck ..	104.78	263,624
Aurich......	54.03	153,671
Klausthal ...	9.14	29,573
	695.27	1,662,500

En 1855, on comptait 1,688,285 ames ; 2,429 habitans par mille carré.

On y compte 70 villes, 108 bourgades, 5,975 villages, et, en tout, 239,151 maisons.

Les villes les plus peuplées sont :

Hanovre....	28,000 habitans.
Hildesheim..	13,500
Lunebourg..	12,500
Emden	12,000
Osnabruck..	12,000
Gœttingue..	12,000
Zelle.......	10,900
Clausthal...	8,600

Les habitans se divisent en

1,650,000 Allemands et 12,300 Juifs.

Les cultes présentent :

1,342,850 luthériens.
210,000 catholiques.
105,000 calvinistes et mennonites
1,850 frères moraves.
12,300 juifs.

Les mines font la principale richesse du Hanovre ; on en tire annuellement plus de 200,000 quintaux de fer, 5,000 de plomb, 7,000 de cuivre et 40,000 marcs d'argent. Plus de 56,000 ouvriers sont employés dans les mines. La houille, la tourbe, les argiles, les pierres à bâtir et les marbres sont aussi d'un rapport considérable.

L'agriculture est, en général, peu florissante dans le royaume de Hanovre; ses marais et ses landes incultes tournent l'activité des habitans vers l'industrie.

L'instruction publique est répandue par

1 université.
1 académie noble.
1 école pédagogique.
16 gymnases.
20 écoles secondaires.
5 — normales.
1 institution des sourds-muets.
1 école des chirurgiens.
2 écoles vétérinaires.
6 — des accoucheuses.

L'instruction élémentaire est donnée, dans 3,561 écoles, à plus de 215,000 élèves.

Les établissemens de travaux pénitentiaires, de correction et de refuge sont au nombre de 13.

Le budget de 1836 présente :

6,048,816 thalers de revenus.
6,042,892 — de dépenses.

La dette publique est évaluée à 57 millions de francs.

L'armée hanovrienne se compose de 20,501 hommes, savoir :

	Hommes.	Chevaux.
Etat-major.	15	
Génie	198	
Artillerie	1,368	275
Cavalerie	3,340	2,444
Infanterie	15,580	

L'armée coûte 1,201,500 thalers.

Le contingent est de 13,054 en hommes, et 1,298 guldens 15 creutzers en argent.

Le gouvernement était, avant l'avénement au trône du roi régnant, une monarchie constitutionnelle; les deux chambres partageaient avec le roi le pouvoir législatif. La première chambre se composait des gens de qualité, des titulaires de majorats et des députés de la noblesse; la seconde chambre, des députés des villes, des universités, des corporations principales et des propriétaires libres.

Le roi régnant, duc de Cumberland, a aboli cette forme de gouvernement et a ramené les anciens états qui suivaient, dans leurs délibérations, les principes des temps féodaux.

ROYAUME DE WURTEMBERG.

Cet état, situé entre 5° 5' et 8° de longitude est, et entre 47° 40' et 49° 40' de latitude nord, est divisé en 4 arrondissemens savoir:

Arrondissemens.	Milles car.	Population.
Neckar	61.60	439,978
Forêt-Noire.	87 80	424,933
Danube. ...	110.80	367,446
Iaxt........	100.20	355,691
	360,40	1.587,448

Le recensement fait en 1834 porte la population à 1,690,289 ames ; 4,705 habitans par mille carré.

On y trouve 132 villes, 1,211 villages paroissiaux et 462 autres villages, 125 hameaux à église et 2,901 hameaux sans église ; 2,644 fermes, 2,177 habitations isolées ; en tout, 1,888 communes.

Les Allemands constituent la population ; il n'y a que 10,766 Juifs qui ne sont pas de cette nation.

Sous le rapport des cultes, on y trouve :

1,087,413 protestans
498,025 catholique.
10,766 juifs.
210 d'autres cultes.

Le villes principales du royaume sont :

Stuttgart....	38,000 habitans.
Ulm	12,300
Heillbronn..	10,500
Reutlingen..	10,400
Essling.....	9,000
Hall........	8,600

29.

Le territoire est divisé en

2,441,103 morgs de terres cultivées.
1,798,313 — de forêts.
738,338 — de prairies.
335,554 — de terres incultes.
150,634 — de jardins.
77,552 — de vignobles.

La valeur des biens territoriaux monte à 602,080,000 guldens; la valeur des bâtimens est de 200,000,000 ; le bétail est estimé 30,241,000; les valeurs extérieures montent à 4,200,000 ; total, 806,880,000 guldens. Le capital industriel et commercial peut être apprécié à 165,000,000; ainsi la valeur totale serait de 1,002,200,000 guldens (2,503,300,000 fr.).

Les revenus du trésor présentent 9,321,813 guldens.

Les dépenses arrivent au même chiffre ; la liste civile y figure pour 850,000 guldens; la guerre pour 1,902,842; l'amortissement de la dette absorbe 1,296,858 ; les affaires intérieures, les cultes et l'instruction publique 2,249,275 guldens.

La dette publique, à la fin de 1836, était encore de 25,573,007 guldens.

Le royaume compte, pour l'instruction publique :

1 université, avec 624 étudians.
5 gymnases supérieurs.

   2 lycées.
  59 écoles latines.
   1 grand séminaire.
   5 écoles normales catholiques.
   5 écoles normales luthériennes.
  12 écoles réelles (Realschule), où l'on
        n'enseigne pas les langues mortes.
1,400 écoles élémentaires luthériennes.
 787   —   catholiques.
   1 institution agricole.
   7 écoles d'arts et de dessin.
   1 école vétérinaire.
   1 institution des sourds-muets.

L'armée wurtembergeoise se compose, en temps
de guerre, de 16,824 hommes, et en temps de
paix, de 4,906 hommes, savoir :

2,928 d'infanterie.
1,024 de cavalerie.
  132 de gardes à cheval.
   96 de chasseurs de camp.
  394 d'artillerie.
   36 de sapeurs.
   96 de train.
  200 de garnisaires.

Le contingent fédéral est de 13,955 hommes,
et 1,387 guldens 55 kreutzers.

Le gouvernement est une monarchie limitée,
avec les états dans les deux chambres.

GRAND-DUCHÉ DE BADE.

Ce duché se trouve entre 5° et 7° 30' de longitude est, et entre 47° 32' et entre 49° 50' de latitude nord. Il se divise en 4 arrondissemens et 78 districts.

Arrondissemens.	Milles carrés.	Population.
Lac........	55.04	173,469
Haut-Rhin ...	70.14	322,958
Rhin-Moyen. .	91.13	404,821
Bas-Rhin	63.23	307,422
	279.54	1,208,697

En 1833, la population présentait un total de 1,231,319 ames, 4,526 par mille carré.

On y compte 106 villes, 41 bourgades et 1,485 communes.

La population badoise se partage en

1,188,754 Allemands.   19,423 Juifs.
520 Français.

Sous le rapport des cultes, on trouve :

877,850 protestans.   1,414 mennonites.
810,830 catholiques.   19,423 juifs.

Les villes les plus populeuses du grand-duché de Bade sont :

Carsruhe... 21,250   Brucksal.... 7,150

Manheim (1)	20,600	Pforzheim...	7,000
Freiburg...	12,200	Rastadt.....	5,500
Heidelberg..	11,800	Bade-Bade ..	3,500

L'instruction publique est formée par les universités de Heidelberg, avec 416 étudians ; celle de Freiburg, avec 417 étudians.

    4 lycées.

    6 gymnases.

    6 écoles pédagogiques.

14   — latines.

    8 institutions pour les demoiselles

    1 école normale protestante.

    1   — catholique.

    1 institution des sourds-muets.

    1 école vétérinaire.

    1   — polytechnique.

    1   — industrielle.

    1   — militaire.

On élève à 812,415,000 guldens la valeur totale du grand-duché de Bade ; cette valeur con-

---

(1) La chambre des députés du grand-duché de Baden a décidé, dans sa séance du 1er mars 1838, qu'il sera établi un chemin de fer de Manheim à la frontière suisse, près de Bâle, en passant par Heilderberg, Carlsruhe, Rastadt. Offenbourg, Denglingen et Fribourg. Un chemin de fer latéral joindra Kehl, en face de Strasbourg, au chemin principal. Ce chemin parcourra le grand-duché dans toute sa longueur, et longera, comme celui qu'on établit en France, une des deux rives du Rhin. Ce chemin aura plus de 33 milles (55 lieues).

siste en 3,880,583 morgs de terres cultivées,
qu'on estime............ 453,319,120 guldens.

Mines................	14,637,610
Bâtimens..........	135,407,200
Bestiaux	26,051,445
Capitaux dans l'in-	
dustrie..........	125,000,000
Capitaux à l'étranger	4,000,000
Valeurs à l'étranger.	4,000,000

Le revenu annuel est évalué dans les proportions suivantes : ,

La terre rapporte	57,393,400 guldens.
Les mines...............	1,463,761
Les produits du bétail	12,351,135
L'abattage du bétail	5,970,886
Le bétail vendu hors du	
pays	1,600,000
L'industrie.............	1,200,000
	79,993,000

Le revenu annuel est d'environ 10,500,000
guldens ; les dépenses ne s'élèvent pas au-delà
de 10,400,000 : la liste civile y est comprise pour
650,000 guldens. La dette de l'état est de 12 millions environ.

Le gouvernement a, depuis le 22 août 1831, la
forme d'une monarchie représentative, avec deux
chambres. La première chambre se compose des

princes de la famille régnante, des chefs des familles médiatisées, des représentans du clergé, des délégués des propriétaires nobles, des députés des universités, des membres nommés par le grand-duc; en tout, 29 membres.

La seconde chambre se forme de 22 députés des 14 villes, de 40 députés des 40 colléges électoraux des districts.

HESSE ÉLECTORALE.

Cet état comprend les quatre provinces suivantes:

Provinces.	Milles carres.	Population.
Basse-Hesse .	93.80	325,765
Haute-Hesse.	41.25	113,837
Fulde......	41.85	128,584
Hanau	27.50	109,749
	208.90	677,849

La population, en 1832, montait à 700,383 ames; 3,353 par mille carré,

Elle se composait, quant à la nationalité, de :

688,000 Allemands.   9,000 Juifs.
3,000 Français.

D'après les cultes :

688,000 protestans.   9,000 juifs.
2,500 catholiques.   500 mennonites.

On y comptait 62 villes, 33 bourgades, 1,114 villages.

Les villes les plus populeuses sont :

Cassel....	30,000 habitans.
Hanau....	15,000
Fulde....	10,000
Marbourg.	9,800
Hersfeld..	6,500

Pour l'instruction publique, on trouve dans la Hesse électorale :

1 université à Marbourg, avec 420 étudians.
1 lycée.
1 école pédagogique.
6 gymnases.
1 grand séminaire.
3 écoles normales.
2 écoles de dessin et de peinture.
2 institutions forestières.
63 écoles des villes.

Le budget de 1834 à 1836 présentait :

3,268,212 thalers de dépenses.
3,069,540 — de revenus.
188,672 — de déficit.

La dette de d'état est de 1,900,000 guldens.

Le gouvernement est une monarchie constitutionnelle, avec les états réunis en une seule

358

... d'après la loi fondamentale du ... vier 1831. ...

L'armée présente un effectif de 8,100 hommes, ainsi distribués : ...

Infanterie	6,900
Cavalerie	1,700
Artillerie	400

Le contingent de la Hesse électorale est de 6,679 ... ... et son ... 17,172 kreutzers en argent.

GRAND-DUCHÉ DE HESSE-DARMSTADT.

Ce duché est situé entre 51° ... 10° 10' de longitude est, et entre ... de latitude nord ; il a 177 milles carrés d'étendue, et 718,373 habitants, ... trois provinces, savoir :

Provinces.	...	Population.
Starkenbourg ..	69,67	256,746
Hesse-Rhénane.	37,11	230,088
Haute-Hesse ...	91,15	271,642

La population, en 1834, présentait 760,694 âmes ...

En ne comptant que pour 720,000 âmes, on y trouve 30

697,600 Allemands.   2,400 Français et Wal-
20,000 Juifs.   lons.

Les cultes présentent les nombres suivans :

516,697 protestans.   1,295 mennonites.
177,888 catholiques.   22,174 juifs.

Le territoire, sous le rapport de l'agriculture,
est divisé en morgs de 22,018 pour un mille carré.
On y compte :

Terres cultivées....	1,589,635 morgs.
Bois	1,081,410
Prairies	381,408
Pâturages..........	34,187
Vignobles	38,173
Jardins...........	3,774
Maisons, routes et terres incultes....	234,663

La Hesse grand-ducale compte 66 villes, 49
bourgades, 1,060 villages, et, en tout, 104,088
maisons.

Les villles les plus populeuses sont :

Mayence.......	31,000 habitans.
Darmstadt	24,500
Worms........	8,000
Offenbach	8,000
Giessen........	7,000

L'instruction publique est répandue par :

1 université contenant environ 300 étudians.

1 école forestière.

1 séminaire philosophique.

1 — épiscopal.

2 écoles normales.

7 gymnases.

4 écoles professionnelles.

1 école militaire.

1 — d'accoucheuses.

16 écoles industrielles.

De plus, chaque commune possède une école élémentaire.

Les revenus de l'état montent à 6,576,106 guldens ; les dépenses s'élèvent au même chiffre.

Les dépenses pour la cour montent à 762,877 guldens.

En outre, le prince héréditaire touche 60,000 guldens.

La dette était, en 1835, de 10,235,845 guldens.

Le gouvernement est constitutionnel, en vertu de la loi fondamentale du 17 décembre 1820. La représentation se divise en deux chambres. Le prince régnant siége dans la première chambre, et a 3 voix dans la séance plénière.

L'armée comprend 6,288 hommes, ainsi divisés :

Etat-major......	6 hommes.
Sapeurs	61

Chevaux-légers .   908
Artillerie.......   348
Infanterie   4,965

Le contingent est de 6,195 en soldats, et de 616 guldens et 10 kreutzers en argent.

DUCHÉ DE HOLSTEIN.

Le duché, appartenant au roi de Danemark, comprend 172,55.¹ Sa population en 1836 était de 435,590 ames et 2,525 par mille carré. Dans ce nombre, on trouve 430,000 luthériens, 800 calvinistes, 1,000 catholiques, 700 mennonites et plus de 3,000 juifs.

Le Holstein possède 17 villes, 23 bourgades, 163 villages à l'église paroissiale, 443 autres villages et hameaux. En tout, 52,500 maisons.

Gluckstadt, capitale du Holsthein, compte 5,200 habitans. Altona en a 26,000 ; Kiel, 12,000, et Redsbourg 7,700.'

Le budget présente 2,400,000 guldens de revenus, savoir : 2,120,000 pour le duché de Holstein, et 280,000 pour le duché de Lauenbourg.

Le contingent est de 3,900 hommes et de 358 guldens 2 ½ kreutzers.

LE GRAND-DUCHÉ DE LUXEMBOURG.

Cet état en contestation entre la Hollande, le Grand-Duché et la Belgique, a 108,60 mille carrés d'étendue et 305,000 habitans; 1808 par mille carré.

La population est presque entièrement composée de Wallons ; cependant les Allemands y, forment un chiffre de 20,000; il s'y trouve aussi, environ 500 Juifs.

On compte dans ce duché 16 villes, 16 bourgades, 314 communes, 89 villages et hameaux, en tout 48,170 maisons.

La forteresse fédérale de Luxembourg, occupée par les Prussiens, possède 11,500 habitans.

Les revenus de l'état montent à 1,800,000 guldens.

Le contingent à l'armée fédérale, est de 2,556 hommes et de 254 guldens 15 kreutzers.

DUCHÉ DE BRUNSWICK.

Cet état, situé en 6°; 35 et 9°; 9 de longitude est, et entre 51°; 32 et 53 de latitude nord, comprend 7097 milles carrés et 248,000 habitans.

Il est divisé en 5 districts ;

Wolfenbuttel..	27.71	109,000
Schoningen...	13.66	40,000
Stanz........	14.35	41,500
Weser........	13.21	37,500
Blankenbourg..	6.04	20,000

Cette population, en 1835, était de 251,000. — 3,540 habitans par mille carré.

La population se divise en : 249,000 Allemands et 2,000 Juifs.

30.

Les cultes présentent les chiffres suivans :

243,700 luthériens.   100 frères moraves.
  1,700 calvinistes.   2,000 juifs.
  2,500 catholiques.

Sur les 1,581,000 morgs du territoire que comportent ce duché, près de 510,000 sont occupés par les forêts.

On y trouve 12 villes, 15 bourgades, 417 villages, et en tout, 27,700 maisons.

Les villes les plus populeuses, sont :

Brunswik.... 35,500 habitans.
Wolfenbuttel.. 8,500.
Helmstedt.... 6,300.
Blankenbourg. 3,300.

L'instruction publique y est répandue par :

1 lycée.
2 écoles pedagogiques.
6 gymnases.
6 écoles urbaines.
369 écoles rurales.

Le budget présente : 3,056,082 thalers de revenus ; les dépenses atteignent le même chiffre. La liste civile y est comprise pour 237,000 thalers.

La forme de gouvernement est la monarchie avec une représentation nationale, divisée en deux chambres législatives. Dans la première chambre, siégent six prélats et les propriétaires des 78 domaines, nobles ; la seconde est composée des 6 prélats, de 19 députés des villes, et enfin de 19 députés des propriétaires de terres.

L'armée se divise en 1,625 fantassins, 299 cavaliers et 172 artilleurs et pionniers.

Le contingent fédéral est de 2,096 hommes et 208 guldens, 27½ kreuterzs.

GRAND-DUCHÉ DE MECKLENBOURG-SCHWERIN.

Cet état est situé entre 8º 20' et 10º 5' de longitude est, et entre 53º 8' et 54º 20' de latitude nord ; il ne comporte pas plus de 223.88 milles carrés et 455,032 habitans. Il se divise en 6 parties, savoir :

	Milles car.	Habitans
Arrondissement de Mecklenbourg	133.88	248,640
— de Wendes .	76.50	140,482
Principauté de Schwerin .	9.80	32,298
Seigneurie de Wismar...	3.20	15,419
Ville de Rostock........	0.50	18,243

En 1835, le nombre des habitans fut de 466,540 ames ; 2,083 par mille carré.

On y comptait, d'après la nationalité :

463,423 Allemands.

3,117 Juifs.

Et sous le rapport des cultes :

462,632 luthériens.

642 catholiques.

149 calvinistes.

3,117 juifs.

On y troue 41 villes, 11 bourgades, 2,001 villages.

Les villes les plus populeuses sont :

Rostock...	18,300 habitans.
Schwerin..	13,000
Wismar...	10,100
Gustrow...	8,000
Parchim...	5,700

L'instruction publique possède les établissemens suivans :

1 université à Rostock, avec 110 étudians.

5 gymnases.

41 écoles urbaines.

1 séminaire.

1 école normale.

Les revenus montent à   2,300,000 guldens.
La dette est de 9,500,000

Le gouvernement est une monarchie avec les états, d'après les contrats entre la nation et la famille régnante, passés en 1572, 1612 et 1765.

L'armée présente :

4 bataillons d'infanterie.

1   —   d'artillerie.

1 régiment de chevaux-légers.

Le contingent consiste en 3,580 hommes, et en 356 guldens 5 kreutzers.

DUCHÉ DE NASSAU.

Le duché de Nassau comprend 82.7 milles carrés, et 373,601 habitans : 1,517 par mille carré. Il se divise en 28 districts, qu'il serait superflu de dénommer ici.

On y trouve 31 villes, 36 bourgades, 816 villages et 58,631 maisons.

Wiesbaden, la capitale, a 9,000 habitans.

Les habitans sont presque tous Allemands. On y rencontre des huguenots français et des juifs.

D'après les cultes, on comptait, en 1834 :

196,387 protestans.
167,800 catholiques.
184 mennonites.
6,000 juifs.

L'instruction publique est répandue par

1 gymnase.
3 écoles pédagogiques.
1 — normale.
1 institution des sourds-muets.
1 école agricole.
2 écoles professionnelles.
844 — primaires.
1 — militaire.

Le gouvernement est une monarchie avec les états, d'après l'acte constitutif de 1817.

L'armée se compose de 2 régimens d'infanterie, une batterie d'artillerie, une demi-compagnie de pionniers, un bataillon de réserve et une compagnie instructive.

Les finances présentent 1,810,000 guldens de revenus, et 5,000,000 de dette.

Le contingent se monte à 3,028 hommes, et 301 guldens 7 1/2 kreutzers.

GRAND-DUCHÉ DE SAXE-WEIMAR-EISENACH.

Ce duché s'étend sur 66.82 milles carrés, et compte 241,046 habitans, c'est-à-dire :

	Milles carrés.	Habitans.
Le duché de Weimar..	45.93	326,034
— d'Eisenach ..	20.89	77,729

1,958 habitans par mille carré. On y compte environ 3,000 pauvres.

Les villes sont au nombre de 33, les bourgades à celui de 12, et enfin les villages à celui de 129.

Weimar...	11,000 habitans.
Eisenach ..	9,300
Iéna	5,800

Sous le rapport de la nationalité, on trouve :

239,630 Allemands.   1,416 Juifs.

Sous le rapport des cultes :

229,576 protestans.   1,416 juifs.
9,556 catholiques.

Etablissement d'instruction publique :

1 université.	2 académies de dessin.
2 gymnases.	1 école forestière.
6 écoles urbaines.	1 — des arts.
543 — rurales.	2 — d'industrie.
2 — normales.	2 , — d'accoucheuses.

Le gouvernement est une monarchie avec représentation nationale.

Le budget présente :

749,845 thalers de revenus.
637,636 — de dépenses.

La dette est de 4,500,000 thalers.

L'armée est d'un régiment d'infanterie et un corps de hussards.

Le contingent est de 2,010 hommes, et 199 guldens 55 kreutzers.

GRAND-DUCHÉ DE SAXE-COBOURG-GOTHA.

Cet état se divise en duché de

	Mil. car.	Population.
Cobourg.	9.50	38,000
Gotha ...	28.10	92,231
	37.60	130,231

En 1835, on comptait 135,625 habitans ; 3,608 par mille carré.

On y trouve 9 villes, 9 bourgades, 429 villages ; en tout, 23,950 maisons.

| Gotha... | 13,000 habitans. |
| Cobourg. | 10,060 |

Les cultes présentent :

129,230 Allemands.   1,000 Juifs.

La population est ainsi composée :

127,230 protestans.   1,000 juifs.
2,000 catholiques.

L'instruction publique est donnée par :

3 gymnases.
1 gymnase académique.
2 écoles normales.
1 — pour les filles.
35 — urbaines.
300 — rurales.

Le gouvernement est une monarchie avec une chambre des représentans.

Les finances présentent 1,100,000 guldens de revenus et autant de dépenses ; la dette est de 3,000,000.

Le contingent 1,116 hommes, 111 guldens.

DUCHÉ DE SAXE-MEINUNGHEN.

Ce duché comprend 41.92 milles carrés et 146,394 habitans; 3,504 par mille carré.. Il se divise en 5 provinces.

	Milles carrés.	Habitans.
Duché de Meinungen.....	21.52	77,560
— de Hildbourghausen	9.35	29,272
Principauté de Saalfeld...	8.13	25,981
Comté de Cambourg......	2.07	8,373
Seigneurie de Kranichfeld	0.85	2,866

En tout, 22 villes, 17 bourgades, 431 villages et 27,295 maisons.

Voici les principales villes, avec leur population :

Meinungen	6,000 habitans.
Saalfeld	4,500
Hildbourghausen ..	3,500
Posneck	3,500
Sonneberg	3,000
Eisfeld	3,000

Habitans, d'après leur nationalité :
141,034 Allemands, 1,070 Juifs.

Habitans d'après les cultes :
144,460 luthériens. 894 calvinistes. 470 catholiques. 1,070 juifs.

Etablissemens d'instruction publique :

2 gymnases. 17 écoles urbaines.
1 école normale. 212 — rurales.
1 — forestière.

Le gouvernement, d'après la loi du 23 août 1829, est une monarchie avec les états, qui se composent de 8 représentans nobles, 8 bourgeois et 8 paysans.

Les finances présentent un total de 1,251,659 guldens de revenus, et les dépenses s'élèvent au même chiffre ; la liste civile y est comprise pour 180,000 guldens.

La dette monte à 5,303,556 guldens.

Le contingent fédéral est de 1,150 hommes, et 114 guldens 22 kreutzers.

DUCHÉ DE SAXE-ALTENBOURG.

Ce duché a 23.41 milles carrés et 120,514 habitans ; 5,028 par mille carré ; 8 villes, 2 bourgades, 458 villages, 19,856 maisons.

Altenbourg renferme 12,650 habitans, Ronnebourg 4,600 et Eisenberg 4,605.

Les habitans se divisent, pour la nationalité, en

99,050 Allemands et 10,443 Wendes.

Pour les cultes, en

109,343 luthériens et 150 catholiques.

L'instruction est propagée dans :

1 gymnase.
1 lycée.
8 écoles urbaines.
1 — de filles.
1 — de filles nobles.
1 — normale.
1 — de dessin.
1 — d'arts et métiers.

Le gouvernement a la forme d'une monarchie avec des états composés de nobles, bourgeois et paysans.

Les finances comportent 682,560 guldens de revenus ; les dépenses s'élèvent au même chiffre.

La dette est de 1,839,15 guldens.

Le contingent fédéral est de 982 hommes, et de 97 guldens 37 kreutzers.

GRAND-DUCHÉ DE MECKLEMBOURG-STRÉLITZ.

Ce duché comprend 36.13 milles carrés, et 85,257 habitans ; 2,261 par mille carré. Il est formé de la seigneurie de Stargarde et du duché de Ratzebourg.

On trouve, sur ce territoire, 9 villes, 2 bourgades, 219 villages, dont 135 avec église ; 245 possessions et domaines ducals, et 65 possessions vassales ou alliodales.

Parmi les habitans, tous Allemands et protestans, on compte 655 juifs et un petit nombre de catholiques.

Neustrelitz, capitale du duché, a 5,800 ames, Neubrandebourg, 6,000 ; Altstrelitz, 3,100 ; Friedland, 4,500.

Les établissemens d'instruction publique sont ;

3 écoles supérieures.
3 — inférieures.
1 institution pour les sacristains et les instituteurs.

Le gouvernement est une monarchie avec les états, d'après les conventions de 1701 et 1755.

Les revenus montent à 500,000 guldens. La dette de l'état est confondue avec celle du Mecklenbourg-Schwerin.

La force armée se compose de 742 hommes : 1 bataillon d'infanterie et 1 escadron de hussards.

Le contingent fédéral est de 718 hommes, et 71 guldens 22 1/2 kreutzers.

GRAND-DUCHÉ D'OLDENBOURG-KNIPHAUSEN.

Ce duché a 116 milles carrés d'étendue, et 258,000 de population ; 2,224 habitans par mille carré. Il se divise en 3 provinces, savoir :

Duché d'Oldenbourg et de Kniphausen..........	99.20 m. c.	210,000 h.
Principauté de Lubeck et d'Eutin	8 00	20,000
Principauté de Birkenfeld.	8.80	28,000

On y trouve :

9 villes.	818 villages.
10 bourgades.	41,949 maisons.

Oldenbourg, la capitale, a 5,500 habitans.

La population est allemande, et on y compte seulement 1,000 juifs.

Les cultes présentaient, en 1828, les chiffres suivans :

173,600 luthériens.   2,320 calvinistes.
70,880 catholiques.   980 juifs.

L'instruction publique est donnée par :

    2 gymnases.
    4 écoles supérieures.
    1   —   pédagogique.

Les finances présentent 1,500,000 guldens; l'état n'a pas de dette.

Le gouvernement est une monarchie avec les états.

L'armée se compose de :

    2 régimens d'infanterie.
    1 batterie et demie d'artillerie.
    1 corps de dragons.

Le contingent à l'armée fédérale est de 2,829 hommes; 216 guldens 35 kreutzers.

DUCHÉ D'ANHALT-DESSAU.

Anhalt-Dessau a 17 milles carrés, et 57,630 habitans; 3,390 par mille carré.

DUCHÉ D'ANHALT-BERNBOURG.

Anhalt-Bernbourg forme 16 milles carrés d'étendue, avec 45,135 ames ; 2,821 par mille carré.

DUCHÉ D'ANHALT-KOTHEN.

Anhalt-Kothen comprend 15 milles carrés, et 40,153 de population; 2,677 par mille carré.

31.

Ces trois duchés, gouvernés séparément par des princes respectifs, présentent en tout 48 milles carrés, et 142,918 habitans ; 2,938 par mille carré.

Les habitans sont Allemands; 139,000 professent la religion protestante ; 2,500 appartiennent à l'église catholique ; 2,500 sont juifs.

Ces trois états comptent 17 villes, 7 bourgades, 259 villages, et 20,840 maisons.

Les villes principales sont :

Dessau......	10,600 habitans.
Zerbst......	8,500
Kothen......	6,050
Bernbourg...	6,000

L'instruction est répandue par cinq gymnases : deux dans Anhalt-Dessau, un dans Anhalt-Bernbourg, et deux dans Anhalt-Kothen.

Les trois gouvernemens sont monarchiques ; mais la fixation de l'impôt ne peut être opérée que par les anciens états convoqués à cet effet par chaque souverain.

La force armée est de 1,224 hommes, divisés en trois corps :

De Dessau.....	529 hommes.
De Bernbourg .	370
De Kothen	325

Finances des trois états.

Duchés.	Revenus.	Dette.
Dessau.....	710,000	1,000,000
Bernbourg..	450,000	600,000
Kothen.....	400,000	1,600,000
	1,560,000	3,200,000 guld.

Le contingent :

Dessau....	529 hommes	52 guldens	40 kreutzers.
Bernbourg	370	35	50
Kothen...	325	32	17

PRINCIPAUTÉ DE SCHWARTZBOURG-SONDER-HAUSEN.

Cette principauté comporte 16.90 milles carrés, et 54,080 habitans ; 3,200 par mille carré.

Les habitans sont Allemands et luthériens pour la plupart ; cependant on y trouve 400 catholiques.

Sonderhausen, la capitale, a 3,600 habitans : Arnstadt en compte 4,850 ; en tout, outre ces deux villes, 7 bourgades, 83 villages, 8,600 maisons.

Le gouvernement est monarchique avec les états.

Les finances présentent 400,000 guldens ; la dette forme le même chiffre.

Le contingent est de 451 hommes ; 44 guldens 52 1/2 kreutzers.

PRINCIPAUTÉ DE SCHWARTZBOURG-RUDOLSTADT.

Cette principauté comprend 19.10 milles carrés, divisés en 11 districts, qui comprennent deux seigneuries, celle de Rudolstadt et celle de Frankenhausen.

On y compte 7 villes, 1 bourgade, 155 villages, 8 châteaux, 10,281 maisons.

La capitale, Rudolstadt, a 4,000 habitans; Frankenhausen en renferme 3,900.

Les habitans sont au nombre de 64,229; 3,363 par mille carré. Ils suivent la réforme de Luther. On trouve parmi eux 150 catholiques et 167 juifs.

Le gouvernement est constitutionnel représentatif.

Les finances offrent 325,000 guldens de revenus; la dette s'élève à 269,805, non compris la dette de la couronne.

Le contingent fédéral est de 539 hommes, et 53 guldens 40 kreutzers.

PRINCIPAUTÉ DE HOHENZOLLERN-HECHINGEN.

Cet état s'étend sur 6.50 milles carrés, et compte 21,000 habitans; 3,230 par mille carré, tous Allemands, et professant la religion catholique.

Il s'y trouve une ville, 3 bourgades, 14 paroisses, 25 villages, 2,420 maisons.

La capitale, Hechingen, compte 2,800 habitans.

Le gouvernement est une monarchie avec les états; la chambre se compose de 12 députés : 2 de la ville de Hechingen, et 10 des communes.

Les revenus montent à 130,000 guldens.

Le contingent est de 145 hommes, 14 guldens 25 kreutzers.

PRINCIPAUTE DE LICHTENSTEIN.

Ce petit état, divisé en deux comtés, Scheuenberg et Vadoutz, comprend 2.50 milles carrés, 5,880 habitans; 2,387 par mille carré. Tous les habitans sont catholiques.

On y compte 2 bourgades (Vadoutz a 700 ames), 9 villages, 5 châteaux, 1,200 maisons.

Les revenus divers sont de 5,000 guldens, et les revenus des domaines 22,000.

Le gouvernement est monarchique avec les états réunis en une seule chambre.

Le contingent fédéral est de 55 hommes, 5 guldens 30 kreutzers.

La maison de Lichtenstein possède des biens considérables dans différens états de l'empire autrichien et dans le royaume de Saxe; ils comprennent, en tout, 104 milles carrés, avec plus de 600,000 habitans, 24 villes, 2 faubourgs, 35 bourgades, 756 villages, 29 seigneuries, 46 châteaux, 11 cloîtres, 164 métairies. Les revenus de tous ces biens sont de 1,200,000 guldens.

PRINCIPAUTÉ DE HOENZOLLERN-SIGMARINGEN.

Cette principauté comprend 18.25 milles carrés, 42,420 habitans ; 2,308 par mille carré.

On y compte 4 villes, 7 bourgades, 30 paroisses, 70 villages et hameaux, 8 châteaux, 7,107 maisons.

Sigmaringen, la capitale, a 1,400 habitans.

Le gouvernement est monarchique avec les états, qui se composent de 17 membres.

Les revenus sont de 300,000 guldens.

Le contingent fédéral est de 356 hommes, et 35 guldens 22 1/2 kreutzers.

PRINCIPAUTÉ DE WALDECK.

Cet état, formé de la principauté de Waldeck et de la seigneurie de Pyrmont, a 21.66 milles carrés, et 56,000 habitans ; 2,585 par mille carré.

Cette principauté compte 14 petites villes, 105 villages, 46 métairies et fermes, 12,000 maisons.

Les villes les plus remarquables sont :

Arolsen, la capitale, 2,000 habitans ; Corback, 2,200.

Les habitans sont luthériens ; pourtant on y trouve 600 calvinistes, 800 catholiques, 500 juifs.

Le gouvernement est monarchique, avec les états réunis en une seule représentation.

Les revenus présentent 480,000 guldens; la dette 1,400,000.

519 hommes et 51 guldens 35 kreutzers, forment le contingent fédéral.

PRINCIPAUTÉ DE REUSS (*ligne aînéé*).

Reuss aînée a 6.84 milles carrés, et 30,040 habitans ; 4,413 par mille carré.

Elle possède 2 villes, 1 bourgade, 75 villages, 3,850 maisons.

PRINCIPAUTÉ DE REUSS (*ligne cadette*).

Reuss cadette a 21.10 milles carrés, et 68,854 habitans.

On y trouve 6 villes, 4 bourgades, 187 villages, 9,430 maisons.

Cette principauté se divise en trois parties, savoir : Reuss-Schleiz, Reuss-Lobenstein et Ebersdorf, et la commune Gera.

Gera possède 9,050 habitans ; Greitz, 6,300 ; Schleiz, 4,700 ; Lobenstein, 3,000, et Ebersdorf, 1,100.

Les habitans sont Allemands et luthériens ; 500 frères moraves et 400 juifs s'y trouvent mêlés.

Le gouvernement de ces deux principautés suit la forme monarchique avec les états. La Reuss aînée assemble 3 députés nobles et 4 députés bourgeois ; la Reuss cadette, 12 députés nobles et 9 députés bourgeois.

Ces deux principautés forment deux états à part, gouvernés par des princes spéciaux. Le prince de la Reuss aînée porte le titre : *De toute la race le plus âgé* (Des ganzen Stammes Aeltester); il a la suprématie dans la famille. Le prince de la Reuss cadette est son adjoint (Adjunct); il régente deux frères cadets, qui ont leurs apanages dans sa principauté, divisée, comme nous l'avons dit, en trois parties. Tous les princes de la race Reuss portent le nom d'Henri, et se distinguent entre eux par des numéros d'ordre.

Les revenus de la Reuss aînée sont de 140,000 guldens; ceux de la Reuss cadette, de 470,000

Le contingent de la branche aînée est de 223 hommes, et 22 guldens 7 kreutzers; celui de la branche cadette est de 522 hommes, et 51 guldens 55 kreutzers.

PRINCIPAUTÉ DE LIPPE-SCHAUENBOURG.

Cet état a 9.75 milles carrés, et 27,600 habitans; 2,830 par mille carré.

On y compte 2 villes, 3 bourgades, 99 villages, 9 fermes, 4,250 maisons.

Bückeberg, la capitale, possède 4,230 habitans.

La population allemande, suit la réforme de Luther; 3,600 calvinistes et 100 catholiques y sont mêlés.

Le gouvernement est monarchique, avec les états.

Les revenus présentent 215,000 guldens.

Le contingent est de 240 hommes, et 23 guldens 52 kreutzers.

PRINCIPAUTÉ DE LIPPE-DETMOLD.

Elle comprend 20.60 milles carrés, et 76,730
habitans; 3,724 par mille carré.

On y voit 6 villes et demie, 6 bourgades, 4 paroisses, 145 villages, 12,218 maisons.

La résidence de Detmold a 2,400 habitans.

Parmi la population, qui est calviniste, se
trouvent 3,100 luthériens et 1,600 catholiques.

Le gouvernement est monarchique, avec les
états qui se composent de 21 membres : 7 de la
noblesse, 7 de la bourgeoisie, et 7 des paysans. La
représentation délibère tous les deux ans sur les
impôts et les lois.

Les revenus sont de 490,000 guldens ; la dette
s'élève à 700,000.

Le contingent est de 691 hommes, et 68 guldens
40 kreutzers.

LANDGRAVIAT DE HESSE-HOMBOURG.

Ce landgraviat a 7.84 milles carrés, et 23,000
habitans ; 2,948 par mille carré; il possède 3 villes,
1 bourgade, 31 villages, 27 hameaux, 3,270 maisons. Il se divise en deux états : la seigneurie de
Hombourg (2.25 milles carrés, 8,000 habitans), et
la seigneurie de Meisenheim (5.59 milles carrés,
15,000 habitans).

32

La population est composée de 20,730 Allemands, 1,200 Français et Wallons, 1,050 Juifs.

13,000 calvinistes, 6,000 luthériens, 3,000 catholiques et 1,050 juifs, forment le chiffre des divers cultes.

Hombourg a 3,600 ames, Meisenheim, 2,000.

Le gouvernement est monarchique, avec les états.

Les revenus montent à 180,000 guldens ; la dette s'élève à 450,000.

Le contingent fédéral est fixé à 200 hommes, et 19 guldens 55 kreutzers.

LUBECK.

Cette ville libre possède un territoire de 6.75 milles carrés, 47,000 habitans.

On y trouve 2 villes, 68 villages, hameaux et fermes ; 6,487 maisons. La commune de Bergedorf lui appartient en commun avec la ville de Hambourg.

Parmi les habitans, qui sont luthériens, on compte 300 calvinistes, 400 catholiques, 400 juifs.

Le gouvernement est démocratique ; le sénat qui régit la république se compose de 20 membres : 4 maires et 16 conseillers.

La ville a 400,000 guldens de revenus et 3 millions de dette.

Elle donne un contingent de 407 hommes et 40 guldens 25 kreutzers.

FRANCFORT.

La ville libre de Francfort comprend 4.33 milles carrés et 54,000 habitans.

La ville, 2 bourgades, 5 villages, 4,700 maisons étaient, en 1832, assurés pour 42,684,450 guldens. — Francfort seule possède 45,000 habitans.

La population est luthérienne, excepté 2,000 calvinistes, 6,000 catholiques, 5,200 juifs.

Le gouvernement est démocratique. Le corps législatif dirigeant se compose de 20 sénateurs, 29 membres de la haute bourgeoisie, et 45 membres choisis dans la classe moyenne qui suit la religion chrétienne. Le sénat, comme administration, a 42 membres, divisés en trois bancs, de 14 syndics, de 14 jeunes sénateurs, et 14 conseillers. Les maires (Bürgermeister) sont choisis par le sénat, pour un ang

Les revenus montent à 760,000 guldens; la dette à 8 millions environ.

Le contingent est de 479 hommes, et 47 guldens 35 kreutzers.

BRÊME

Cette ville libre possède 5 milles carrés, et 57,800 habitans, 1 ville, 1 bougade, 14 villages avec églises, 58 villages et hameaux.

Brême a 40,000 habitans.

La population de tout le territoire se divise en

40,000 luthériens, 16,300 calviniste, et 1,500 catholiques.

Le gouvernement est démocratique; le sénat
représente le pouvoir; il se compose de 4 maires,
2 syndics, 25 conseillers.

Les revenus, en 1836, étaient de 569,770 thalers; les dépenses, de 593,039; déficit, 23,268.

La dette est de 3,000,000 guldens.

Le contingent comporte 485 hommes, et 48
guldens 15 kreutzers.

HAMBOURG.

Cette ville libre possède 7.10 milles carrés, et
150,000 habitans. — Bergerdorf lui est commun
avec la ville de Lubeck.

La population se divise en 134,840 luthériens,
4,050 calvinistes, 3,060 catholiques, 550 mennonites, 7,500 juifs. Tous habitent 2 villes, 2 bourgades, 18 villages avec églises, 50 villages et hameaux, 12,651 maisons.

Hambourg compte 122,000 habitans.

Le gouvernement est démocratique. Le conseil
de la ville se compose de 36 membres, savoir :
avec voie, 4 maires, 24 conseillers; sans voie, 4
syndics, 1 protonotaire, 1 archiviste, 2 secrétaires.

Les revenus sont de 1,500,000 guldens; la dette
monte à 13,500,000.

Le contingent est de 1,298 hommes, et 129 guldens 5 kreutzers.

Outre tous ces états souverains, il y a, en Allemagne, plus de 84 duchés, principautés, comtés et baronies *médiatisées*, qui, avant la paix de Lunéville de 1801, jouissaient d'un pouvoir souverain; depuis cette époque, ils sont transformés en états inférieurs. Pourtant, les titulaires, dans leurs domaines respectifs, ont le pouvoir de juridiction.

MONARCHIE PRUSSIENNE.

STATISTIQUE PHYSIQUE ET DESCRIPTIVE.

Les états de la Prusse sont situés entre 3° 30' et 20° 30' de longitude est, et entre 49° et 56° de latitude nord.

Ils se divisent en deux régions : la région orientale et la région occidentale. La première partie a pour limites : à l'ouest, le royaume de Hanovre et le duché de Brunswick ; à l'est, les provinces polonaises de l'empire de Russie, le royaume de Pologne, la république de Krakovie ; au nord, les duchés de Mecklenbourg et la mer Baltique; au sud, la Silésie autrichienne, la Bohême et les états Saxons.

La région occidentale ou rhénane est bornée: à l'ouest, par la Belgique et la Hollande ; à l'est, par le Hanovre, les principautés de Hesse, de Lippe, de Nassau, de Waldeck ; au nord, par le Hanovre; au sud par la France et la Bavière rhénane.

32.

Le royaume de Prusse, dans ses limites, comprend 5,070 milles carrés. La population, à la fin de 1836, a été de 13,837,233 ames ; 2,532 par mille carré. Le nombre d'habitans, en 1816, ne fut que de 10,339,034.

L'augmentation, dans l'espace de 20 ans, est donc de 3,488,202 ames, ou, terme moyen, 174,410 par an. En 1836, il y eut 550,662 naissances, et 375,588 décès. Le surcroît est donc de 175,074 ames, ou 2 3/7 sur 100 habitans.

Le royaume se compose de 8 provinces, dont nous donnons ici la dénomination, avec l'étendue en mille carrés, et la population, d'après le recensement de 1836.

RÉGION ORIENTALE.

Royaume de Prusse.

	Milles carrés.	Nombre d'habitans.
Konigsberg	408.13	740,829
Gumbinen......	298.21	549,410
Dantzick.......	152.28	340,970
Marienwerder..	319.41	487,443
	1,178.03	2,118,652

Grand-duché de Posen.

Posen..........	320,68	778,216
Bromberg......	214.83	307,082
	536.51	1,152,298

Margraviat de Brandebourg.

Potsdam	373.69	962,815
Francfort	357.25	728,914
	730.94	1,691,764

Grand-duché de Poméranie.

Stettin	233.13	457,536
Kœslin	258.49	355,611
Stralsund	75.48	157,865
	567.10	971,012

Duché souverain de Silésie.

Breslau	248.14	1,011,735
Oppeln	243.06	773,542
Liegnitz	250.54	809,585
	741.74	2,594,862

Comté de Saxe.

Magdebourg	210.18	590,440
Mersebourg	188.76	638,442
Erfurth	61.74	300,725
	460.63	1,529,607

RÉGION OCCIDENTALE.

Grand-duché de Westphalie.

Munster	132.17	405,661
Minden	95.68	419,144
Arnsberg	140.11	499,142
	367.96	1,323,947

Provinces du Rhin.

Cologne	72.40	420,391
Dusseldorf.....	98.32	749,952
Coblentz.......	109.64	464,911
Trêves.........	131.13	450,343
Aix-la-Chapelle.	75.65	369,494
	487.14	2,455,091

Le royaume de Prusse possède 985 villes, 280 bourgades, 34,500 villages et hameaux; en tout, 1,700,000 maisons. 16,920 édifices sont consacrés aux divers cultes.

Les villes les plus remarquables sont:

Berlin (1).........	270,000 habitans.
Breslau...........	92,000
Cologne	72,500
Konigsberg	70,000
Dantzick.........	62,000

(1) D'après la *Gazette d'État de Prusse* du 11 février 1838, dans le courant de 1837, l'état civil de Berlin a enregistré 10,260 naissances, dont 5,289 garçons et 4,971 filles. Dans ce nombre, on comprend 1,545 enfans naturels (796 garçons et 749 filles), 1 sur 6 à 7 naissances. La moitié des enfans naturels sont morts en venant au monde. Dans le total des naissances, il se trouvait 84 jumelles et trois enfans nés d'une couche. Dans la même année, on a contracté 1,808 mariages; et il a été constaté 11,045 décès.

Eberfeld............	53,000
Magdebourg.......	47,000
Aix-la-Chapelle ...	40,000
Posen	36,000
Stettin............	34,000
Halle	26,000
Barmen	25,000
Potsdam..........	24,000
Erfurth...........	23,000

Les états du royaume de Prusse, en dehors de la Confédération germanique, ne présentent aucune hauteur.

Le grand-duché de Posen et la Prusse proprement dite forment des pays de plaines qui ne produisent aucune grande rivière ; en revanche, comme dant tous les terrains de bas-fonds, les marais et les lacs sont nombreux.

La Vistule et la Warta, deux fleuves polonais, sont les artères principales de ces pays ; l'un entre en Prusse à Thorn, l'autre dans la Posnanie, à Pyzdry. La Vistule parcourt 20 milles du pays ; la Warta en fait 40 dans le duché de Posen, puis entre dans le margraviat de Brandebourg, pour se joindre à l'Oder. Dans son parcours, la Warta reçoit la Prosna et le Notetz ; le Notetz joint la Warta avec la Vistule par le canal de Bromberg et la rivière Brda. Les autres rivières les plus considérables de la Prusse sont : la Pregla, qui a 12 milles de longueur ; le Niémen, 10 milles ; dans le duché de Posen, l'Obra, le Notetz, qui

ont chacun 25 milles de parcours ; la Prosna, qui
en a 15. Les états de Prusse en Allemagne sont
arrosés par l'Oder, les deux Neisse, la Weistritz,
qui coulent leurs eaux à la Baltique ; et l'Elbe,
l'Ems, le Weser et le Rhin, qui ont leurs embouchures dans la mer du Nord.

Les plus grandes lagunes de la Prusse et de la
Poméranie sont : le Kurisch-Haff, qui a 24 milles
carrés de surface, à l'embouchure du Niémen ;
le Frisch-Haff, de 15 milles carrés de superficie,
aux embouchures de la Pregla et de la Vistule, et
le Stettiner-Haff.

Le Spirding, qui a 12 milles de circonférence,
et le Mauer, long de 6 milles, dans la Prusse
de Gumbiuen ; le Goplo, dans le duché de Posen, et le Leba, dans la Poméranie, sont les lacs
les plus grands de ce royaume.

Outre les canaux peu considérables qui servent
à rassembler les eaux éparses de la Prusse de
Kœnigsberg, on trouve, dans la partie orientale
de la monarchie prussienne, plusieurs canaux
dignes d'être remarqués ; ainsi ceux de Bromberg, avec 10 écluses, long de 4 milles, large de
5 toises ; le canal de Finow, réunissant l'Oder au
Havel, affluent de l'Elbe ; le canal de Plauen, qui
forme une autre jonction de l'Oder avec le Havel ; enfin le canal de Frédéric-Guillaume, qui,
au-dessus de Francfort, unit l'Oder à la Sprée.

La Prusse possède les îles qui surgissent dans
la Baltique, en vue de la Poméranie ; elles sont

au nombre de trois : Wollin, Usedom, à l'embouchure de l'Oder, et Rügen, ancienne et célèbre
résidence des dieux slaves.

Le climat des différens états de ce royaume varie selon la position du pays ; la Prusse et la Poméranie, voisines de la mer Baltique, éprouvent
de fréquens changemens de température. La plus
grande chaleur dans tous les états varie entre 24 et
28 degré de Réaumur ; et le froid le plus intense
est de 21 à 26 degrés. La température moyenne
à Berlin, situé au milieu de tous les états sous
11° 2' de longitude est, et sous 52° 33' de latitude nord, à 17 toises au-dessus de la mer, est de
6.31 au-dessus de zéro. Au reste, le climat de la
Prusse est généralement sain et tempéré.

STATISTIQUE PRODUCTIVE ET COMMERCIALE.

Les états prussiens abondent en céréales de
toute espèce. On y récolte le chanvre, le houblon, le tabac, les légumes, surtout les pommes
de terre ; mais peu de fruits. La vigne est cultivée
particulièrement dans les provinces rhénanes.
Sur 55,000 arpens consacrés à la culture de la
vigne dans ce royaume, environ 40,000 appartiennent aux provinces rhénanes. On évalue la
récolte en vin, année commune, à 300,000 hectol.,
représentant un capital de 26,000,000 de francs,
capital auquel les provinces du Rhin participent
pour une somme de 21,000,000.

L'ensemble des bois est estimé à 18,000,000 d'arpens.

Les mines de la Prusse contiennent de l'or, de l'argent, du cuivre, du plomb, de l'alun, du vitriol, du salpêtre, de l'albâtre, du marbre, du granit, du porphyre et des pierres précieuses. Le fer y est le plus abondant et généralement de bonne qualité. En 1830, on a retiré 22,000 marcs d'argent. On trouve de l'ambre sur les côtes de la Baltique. Les diverses espèces de charbon abondent presque partout. On tire annuellement près de 75,000,000 de petits blocs carrés de tourbe.

La Silésie et les provinces du Rhin recèlent de nombreuses sources minérales.

En 1830, on comptait en Prusse :

> 1,374,594 chevaux.
> 4,446,368 bêtes à cornes.
> 11,965,675 bêtes à laine.

L'éducation des moutons est une des principales industries du pays; les croisemens de la race indigène avec les meilleures races espagnoles améliorent constamment ce bétail.

Les jambons de Westphalie et de Poméranie jouissent d'une réputation universelle.

Les forêts sont peuplées d'une grande quantité de gibier de diverses espèces. Les fleuves et les nombreux lacs sont très-riches en poissons.

L'économie rurale produit annuellement environ 1,350,000,000 de fr. Sur 100 habitans, 66 sont occupés aux travaux agricoles.

L'industrie a pris, dans le royaume de Prusse, un grand essor depuis 1815. La fabrication de la toile occupe beaucoup de bras, surtout à la campagne, où l'on compte plus de 200,000 métiers. La Silésie confectionne annuellement pour plus de 40,000,000 fr. de toiles.

Les manufactures de draps, d'acier et de fer, moins nombreuses que celles de toile, arrivent après elles au plus haut chiffre; viennent ensuite les fabriques de cotonnades, de soieries, de cuirs, de tabac, les raffineries, puis les distilleries, qui produisent annuellement 1,200,000 hectolitres d'eau-de-vie; enfin les fabriques de faïence et de porcelaine, d'huile, de savon, de bière, etc.

L'industrie prussienne occupe un 18e de la population et produit une valeur de 437,000,000 de francs. Les machines en activité équivalent à la force de 4,500,000 ouvriers.

Le commerce de l'Allemagne, du Rhin à la Vistule, est le monopole du gouvernement prussien : sa loi sur les douanes lui a donné cette prépondérance commerciale qui le met à la tête des affaires de la Confédération germanique; aussi les états prussiens, pour leur compte, exportent-ils la valeur de 324,000,000 de francs, et importent-ils pour 285,500,000 francs; la différence en faveur de la Prusse est de 38,500,000 fr.

L'exportation des produits bruts s'élève à 135 millions, leur importation est de 95,000,000, différence en faveur de la Prusse de 40,000,000 ; l'exportation des objets forme un capital de 229 millions, et leur importation n'est que 150,500,000 francs, différence toujours à l'avantage de la Prusse, 78,500,000 fr. Tout avantage commercial consiste donc dans les fabriques.

Les ports les plus fréquentés du royaume sont : Stettin, Dantzick, Kœnigsberg, Pillau, Memel, Elbing, Stralsund et Colberg. On voit annuellement plus de 4,150 navires apporter environ 11,500,000 quintaux de marchandises ; les mêmes navires remportent 12,000,000 de quintaux en marchandises.

Les villes de commerce les plus importantes, dans l'intérieur, sont : Berlin, Breslau, Magdebourg, Munster, Cologne, Elberfeld, Francfort-sur-l'Oder, Minden.

Les douanes apportent au trésor environ 42 millions de francs.

Les routes par terre et par eau sont en très-bon état et se perfectionnent de jour en jour. Tous les ans l'augmentation des chemins et des canaux est sensible ; on construit des chemins de fer.

STATISTIQUE MORALE ET ADMINISTRATIVE.

La population du royaume de Prusse se compose principalement d'Allemands, qui présentent les 9/11 de la totalité des habitans ; les autres 2/11 comprennent les Polonais dans le duché de Posen, en Silésie, eu Prusse, et d'autres peuplades slaves en Poméranie et dans le duché de Saxe, les Kaszubes, Wendes, Serbes.

La diversité des cultes donne ces chiffres :

8,204,703 protestans, 8,224 temples, 1 sur 1,669 habitans.

5,067,703 catholiques, 4,822 églises, une sur 1,651 habitans.

176,013 israélites, 834 synagogues, une sur 211 habitans.

Les habitans se divisent encore en nobles et en roturiers ; les nobles ont certains priviléges dans l'armée et sont favorisés dans la répartition des impôts, surtout dans la région orientale ; les titres honorifiques se multiplient à l'infini, et le prédicat *von* est une particule officielle pour tout fonctionnaire public, pour tout officier dans l'armée, ne fût-il pas même noble de naissance ; l'esprit aristocratique anime toute les classes.

Le peuple, en Prusse, est laborieux et honnête ; mais les grands, l'aristocratie, s'y montrent pleins de morgue et de vanité.

L'instruction publique est très-répandue et bien développée en Prusse ; presque tous les enfans fréquentent les écoles, où l'on apprend les élémens de chant, de géographie, d'histoire, de physique et d'arithmétique ; le latin n'est pas négligé dans les écoles de campagne ; dans les écoles des villes, il est d'urgence.

Les écoles supérieures (colléges), sont au nombre de 140 et donnent l'instruction à plus de 26,000 élèves, environ 1 sur 518 habitans. 48 écoles normales préparent annuellement 2,150 sujets à la carrière de l'enseignement public. Les écoles techniques d'arts et métiers sont réparties convenablement. Les universités prussiennes sont au nombre de sept : à Berlin, Bonn, Breslau, Greifswald, Halle, Kœnigsberg et Munster; elles sont fréquentées par plus de 5,000 étudians; beaucoup d'étrangers en suivent les cours et y prennent leurs degrés scientifiques; en 1836-37 on en comptait 795 : les Allemands et les Polonais étaient les plus nombreux.

44 séminaires sont répartis dans les diverses villes du royaume.

Les sciences militaires sont enseignées dans les régimens qui composent l'armée et dans les écoles spéciales.

La capitale de la Prusse et différentes villes du royaume sont pourvues de bibliothèques bien tenues, de cabinets de médailles, d'histoire naturelle et tous autres instituts d'arts et sciences qui constituent un peuple avancé dans la civilisation.

La censure existe pour les ouvrages au-dessous de 20 feuilles.

Le gouvernement est purement monarchique. Les états provinciaux n'ont que voix consultative;

ils délibèrent sur les affaires administratives de la province qu'ils représentent; mais les décisions royales sont absolues sans appel. Le conseil d'état, s'occupe de la législation des réglemens administratifs. Les états provinciaux se composent des princes de la famille royale, des princes et comtes médiatisés, de la noblesse, de la bourgeoisie et des paysans. Les délibérations des assemblées sont formulées en *avis*.

L'administration du royaume de Prusse est entre les mains de huit ministres. Chaque province a un *présidium suprême*, chaque régence un chef président assisté d'un conseil. Les 335 districts ont chacun 1 landrath (conseiller du pays); les landraths sont élus par les citoyens. Les maires des villes sont également élus. Les règles administratives ont une unité, une conformité et une hiérarchie régulières, mais partant, diffuses et ennuyeuses dans leurs gradations et applications, et traînent les affaires à l'infini.

L'administration de la justice est lente et compliquée; les débats judiciaires ne sont jamais livrés à la publicité. Chaque district a un tribunal de première instance, et chaque régence un tribunal de deuxième instance. Deux cours de cassation siégent à Berlin; l'une pour la province du Rhin, et la seconde pour les sept autres provinces.

Les finances présentent 51,740,000 thalers de

33.

revenus, les dépenses donnent la même somme. La dette est de 175,868,830 thalers.

Les revenus des douanes, ports, canaux, ponts, etc., apportent annuellement plus de 20 millions de thalers au trésor; l'impôt foncier, 9,735,000; celui des classes, 6,404,000; le sel, 5,366,000; les domaines royaux, 4,212,000; l'impôt industriel, 1,973,000; la poste, 1,200,000; la ferme des mines, salines et fabriques de porcelaine, 717,000; le reste provient des revenus imprévus et de la principauté de Lichtenberg, apportant 80,000 thalers.

L'armée prussienne présente un effectif de 159,090 hommes d'armée active, 230,000 hommes pour la première landwehr, et 180,000 pour la seconde landwehr (1).

_____

(1) La durée du service obligé dans l'armée prussienne est de 3 ans; les jeunes gens qui possèdent un certain degré d'éducation et qui peuvent s'équiper à leurs frais, s'engagent volontairement et ne servent qu'un an. Les remplacemens ne sont pas admis. Après le temps de service, le conscrit entre pour deux ans dans le corps de réserve, d'où il sort pour faire partie de la première landwehr. Depuis sa vingt-sixième jusqu'à sa trente-deuxième année révolue, tout Prussien appartient à ce premier ban; sa 32e année révolue, il fait partie du landsturm ou garde nationale sédentaire jusqu'à la fin de sa cinquantième année.

L'armée active comprend :

Garde royale...........	17,908 hommes.
Infanterie de ligne.....	104,712
Cavalerie.............	19,132
Artillerie	15,718
Gendarmerie, chasseurs.	1,720

Pourtant les soldats au service réel ne sont qu'au nombre de 122,000.

Le corps d'officiers, en 1829, présentait :

    1 feld-maréchal.
    3 généraux de cavalerie.
    7   —   d'infanterie.
   33 lieutenans-généraux.
   65 généraux de brigade.
  128 colonels.
   95 lieutenans-colonels.
  554 majors.
1,614 capitaines et chefs d'escadron.
1,534 lieutenans en premier.
5,037   —   en second.

Les armes du royaume de Prusse se composent d'un aigle noir couronné, portant le chiffre F. R. sur la poitrine. — Le pavillon prussien est noir et blanc, disposé de manière que deux bandes noires sont séparées par une bande blanche.

Les ordres et les décorations sont : l'Aigle-Noir, divisé en 4 classes, créé en 1701 ; l'ordre de

l'Aigle-Rouge, créé en 1724, divisé en 4 classes ;
l'ordre du Mérite, créé en 1740 ; l'ordre de
Saint-Jean, de 1812 ; la Croix de Fer, de 1813 ;
l'ordre de Sainte-Louise, créé pour les femmes,
en 1814 ; et enfin, un grand nombre de médailles
en or et en argent.

EMPIRE D'AUTRICHE.

STATISTIQUE PHYSIQUE ET DESCRIPTIVE.

Les états de l'empire autrichien s'étendent entre 6° 14' et 24° 10' de longitude est, et entre 42°
10' et 51° 2' de latitude nord, sur une surface de
12,153 milles carrés avec 35,400,000 habitans ;
2,913 par mille carré.

Leurs frontières touchent : à l'ouest, à la Suisse
et à la Bavière ; au nord, à la Saxe, à la Prusse, à
la ville de Krakovie, au royaume de Pologne et à
la Wolhynie ; à l'est, aux mêmes pays et à la Podolie ; au sud, à la Moldavie, à la Valachie, à la
Servie, à la Bosnie et à la mer Adriatique.

L'empire autrichien est composé de 15 provinces
ou états, dont voici la nomenclature, avec leur
étendue, leur population absolue et relative à un
mille carré, en 1835.

Etats.	Etendue en milles car.	Nombre d'habitans par état.	p. m. c.
Royaume de Hongrie	4,181.60	11,233,587	2,684
— de Galicie.	1,548.03	4,217,791	2,728
Duché de Transylv..	1,109.80	1,930,259	1,740
Royaume de Bohême.	952.95	4,200,000	4,407
Confins militaires....	609.80	1,641,675	1,707
Comté de Tyrol.....	516.44	811,496	1,572
Margraviat de Moravie et duché de Silésie.	481.56	2,026,906	4,213
Royaume Lombardo-Vénitien.........	851.94	4,457,747	5,232
Duché de Styrie....	399.49	902,408	2,261
Royaume d'Illyrie...	519.74	1,193,981	2,300
Duché d'Autriche...	708.65	2,118,732	2,992
Royaume de Dalmatie	273.75	350,388	1,274

On compte, dans tous ces états, 777 villes, 2,230 bourgades, 70,000 villages, 4,200,900 bâtimens.

Les villes les plus populeuses de l'empire autrichien, sont :

Vienne..........	350,000 habitans.
Milan...........	170,000
Praga...........	124,000
Venise..........	116,000
Pesth..........	57,000
Léopol.........	56,000
Trieste.........	45,000
Debreczyn.......	45,500

Gratz	40,000
Presbourg	38,000
Brün.............	36,000
Bude......	30,000

L'empire autrichien présente les inégalités de terrain les plus variées ; ainsi on y trouve des glaciers élevés, de basses et grasses plaines et des vallées fertiles et riantes. Trois chaînes de montagnes, qui se divisent en trois grands corps, et dont les divers embranchemens ceignent ou traversent l'empire, occupent une partie considérable de son territoire. Ces chaînes de montagnes sont les Alpes, les Karpates, et les hauteurs de la Bohême. Le plus haut point est le pic d'Ortles, dans le Tyrol ; son élévation est de 1,950 toises.

L'Adriatique est la mer, ou plutôt le seul golfe qui baigne l'empire autrichien, dans une étendue de 254 milles géographiques. Les golfes de Trieste, de Carnaro, de Cattaro, ainsi que les détroits ou canaux de Zara, de Pago, etc., ne sont que des fractions du golfe de Venise.

Le principal fleuve de l'empire d'Autriche proprement dit, est le Danube, qui, de Passau à Orszowa, traverse presque toutes ses provinces.

L'Inn, la Traun, l'Ems et les eaux de Stuper, de l'Ips, du Trasen, de la Leitha, du Raab, de la Fraau et de la Sau, tombent dans la rive gauche du Danube ; et la Marche, la Waag, la Gran, la Theiss, dans la rive gauche du même fleuve. Le

Pô, en Lombardie, l'Elbe, en Bohême (avec ses
affluens, l'Eger et la Moldau), la Vistule et le
Dniéper, en Galicie (Pologne), forment les plus
grandes rivières des provinces de l'empire autrichien, et facilitent sa navigation vers les mers du
nord et du midi de l'Europe.

Les montagnes et les hautes plaines ou vallées
des Alpes, offrent un grand nombre de lacs. Sur
la lisière septentrionale des Alpes, se trouvent
les lacs de Constance, de Saint-Wolfgang, d'Al-
ter, de la Lune, de la Traun et de Halbstadter ; ce
dernier est situé immédiatement au-dessous des
glaciers. Au milieu des Alpes, on rencontre les
lacs de Klagenfurth, d'Ossiach, de Millstadt, de
Wochein, et celui de Zirckmitz. Sur la frontière
méridionale des Alpes, on admire le Lago Maggiore, les lacs de Lugano, de Como, d'Iseo et de
Garda. Enfin, sur la pente orientale, et vers la
Hongrie, se présentent les grands réservoirs de
Neusiedel et le Platten. De grands marais touchent
à ces deux derniers lacs, les plus grands de la
monarchie. Dans les Karpates, sur la ligne frontière entre la Hongrie et la Galicie, on rencontre
les deux lacs l'OEil de Mer et l'Etang Noir.

Le royaume Lombardo-Véniten est le mieux
partagé en canaux; le seul gouvernement de
Venise n'en a pas moins de 243. En Hongrie, le
Franz-Canal joint le Danube à la Theiss; le canal
du Bega joint le Bega au Temes; le canal de
Vienne est le lien de communication entre Vienne

et Neustadt. On projette de joindre le Danube à l'Elbe, au moyen d'un chemin de fer qui conduirait de Linz à Budweiss. En Galicie, on a dressé le plan d'un canal entre le Dniester et le San, affluent de la Vistule.

Le climat de la monarchie autrichienne, par suite de son étendue, offre beaucoup de variations. La température moyenne, à Raguse, est de 11 degrés de Réaumur au-dessus du zéro; à Trieste, de 12; à Fiume, de 10; à Milan, de 9; à Padoue, de 10; à Temeswar, en Hongrie, de 9; à Praga, de 7; à Olmütz, de 7; à Troppau, de 7; à Lemberg, enfin, le terme moyen est de 6. A Milan, le thermomètre ne descend presque jamais au-dessous de 2 degrés 5 dixièmes de Réaumur.

STATISTIQUE PRODUCTIVE ET COMMERCIALE.

La surface de l'empire autrichien, sous le rapport de la culture, se divise en 212,884,000 morgs, dont :

> 93,093,000 de terres cultivées.
> 74,643,700 occupés par des bois.
> 18,755,000 de prairies et pâturages.
> 4,162,000 de vignobles.

Les blés viennent abondamment en Autriche, surtout dans les parties sud-est et sud-ouest : on évalue à 66 millions d'hectolitres la quantité de blé qui se récolte annuellement dans l'empire.

Les fruits, les légumes prospèrent partout. Les

melons arrivent souvent au poids énorme de 40 livres. Les marrons d'Italie sont exportés à l'étranger. L'olivier est cultivé dans les états vénitiens et en Dalmatie.

Les vins de Hongrie, et particulièrement celui de Tokay, jouissent d'une juste célébrité. On porte à 20 millions d'hectolitres la quantité de vins de toutes qualités que produisent les diverses provinces de l'empire.

La culture du tabac donne, par an, plus de 300,000 quintaux.

On compte, dans toutes les provinces :

     12,000,000 bêtes à corne.
     20,000,000 — à laine.
      2,200,000 chevaux.
       850,000 chèvres.

Les races de chevaux et de moutons se sont sensiblement améliorées depuis quelques années, surtout les moutons, qui fournissent par an 48 millions de livres de laine.

Parmi les bêtes fauves, on remarque le lièvre de Bohême, le daim, le cerf, le chevreuil, et même le castor.

Les animaux féroces, tels que l'ours et le loup, habitent la partie orientale, en Hongrie et en Galicie.

Çà et là, on rencontre des martres, des marmottes, des chats sauvages, etc.

34

Dans les montagnes, on aperçoit des aigles, des vautours et autres oiseaux de proie. Le seul lac de Constance est habité par 73 espèces d'oiseaux aquatiques.

Les poissons sont nombreux dans toutes les eaux stagnantes et courantes de l'empire; leurs espèces varient à l'infini. En Hongrie, c'est un on-dit populaire, que « *les poissons forment un tiers du Theiss.* » Les esturgeons du Danube pèsent jusqu'à 15 quintaux; les brochets dépassent quelquefois le poids de 30 à 40 livres.

On voit des ruches à miel partout; et cependant cette branche lucrative de commerce pourrait encore être susceptible de plus d'accroissement.

Le ver à soie produit de 36 à 40 mille quintaux de fil.

Le sol de l'Autriche recèle en son sein tous les métaux, hormis le platine. Ses mines d'or lui rapportent de 2,000 à 2,500 marcs de bénéfice; celles d'argent, plus de 108,000 marcs; les mines de cuivre donnent 70,000 quintaux; celles de plomb, 50,000. La masse de fer fondue annuellement dans la monarchie, s'élève à 1,250,000 quintaux. Les mines polonaises de Wieliczka et Bochnia fournissent le plus de sel gemme. La quantité de sel extraite dans tout l'empire est évaluée, par an, à 3,100,000 quintaux; celle de soude est estimée à 2,117,370 quintaux, et celle du sel de mer, à 550,000; la masse totale de sel s'élève à 5,857,370 quintaux. On trouve en outre dans les mines de l'empire, du mercure, des marbres de toute espèce, de l'albâtre, du gypse, des grés, des pierres de taille, des pierres à meules, des granits, du porphyre, de l'ardoise, et une quantité considérable de houille et de tourbe.

On porte à plus de 600 le nombre des sources minérales; la Hongrie et la Galicie en sont les plus pourvues; la Bohême possède les plus célèbres. Les établissemens renommés sont ceux de Karlsbad, de Tœplitz, en Bohême; de Baden, en Autriche; de Mehadia, dans les cordons militaires; de Lutschka, de Tœplitz, dans le comitat de Trentschin; de Postien, en Hongrie; de Swoszowicé, de Szczawnik, en Galicie; de Ofen, de Grosswardein; et enfin de quelques unes dans la Slavonie et dans Transylvanie.

Les manufactures de l'Autriche emploient, dans leurs diverses fabrications, plus de 1,200,000 ouvriers. Ainsi, les fileurs y comptent pour environ 1 million, et livrent annuellement au commerce 1,800,000 pièces de toile, chacune de 54 mètres. Les fabriques de tissus de coton, qui sont nombreuses, et particulièrement en Bohême et dans l'Autriche inférieure, occupent près de 30,000 ouvriers; le tissage de la laine en fait vivre le même nombre. Le reste des ouvriers est réparti dans une multitude d'autres fabrications et professions, telles que raffinerie de sucre, fabriques de produits des mines, de cristaux, fabriques d'huiles, d'outils d'horlogerie, pianos, chapeaux de paille, objets d'arts et de sciences.

Malgré l'état prospère de l'industrie, le commerce de l'empire autrichien payait encore, en 1826, environ 2 millions de guldens en sus des importations sur les exportations. Mais, depuis cette époque, cet état de choses a changé; l'Autriche, l'année d'après, exporta pour 60,257,000 guldens de marchandises, tandis que ses importations ne s'élevèrent qu'à une valeur de 59,741,600 guldens. On exporte des minéraux, des toiles, du verre, des draps, de la soie en fil et en étoffes, des grains, des vins, etc. On importe le café, le sucre, le cacao et autres denrées coloniales, le fil de coton, les bestiaux, les peaux, la laine, le coton, le bois de teinture et pour les ouvrages d'ébénisterie, le lin, le vin de Chypre.

Le commerce de commission est aussi vaste qu'avantageux à cet empire; car une grande partie des marchandises, qui passent, de l'Europe orientale et méridionale, dans l'Europe occidentale et septentrionale, traversent ses provinces.

Les opérations de la banque nationale de Vienne s'élevèrent, en 1837, à 1,476,348,101 guldens, savoir :

Recettes 795,220,325
Paiemens ... 781,127,776

Au 31 décembre 1837, il restait en caisse 70,632,773 guldens. On a racheté, en 1837, du papier-monnaie pour une somme de 2,104,700. Le 1er janvier 1838, il n'y avait plus en circulation en papier monnaie, qu'une valeur de 16,064,488 guldens.

Les bénéfices de l'établissement ont été, en 1837, comme il suit :

Pour les escomptes.........	1,601,119 guldens.
Sur les avances et prêts...	267,066
Intérêts du capital de la banque...............	2,247,066
Négociations de traites.....	39,451
Intérêts du fonds de réserve	214,750
Total...	4,369,352
Les dépenses, telles que régie, fabrication de bank-notes, etc...............	426,149
Bénéfice net.	3,943,393 guldens.

Les routes sont, en général, en très-bon état; on en perce tous les jours de nouvelles et on améliore les anciennes.

Les principales villes maritimes sont: Trieste, Venise, Fiume, Raguse, Spalatro, Cattaro, Rovigo.

Vienne; Praga, en Bohême; Pesth, Debretschine, Semline, en Hongrie; Brody et Léopol

34.

(Lemberg), en Galicie, constituent les villes les
plus considérables du commerce de l'intérieur.
Viennent ensuite : Lintz, Steyer, Salzbourg, en
Autriche; Graetz , en Syrie ; Botzen , Roveredo,
dans le Tyrol ; Milan, Bergame, Brescia, Schio,
Bassano , Vicence, Padoue, Véronne, en Italie ;
OEdenbourg, Szegedine, Theresianopol, Karl-
stadt, Agram, Kaszau, Temeswar, en Hongrie et
dans les cordons militaires ; Hermanstadt et
Kronstadt, en Transylvanie; Podgorze, Iaroslaw,
Soutchawa, en Galicie ; Brünn, Olmütz, Troppau,
Bielitz, en Moravie et Silésie ; Rheichenberg,
Buweiss, Rumbourg, Pilzen, en Bohême.

Vienne, Milan et Venise font un commerce
important en librairie.

STATISTIQUE MORALE ET ADMINISTRATIVE.

Sur les 33,500,000 habitans de l'empire autrichien, les Slaves forment un total de 15,750,000
ames, où les Bohêmes, les Moraves et les Silésiens
comptent pour 5,802,750; les Polonais, les Rous-
niaks et les Mazours, pour 5,000,000 ; les Hongrois, les Slavons et les Dalmates, pour 4,300,000;
les Illyriens, les Korytans, pour 1,200,000. Les
Allemands, qui sont après les plus nombreux,
présentent une population de 6,200,000 ames ; les
Magyars, 4,500,000 ; les Italiens , 4,650,000 ; les
Valaques, 1,800,000 ; les Juifs, 475,000 ; enfin les
Zigans , 110,000.

On compte en Autriche, sous le rapport des religions et cultes :

27,000,000 catholiques.	480,000 israëlites.
3,040,000 grecs.	50,000 unitaires.
1,660,000 calvinistes.	13,500 arméniens.
1,190,000 luthériens.	500 musulmans.

Le personnel du clergé catholique se compose de 3 cardinaux, de 13 archevêques, de 70 évêques, de 2,568 autres ecclésiatiques attachés aux chapîtres, et de 69,515 ecclésiastiques, moines et séculiers; au total, 72,169 individus.

Il existe, dans les différentes parties de l'Autriche, 294 abbayes, 557 couvens de moines, et 110 couvens de religieuses.

Sur 100 habitans, on compte 69 individus occupés de travaux agricoles, 9 sont ouvriers et artisans, 22 habitent les villes tant pour le commerce intérieur et extérieur que pour le service du gouvernement.

Le personnel du service militaire, administratif et religieux est évalué à 405,000 individus, savoir :

270,000 soldats.	50,000 fonctionnaires.
13,000 officiers.	72,170 ecclésiastiques.

L'instruction publique, en Autriche, est en général, sinon restreinte, au moins fort diffuse et répandue irrégulièrement; le gouvernement autrichien semble ne rien négliger de ce qui peut

rendre l'éducation difficile; ainsi, malgré un
nombre considérable d'écoles, les sciences et la
littérature restent dans un état stationnaire ou
plutôt inférieur; mais cependant les beaux-arts,
et particulièrement la musique, laissent peu à désirer. On compte, dans tout l'empire : 9 universités
et écoles supérieures, avec 10,000 étudians; 23
lycées ou académies catholiques, 1 lycée en Illy-
rie, 4 lycées luthériens, 7 lycées calvinistes, 1 lycée unitaire, 20 institutions diverses destinées aux
catholiques, 1 établissement d'enseignement de
théologie protestante. Vienne, la capitale de
l'empire, entretient un nombre considérable d'é-
coles privées et spéciales, parmi lesquelles on
distingue l'institut de Loewenbourg et l'académie
équestre de Marie-Thérèse, où l'on enseigne toutes
les sciences. Les autres établissemens les plus
renommés de l'empire sont : l'école polytechnique
de Vienne, l'institution technique de Praga (école
industrielle), l'académie des langues orientales de
Vienne, l'académie de médecine et de chirurgie
(académie de Joseph), l'école vétérinaire de
Vienne, et celles de Pesth et de Milan.

Si l'instruction publique végète dans l'empire
d'Autriche proprement dit, en revanche, elle est
dans un état prospère dans les provinces allemandes; plus de 33 sociétés savantes s'occupent
des arts et de l'agriculture. Les bibliothèques sont
nombreuses; mais tandis qu'à Paris on compte un

— 405 —

journal pour 3,700 habitans, à Vienne ce rapport n'est que de 1 à 11,338.

C'est à Vienne, capitale de l'empire, qu'il faut chercher les diverses nuances qui caractérisent les différens peuples de ses provinces; autant l'Allemand est raide et posé, autant le Hongrois et le Polonais sont fiers et bouillans. La souplesse astucieuse des Italiens tranche pittoresquement entre la franchise slave et l'impassiblité allemande.

La forme de gouvernement est purement monarchique, cependant avec des représentations d'états dans certaines provinces. Ainsi, en Hongrie et en Transylvanie, la diète, composée des nobles et des bourgeois, vote les lois et les impôts; en Galicie, en Bohême, en Moravie, en Allemagne et en Italie, les états provinciaux pétitionnent; la Dalmatie et les cordons militaires, au contraire, exécutent les ordres sans murmurer.

Les affaires judiciaires parcourent trois instances.

Les finances de l'état présentent un total de 130 millions de guldens (325 millions de francs) de revenus, savoir :

42,000,000 guldens d'impôt foncier.
32,000,000 — indirect.
36,000,000 de revenus de régales.
8,000,000 — de biens et forêts.
12,000,000 de diminution des intérêts.

Les dépenses, en temps de' paix, s'élèvent à 125,000,000 de guldens (312,500,000 fr.).

La dette avouée de l'empire monte à 540 millions de guldens (1,350,000,000 de fr.) ; d'autres chiffres la portent à 850,000,000 guldens ; mais ce chiffre nous paraît exagéré. Les statisticiens les plus consciencieux ne l'estiment qu'à 1,900,000,000 de francs.

La fortune nationale est évaluée à 48 milliards de francs, et le revenu annuel à 5,560,000,000.

L'armée présente un effectif de 272,800 hommes ; elle est divisée en

92 régimens d'infanterie..	188,600 h.
37 — de cavalerie .	40,000
5 — d'artillerie ..	17,500
Le génie	2,700
Autres corps...........	23,000

La réserve et la landwehr présentent un effectif de 478,000 hommes ; au total, 750,800.

Le service militaire dure 14 ans.

La marine autrichienne se compose de 31 vaisseaux, dont 3 de ligne, 8 frégates, une corvette, 8 bricks, 4 schooners, et 7 bâtimens de transport.

Les places fortes de l'empire sont au nombre de 34 ; voici leur nomenclature :

Alt-Gradiska	Kronstadt	Pizzighetone
Arad	Kufstein	Praga
Brescia	Legnago	Raguse
Brixen	Leopoldstadt	Rothenthurm
Brood	Mantoue	Salzbourg
Esseg	Maros-Vasar.	Semlin
Josephstadt	Munkatz	Spalatro
Karlsbourg	Olmütz	Theresenstadt
Karlstadt	Osopo	Temeswar
Kattaro	Palmanuora	Venise
Kœniggrætz	Peschiera	Zara
Komorn	Peterwardein	

Indépendamment de ces villes, des troupes autrichiennes tiennent garnison à Mayence, forteresse fédérale ; à Ferrare, dans les états de l'Eglise, et à Plaisance, dans le duché de Parme.

Les ordres de l'empire sont divisés en 3 catégories, savoir : 1° les décorations de cour : l'ordre de la Toison d'Or, l'ordre de l'Etoile ; 2° les ordres militaires : l'ordre de Marie-Thérèse, celui de Thérèse-Elisabeth, l'ordre de Saint-Etienne, l'ordre de Saint-Léopold et la décoration de Fer ; 3° l'ordre du Mérite Civil, l'ordre de la Couronne de Fer, créé par Napoléon, qui est indistinctement donné aux militaires et autres citoyens. Les ordres spécialement affectés au clergé sont : l'ordre Teutonique, la Croix de Malte, l'ordre de la Croix ou de l'Etoile Rouge.

SUISSE

(CONFÉDÉRATION RÉPUBLICAINE).

STATISTIQUE PHYSIQUE ET DESCRIPTIVE.

La Suisse est située entre 3o 4' et 8° 5' de longitude ouest, et entre 45° 50' et 47° 49' de latitude nord.

Elle a pour limites : au nord, la France, le grand-duché de Bade, le royaume de Wurtemberg et le Tyrol; au sud, le royaume sarde et la Lombardie; à l'ouest, la France, le Tyrol et la Lombardie.

Toute l'étendue de ce pays comprend 696 milles carrés.

La population était, en 1836, de 2,116,215 ames; en 1837, elle monta à 2,177,430.

La Suisse, sous le rapport politique extérieur, ne présente qu'un seul état; mais, dans son organisation intérieure, elle se divise en 22 pays indépendans, administrativement, l'un de l'autre, et qu'on appelle cantons. Voici leur dénomination, leur étendue, et leur population absolue et relative à un mille carré.

Cantons.	Milles carrés.	Population absolue.	relative.
Berne	120.83	400,000	3,306
Zurich	32.33	232,000	7,155
Lucerne	27.71	116,000	4,164

Cantons.	Milles carrés.	Population absolue.	relative.
Uri...............	19.85	14,000	.700
Schwitz........	15.96	38,500	2,406
Unterwalden ..	12.41	24,000	2,000
Glarus.........	13.20	30,000	2,307
Zug............	4.03	15,000	3,750
Fribourg......	26.60	90,000	3,334
Soleure........	12.01	60,000	5,000
Bâle-ville (1)... Bâle-campagne.	8.71	23,000 38,000	6,778
Schaffhouse ...	5.46	29,000	5,800
Appenzell.....	7.21	57,500	8,142
Saint-Gall.....	35.27	158,000	4,514
Grisons	140.00	96,000	686
Argovie.......	23.70	152,600	6,334
Thurgovie.....	12.66	89,800	6,908
Tessin	48.81	104,000	2,123
Vaud.........	55.75	180,000	3,124
Valais	78.38	78,000	1,000
Neufchâtel	13.22	57,000	4,305
Genève	4.31	83,900	20,957

Voici, dans leur ordre, les 23 villes capitales de ces cantons :

----

(1) Le canton de Bâle ne formait, avant 1832, qu'un seul état ; dans cette année, il a été divisé en deux demi-cantons

Berne	25,500 habitans.
Zurich	14,000
Lucerne	6,000
Uri	1,600
Schwitz	4,800
Sarnen	3,500
Glarus	4,000
Zug	2,800
Fribourg	6,200
Soleure	4,500
Bâle	21,300
Liestal	2,100
Schaffhouse	7,100
Appenzell	3,000
Saint-Gall	10,500
Coire	3,400
Arau	3,500
Frauenfeld	1,600
Lugano	3,600
Lausanne	10,200
Sion	2,400
Neufchâtel	4,700
Genève	27,300

La Suisse, pays principalement montagneux, n'est cependant regardée que comme un vaste plateau dont l'élévation ne dépasse pas 210 toises, sillonné par des chaînes de montagnes qui appartiennent au système alpique. Les points culminans de la Suisse sont :

Le Monte-Leone ou Simplon, élevé de 1,805 toises ;

La Finster-Aar-Horn, haut de 2,206 ;

Le Recullet, de 880.

Le Rhin, le Rhône, le Danube et le Pô sont les quatre fleuves principaux qui s'échappent des flancs des montagnes de la Suisse ; ces quatre fleuves absorbent toutes les rivières qui traversent ce pays ; telles que l'Aar, affluent du Rhin ; l'Inn, tributaire du Danube ; l'Adda, le Tessin, la Limmat et autres.

La Suisse est coupée par des lacs ; neuf seulement méritent d'être cités. Un simple exposé de leur dimension en donnera une idée suffisante.

Lacs de	Longueur. Milles.	Largeur. Milles.	Profondeur. Pieds.
Genève......	6 1/2	2 1/4	900
Lucerne	5 1/7	2 1/4	600
Neufchâtel...	4 1/2	1 1/7	400
Zurich......	5 1/7	1/2	600
Zug	2 1/4	4/7	600
Thun	2 1/4	3/7	720
Bienne.......	1 5/7	4/7	200
Walenstadt..	2	2/7	500
Brienz.......	1 5/7	2/7	500

Parmi les canaux de la Suisse, on remarque particulièrement les canaux de la Linth, dont l'un, de 5,292 mètres, conduit depuis cette rivière jusqu'au lac Wallenstadt, et l'autre de 16,645, se prolonge du lac Wallenstadt au lac de Zurich.

Après ces canaux, viennent les travaux hydrauliques de la rivière Kander et d'une partie de l'Aar, de la Rengbach dans le canton de Lucerne et du Glalth dans celui de Zurich. On projette de régulariser les lits de la Thill inférieure et de l'Aar en baissant de trois ou quatre pieds le niveau moyen des lacs de Neufchâtel, de Bienne et Morat ; on doit aussi reprendre les travaux de communication entre le lac de Neufchâtel et celui de Genève.

« C'est en Suisse que la nature développe ses plus grandes merveilles et ses plus majestueuses horreurs ; tout y est gigantesque : la hauteur des montagnes et la profondeur des vallées ; ici des terrains agrestes, des champs fertiles ; là des pics arides et des glaces éternelles ; ici de tranquilles ruisseaux, des rivières paresseuses et à côté des torrens écumeux, des cataractes rapides, puis des villes populeuses, commerçantes, des villages rians, des laiteries pittoresques, séparées, coupées, de sombres forêts, de noirs précipices.

Le climat de la Suisse diffère selon la position : tandis que, dans la vallée, on jouit des douceurs d'un climat tempéré, les rigueurs d'un hiver perpétuel se font sentir dans les montagnes.

Au Saint-Gothard, à la hauteur de 1,070 toises, la température moyenne de l'année est de

0.72 ; Berne, située à 299 toises, a une température de + 6°.23 ; Zurich, à 215 , + 6°.98 ; Coire,
à 135, + 7°.52 ; Bâle, à 128, + 7°.7 ; Genève, à
200 toises, 7°.72.

Dans plusieurs parties de la Suisse, les habitans
sont affligés d'une enflure glanduleuse à la gorge
qu'on appelle *goître* ; ces accidens sont causés par
l'eau, qui, dans beaucoup d'endroits, est impré-
gnée des matières calcaires.

STATISTIQUE PRODUCTIVE ET COMMERCIALE.

Le sol des vallées, quoique pierreux, est fertile
et donne d'excellens pâturages ; il produit du froment, de l'orge, de l'avoine, du chanvre, du lin et
une quantité prodigieuse de fruits. La partie du
sud, aussi chaude que la Provence, abonde en
pêches, en amandes, en figues, en raisins, en citrons et en grenades. On a remarqué en Suisse,
dans la végétation que la vigne disparaît à 290
toises au-dessus du niveau de la mer ; que le hêtre qui commence à cette hauteur, finit à 670 toises ; le sapin lui succède et verdit jusqu'à 916
toises ; les prairies prospèrent à 1,080 toises ; les
neiges occupent la région supérieure, et à 1,330
toises commencent les glaciers et les neiges éternelles.

Les productions animales de la Suisse sont les
troupeaux de bêtes à cornes, de chèvres ; les bêtes
fauves et le gibier de toute espèce ; on y voit des

35.

ours , des chamois, des bouquetins ; l'air y est habité par une grande variété d'oiseaux de proie et autres. Parmi les oiseaux de proie , on remarque le *Lamergeyer*, grand oiseau de la famille des aigles, qui habite les rochers les plus élevés, et se nourrit de quadrupèdes qu'il emporte dans son aire.

Les Suisses ont amélioré la race de chevaux.

L'ardoise, le marbre , le porphyre , le gypse, l'albâtre , le sel fossile , le salpêtre , le soufre virginal et le charbon de terre abondent dans les montagnes. On y rencontre aussi des mines d'argent, de cuivre, de fer, de plomb et d'autres métaux. On trouve, dans le sable de rivière, des parcelles d'or.

Les sources minérales y sont en très-grand nombre.

L'industrie de la Suisse se concentre dans les cantons du nord et de l'ouest. On y fabrique en grand toutes les parties de l'horlogerie, la bijouterie, les étoffes, les rubans de soie , les draps légers, les belles toiles de lin et de chanvre, les fils de lin et de chanvre ; le papier à écrire et à tentures, les cuirs, les peaux , les dentelles, les chapeaux de paille, les instrumens de musique, l'acier ordinaire, l'acier météorique , les armes , les instrumens de mathématique , la poudre à fusil.

Les villes les plus industrieuses sont:

Genève,	Winterthur,	Glaris.
Bâle,	Berne,	Chaux-de-Fond.
Zurich,	Gersau,	Locle.
Saint-Gall,	Herisau,	Lucerne.

Le commerce d'exportation consiste principalement en bœufs, vaches, veaux, fromage, beurre, suif, langues salées, esprit de cerise (kirchwasser), extrait de gentiane, fruits secs, bois de construction, charbon, plantes officinales ; percales, toiles, étoffes et rubans de soie, dentelles, montres, bijouterie, ouvrages en bois, peaux tannées, papier et poudre à fusil. Le commerce d'importation s'étend sur les blés, le riz, le sel, la morue, les harengs et autres poissons salés et marinés, les vins, les eaux-de-vie, les fruits secs des pays méridionaux, le tabac, la soie, le coton, les bois de teinture, le sucre, le café et autres denrées coloniales, plusieurs objets manufacturés, entre autres les draps fins, les ustensiles métalliques de toute espèce, les livres et les meubles de luxe. Le commerce de transit est très-important.

Les villes qui y participent le plus sont :

Bâle,	Lucerne,	Bellinzone.
Soleure,	Schaffouse,	Lugano.
Coire,	Saint-Gal,	Olten.
Genève,	Altorf,	
Zurich,	Rorsbach.	

Relations commerciales de la France avec la Suisse.

Voici le relevé général, de 1821 à 1834 inclus, des importations en France provenant de la Suisse, et des exportations françaises à destination de ce pays :

	Importations.	Exportations.
1821	10,624,148 fr.	28,960,324 fr.
1822	9,636,071	29,941,429
1823	9,112,076	22,075,114
1824	10,975,265	24,643,418
1825	11,332,241	22,061,527
1826	11,889,282	25,660,586
1827	12,593,275	24,216,632
1828	13,328,981	27,412,877
1829	13,304,042	26,726,665
1830	12,457,704	26,743,733
1831	9,408,137	27,541,593
1832	9,718,277	34,980,952
1833	11,927,713	32,293,146
1834	12,713,826	29,835,960
Total.	150,021,038	383,093,956
Moyenne de 14 ans	11,358,645	27,363,854

Les communications intérieures s'améliorent tous les jours ; des chemins magnifiques traversent dans tous les sens ce pays, dont le sol est si inégal, si différent. Les bateaux à vapeur desservent plusieurs lacs. Les douanes de l'extérieur et les réglemens intérieurs de divers cantons entravent quelquefois le commerce de la Suisse qui en général cependant est fort actif.

STATISTIQUE MORALE ET ADMINISTRATIVE.

Les habitans de la Suisse forment plusieurs nationalités, dont la majeure partie appartient à la famille allemande qui y compte 1,460,000 membres. Après les Allemands, les Français sont les plus nombreux ; ils présentent un chiffre de 460,000 individus. Le reste se partage en 122,000 Italiens ; 50,000 descendans des races romance et latine, et 1,850 juifs.

Sous le rapport des cultes, les réformés sont au nombre de 1,250,000, et les catholiques au nombre de 733,000.

Les Français prédominent dans les cantons de Vaud, de Genève, du Valais, de Neufchâtel, de Fribourg ; ils sont moins nombreux dans le canton de Berne.

Les Italiens habitent le canton du Tessin et une partie du Valais.

Les Juifs occupent seulement, et c'est en très-petit nombre, les trois cantons d'Argovie, de Genève et de Berne.

Les autres quatorze cantons sont exclusivement habités par la race allemande.

Les Suisses sont braves, hardis, industrieux, attachés à la liberté de leur pays. Dignes descendans d'Arnold de Winkelried et de Guillaume Tell, ils sont également propres au maniement des armes et des instrumens de l'agriculture. Cette nation est en général très éclairée ; elle a donné au monde plusieurs hommes d'un mérite supérieur ; parmi eux, Haller, Zwingle, Lavater, Pestalozzi, l'immortel J.-J. Rousseau de Genève. Les villes de la Suisse possèdent plusieurs bibliothèques, muséums et collections. Zurich a une bibliothèque de 60,000 volumes et 700 manuscrits ; Soleure, une bibliothèque de 10,000 volumes, un arsenal avec une collection de 2,000 cuirasses; La ville de Berne possède un muséum d'histoire naturelle, un jardin botanique et une bibliothèque; Witherthour et Zoffinghen ont aussi des cabinets de médailles et des bibliothèques. La ville de Bâle, dans les siècles passés, fut renommée par ses imprimeries ; le célèbre concile de 1431 à 1444 fut tenu dans ses murs. Cette ville a conservé une bibliothèque de 40,000 volumes.

La presse périodique en Suisse compte 93 organes, dont 48 journaux politiques, 23 littéraires et religieux, et 22 feuilles d'avis et annonces. Berne possède le plus grand nombre de journaux ; elle en compte 16 ; Zurich en a 15 ; Bâle-Ville, 8 ; Lucerne, 8 ; Saint-Gall, 8 ; Vaud, 6 ; Argovie, 5 ; Schaffhouse, 4 ; Bâle-Campagne, 3 ; Tessin, 3 ; Appenzel, 2 ; Grisons, 2 ; Thurgovie, 2 ; Glaris,

1 ; Schwitz, 1 ; Zug, 1. Les cantons de Valais, d'Uri et d'Unterwalden ne possèdent aucune publication périodique. Fribourg n'a qu'un journal d'annonces.

Les monumens d'arts et de sciences sont nombreux en Suisse, surtout dans les églises et les édifices publics.

Mœurs des habitans.

La jeunesse suisse est exercée, de bonne heure, aux jeux athlétiques, au tir et aux évolutions militaires. L'usage des soieries, des dentelles et des bijoux est sévèrement défendu dans la plus grande partie des cantons, où la loi a régularisé jusqu'à la forme des coiffures des femmes. Le mariage est très-respecté en Suisse, et divers priviléges sont accordés aux hommes qui ont formé ce lien sacré. Dans ce pays, on ne voit ni spectacles, ni mascarades, et tous les jeux de hasard y sont prohibés.

L'instruction en Suisse est donnée par 7 écoles supérieures ou universités ; 40 écoles secondaires, gymnases, lycées, et environ 2,000 écoles primaires, rurales et agricoles. A Hofwil, près de Berne, se voit une école agricole qui sert de modèle en Europe aux établissemens de ce genre : M. Fellemberg est son fondateur. Dans le canton de Vaud, on compte 1 élève sur 6 habitans.

Les cantons suisses, sous le rapport de la forme des gouvernemens, d'après leurs constitutions diverses, se divisent en trois classes. Le canton de Neufchâtel a seul des formes monarchiques, modifiées par des institutions républicaines et une représentation nationale. Le roi de Prusse a le titre fictif de son souverain. Les cantons de Zurich, de Lucerne, de Soleure, et le demi-canton de Bâle-Ville ont des formes aristocratiques républicaines, c'est-à-dire que quelques familles exclusivement sont appelées à former la moitié du petit conseil auquel le pouvoir exécutif est conféré. Les cantons d'Uri, de Schwitz, d'Unterwalden, de Glarus, de Zug, de Schaffhouse, d'Appenzel, de Saint-Gall, de Grisons, d'Argovie, de Berne, de Fribourg, de Thurgovie, du Tessin, de Vaud, du Valais, de Genève, et le demi-canton de Bâle-Campagne sont des républiques purement démocratiques.

Les affaires de la Confédération helvétique ou république suisse, sont traitées dans la diète composée des députés des cantons.

La Suisse n'a point de capitale permanente. Selon le pacte de 1815, Zurich, Berne, Lucerne sont alternativement, et pendant deux ans, la ville où siége le haut pouvoir dirigeant appelé vorort. Lucerne est la capitale depuis 1837.

Tous les cantons se garantissent mutuellement l'indépendance et la liberté intérieure vis-à-vis les autres états d'Europe. Les cantons ne forment qu'une seule puissance. La diète, aux deux tiers des voix de ses membres, traite de

la paix et de la guerre, nomme les agens diploma-
tiques, dispose de la force publique, ordonne les
mesures de sûreté générale, règle le chiffre et
l'organisation du contingent des troupes et en
nomme le général. Dans ses vacances, le voroit
la remplace dans toutes ses attributions.

Forces militaires de la Suisse.

Les contingens fédéraux s'élèvent à 66,332
hommes; et comme chaque canton dépasse sa
quote-part, on peut les porter hardiment à 72,000
miliciens, dont les plus âgés (à l'exception des
officiers et sous-officiers) n'ont guère plus de 30
ans. Il faut ajouter à ce chiffre les troupes capitulées et servant à l'étranger, qui doivent toutes
rentrer dans leur patrie en cas de guerre.

La Suisse, outre les contingens fédéraux, pos-
séde des réserves cantonnales, dont le nombre
n'est pas fixé, mais qu'on peut élever à 6 hommes
sur 100, ce qui fait, non compris le contingent,
120,000 hommes âgés de moins de 45 ans, qui
ont presque tous passé par les contingens, et sont,
comme aux armées, équipés et organisés. Viennent ensuite les hommes qui ont achevé leur
temps dans les réserves, et dont le nombre est
encore inconnu; mais la plupart, âgés de 45 à 60
ans, seraient prêts à combattre pour leurs familles
et leurs propriétés.

Ainsi, la Suisse possède, en contingens fédé-

36

raux...................... 72,000 hommes.

En troupes capitulées qui doivent rentrer dans leur patrie en cas de guerre........ 10,000

En réserves cantonnales organisées fédéralement....... 120,000

Effectif...... 202,000

Plus, en hommes sortis des réserves, de l'âge de 45 à 60 ans, un nombre inconnu.

La Suisse n'a pas de cavalerie ; mais elle a des carabiniers qui, à quelque centaines de pas, choisissent leur homme, et le frappent sur le bouton qu'ils ont désigné. Elle n'a pas, il est vrai, d'argent pour entretenir son armée ; mais des troupes nationales combattant au sein de leur pays et pour leur pays, peuvent se passer de solde mieux que d'autres. D'ailleurs, la politique européenne est assez connue pour savoir qu'il y aura toujours une grande puissance qui trouvera son avantage à fournir les moyens nécessaires à la défense de cette contrée.

Aarbourg est la seule forteresse de la confédération ; Genève, Soleure, Zurich, Rheinfeld sont aussi fortifiées, mais sur un pied moins formidable. Saint-Maurice et le Simplon peuvent devenir facilement des places fortes.

La quotité des contributions est déterminée tous les vingt ans d'après la révision qui en est faite. La totalité des revenus de la Suisse peut être évaluée à 12,000,000 de francs, monnaie de France ; le contingent en argent ne dépasse pas 700,000 fr. La Suisse n'a pas de dette.

Les armes de la Suisse sont un vieux Suisse , tenant d'une main une hallebarde , et de l'autre un écu avec cet exergue : *Les XXII cantons de la Confédération suisse.* — Le président de la diète porte le titre de *Landamman* (homme du pays).

PORTUGAL (ROYAUME DE).

STATISTIQUE PHYSIQUE ET DESCRIPTIVE.

Le royaume de Portugal est situé entre 8° 46' et 11° 51' de longitude orientale, et entre 36° 58' et 42° 7' de latitude nord.

Ses bornes au nord et à l'est sont : l'Espagne ; au sud et à l'ouest, l'Océan Atlantique.

Le Portugal présente une superficie de 1,722 milles carrés ; ses possessions en Asie et en Afrique ont une étendue de 28,032 milles carrés ; total, 30,524 milles carrés.

La population du royaume monte à 4,648,250 ames ; 3,013,950 pour la partie d'Europe, et 1,634,300 pour les colonies.

Le royaume de Portugal, en Europe, se divise en 6 provinces, savoir :

	Milles carrés.	Population de 1830.
Estramadoure..	416 50	681,311
Beira	405 00	922,438
Minho........	135.00	743,662
Tras-os-Montès.	191.75	280.208
Alem-Tejo.....	483.75	266,009
Algarves.......	90.00	120,322

Mais par une loi des cortès de 1836, le pays est divisé en 12 provinces, subdivisées en 26 arrondissemens, dits *comarcas*. Cette division comprend les iles Açores, le cap Vert et Madère, que nous classons, au contraire, dans les possessions portugaises en Afrique.

Voici la dénomination des 12 provinces :
Alto-Minho (Haut-Minho).
Baixo-Minho (Bas-Minho).
Tras-os-Montès.
Alta-Beire (Haute-Beira).
Beira-Orientale.
Beira-Maritima.
Alta-Estramadura (Haute-Estramadoure).
Baixa-Estramadura (Basse-Estramadoure), comprenant les Açores).
Alto-Alem-Tejo (Haut-Alem-Tejo).
Baixo-Alem-Tejo (Bas-Alem-Tejo).
Algarves.
Madeira (ile de Madère).

Les pays d'outre-mer se composent :

	Milles carrés.	Habit.
En Afrique, des		
Iles Açores.............	52.52	201,300
Madère et Porto-Santo...	18.50	102,000
Iles du Cap-Verd	149 00	72,000
— de la Guinée	19.59	20,000
Gouvernement d'Angola.	14,750 00	376,000
— de Mozambique.....	13,500 00	286,000
	28,489.52	1,058,000
En Asie, des		
Gouvernement de Goa...	223.00	417,900
— de Timor et Salor..	85.00	120,000
— de Macao	4.50	38,400
	312 50	576,300

On compte dans le Portugal 22 villes (ciudades), 785 bourgs (villas), 4,086 villages à églises, 765 mille habitations.

La population du pays, en 1833, montait à 3,200,000, ce qui donne 1,858 habitans par mille carré.

Les villes les plus populeuses du Portugal sont :

Lisbonne ...	250,000	Braga........	14,500
Porto.......	80,000	Elvas	12,000
Coimbre....	16,000	Ovar	10,500
Setuval.....	15,000	Evora........	10,000

Le Portugal est couvert de montagnes; elles

appartiennent toutes au système hespérique. La Gaviara, dans le groupe septentrional, a 1,230 toises de hauteur; la Serra d'Estrella, dans le groupe central, a 1,077 toises, et la Foya, dans le groupe méridional, est haute de 638 toises.

Les côtes du Portugal n'offrent que des îlots; les plus remarquables sont le groupe des Berlengas, dans l'Estramadoure, et celui de Faro, dans les Algarves.

Les Açores, au milieu de l'Océan, se trouvent éloignées du continent européen de 200 milles.

Aucun des lacs non plus que des canaux du Portugal ne mérite d'être cité, tant ils sont de petite dimension et de peu d'importance.

Parmi les rivières, qui toutes tombent dans l'océan Atlantique, les plus remarquables sont :

Le Minho, long de 33 milles, qui vient d'Espagne ; le Douro ; le Vouga, 25 milles de cours ; le Mondego, le plus grand des fleuves qui prennent leur source en Portugal (27 milles de cours); le Tage, venant de l'Espagne ; le Saado ou Sadao et le Guadiana.

Le climat est modifié suivant l'inégalité du sol, la direction des vallées et l'éloignement plus ou moins grand de l'Océan. La chaleur moyenne du plus haut plateau est de 15°; dans les plateaux de moyenne élévation, la température moyenne pendant l'hiver est de 2°7 de froid, et pendant l'été de 6° de chaleur. A Lisbonne, la chaleur moyenne

est de 16° 5 ; le mois le plus chaud donne 22o 5,
et le plus froid 11o. Les parties basses sont favori-
sées d'un double printemps et d'un hiver très-
court. Le sol du Portugal est exposé à de fréquens tremblemens de terre : depuis huit siècles,
Lisbonne a ressenti quinze secousses plus ou
moins violentes ; quelques unes ont failli détruire
de fond en comble cette belle ville.

STATISTIQUE PRODUCTIVE ET COMMERCIALE.

Malgré la fertilité du sol, le Portugal importe
pour plus de 36 millions de francs de blé pour le
besoin de la capitale, tant la culture est négligée
et tant les communications avec l'intérieur sont
difficiles. On y cultive la vigne, les orangers, les
citronniers, les figues, les pommes, les poires, les
muriers, le lin, le chanvre. Les bois sont plan-
tés de bouleaux, de cormiers, de chênes et de cha-
taigniers. — Les chevaux du Portugal, s'ils étaient
mieux soignés, rivaliseraient peut-être avec ceux
de l'Andalousie ; les moutons et l'économie rurale
sont susceptibles de grandes améliorations ; les
bêtes à cornes, mieux soignées, pourraient aussi
devenir plus nombreuses, conséquemment plus
productives.

On pratique en Portugal l'éducation des abeilles
et des vers-à-soie ; on y élève aussi de la volaille.
Dans les montagnes, on rencontre le loup, le chat
sauvage, la chèvre, le sanglier.

Les montagnes du Portugal recèlent des mines d'or, d'argent, de cuivre, d'étain, de fer, de houille et de marbres. On y connait plus de cinquante sources minérales ; on fréquente peu d'entr'elles ; les marais salans sont mis à exploitation ; les autres richesses du terrain sont négligées, et on ne tire des mines par an que les valeurs suivantes :

Or.....	600 fr.	Houille..	1,100,000 fr.
Fer....	250,000	Sel......	3,000,000
Plomb..	100,000		

L'industrie et l'agriculture ne sont pas avancées en Portugal ; quelques fabriques et manufactures de peu d'importance donnent ces produits et valeurs :

Etoffes de coton	2,850,000 fr.
— de laine......	250,000
— de soie	1,560,000
— d'or et d'argent	450,000
Toileries	60,000
Objets divers........	2.580,000
	7,750,000

On exporte annuellement :

Amandes et figues pour	500,000
Oranges	2,000,000
Vins	44,000,000
Laines	400,000
	46,900,000

Le total des exportations peut être évalué à 55 millions de francs ; ce qui donne 17 francs par habitant.

STATISTIQUE MORALE ET ADMINISTRATIVE.

La religion catholique est le culte national du Portugal ; les autres croyances religieuses n'y sont que tolérées. Ainsi, dans toute la monarchie portugaise, on trouve :

3,800,000 catholiques.   400,000 fétischistes.
400,000 bouddhistes.   65,000 foïtes.

En 1830, on comptait en Portugal, 4,034 paroisses ; chaque paroisse est de 750 habitans. Les prêtres étaient au nombre de 18,000 ; = 1 sur 167 habitans. 6,290 moines et 4,550 religieuses étaient répartis dans 483 cloîtres ; ensemble, 10,840 individus.

Le revenu des cloîtres et couvens fut évalué, en 1830, à un total de 6,000,000 de dollars (le dollar équivaut à 5 fr. 42 cent.)

La population de toutes les possessions se divise, d'après la nationalité, en

3,400,000 Portugais.
596,000 Nègres libres.
420,000 Indiens.
65,000 Chinois.
50,000 Gallas.
20,000 Nègres esclaves.

L'instruction publique, en Portugal, est donnée par l'université de Coïmbre, la seule du royaume, à 1,600 étudians : ensuite 17 séminaires, 322 écoles supérieures, (escolas majores) et 838 écoles inférieures, (escolas menores) se partagent le reste des élèves qui, en tout, se monte à 33,000 élèves. = 1 sur 90 habitans.

Parmi les établissemens scientifiques et littéraires, on remarque l'Académie royale de Marine avec son observatoire ; l'Ecole royale de construction et d'architecture navales ; l'Académie royale de fortification, d'artillerie et de dessin ; l'Ecole royale de chimie ; celles de sculpture et de commerce ; le Collége royal militaire, l'Institut de musique, les Ecoles royales de San Vicente de Fora, de dessin et d'architecture civiles ; l'Académie royale des sciences ; les Cabinets de physique, d'histoire naturelle ; le Jardin de botanique. Les bibliothèques publiques, sur les différens points du royaume, se trouvent dans les mains des prêtres : elles sont au nombre de 22, et possèdent, en tout, 51,200 volumes.

Après avoir donné à l'Europe moderne les premières leçons d'astronomie et de navigation, la nation portugaise est à peine comptée parmi les nations savantes et lettrées. Sa littérature est peu connue, mais cependant mérite d'être appréciée. Depuis le Camoëns, la poésie a toujours été cultivée en Portugal. Mais la langue y est stationnaire

et arrête souvent l'essor du poète; car, à l'exemple
des Espagnols leurs voisins, les Portugais dédai-
gnent d'enrichir leur langue de mots empruntés
aux divers idiômes. Malgré cette espèce d'entrave,
plus de 100 ouvrages traitant des différentes
sciences qui embrassent la masse des connaissances
humaines paraissent annuellement dans ce pays.
Les beaux arts, à l'exception de la musique, n'ont
jamais obtenu que de médiocres succès en Portugal. Toutes les productions des arts sont assujetties
à la forme religieuse et ne servent qu'à orner les
églises de cette pieuse nation.

La forme du gouvernement est monarchique-
constitutionnelle; le pouvoir législatif réside dans
les deux chambres. La couronne est héréditaire
dans les deux sexes.

Les finances présentaient en 1835 :

> 89,200,000 fr. de dépenses.
> 67,300,000 fr. de revenus.
> _____
> 21,900,000 fr. de déficit.

La dette, reconnue par l'état, en 1837, est de
447,000,000 de francs.

La maison de la reine coûte, par an, deux
millions 400,000 f.

L'armée, qui absorbe par an 23,400,000 fr.,
présente un effectif de 25,646 hommes et 5,374
chevaux. Elle se divise en :

Artillerie	3,390 hommes.
Cavalerie	3,600 —
Infanterie de ligne	15,720 —
— légère	2,936 —

La marine est portée au budget pour 7,600,000 fr. Elle se compose de 9,000 hommes; 2 vaisseaux de ligne; 4 frégates; 6 bricks; 8 cutters; 8 canonnières; 8 bateaux de transport; 8 paquebots et 2 bateaux à vapeur; ensemble : 50 bâtimens.

Le royaume de Portugal n'a conservé que quatre ordres de tous ceux qui ont été créés dans les temps anciens; deux nouveaux ordres datent de nos jours. Les ordres du Portugal sont : 1o Ordre militaire du Christ, de 1319; 2° Ordre militaire d'Aviz, de 1213; 3° Ordre de Saint-Jacques-de-l'Epée, de 1288; 4o Ordre militaire de la Tour et de l'Epée, de 1459; 5° Ordre de l'Immaculée Conception de Villa-Vicosa, de 1818; et enfin l'Ordre de Sainte-Isabelle, de 1804, pour les dames.

ESPAGNE (ROYAUME D').

STATISTIQUE PHYSIQUE ET DESCRIPTIVE.

Le royaume d'Espagne est situé entre 1o de longitude est et 12° de longitude ouest, et entre 36o et 44° de latitude nord.

Il a pour limite : au nord, l'Océan Atlantique, les Pyrénées, qui le séparent de la France, et la république d'Andorre ; au sud, la Méditerranée, le détroit de Gibraltar et l'Océan Atlantique ; à l'ouest, le Portugal et l'Océan Atlantique ; à l'est, la Méditerranée.

La ligne frontière entre la France et l'Espagne a 50 milles de longeur ; celle entre le Portugal en compte 98 ; les côtes de l'Océan ont 180 milles, et celles de la Méditerranée 190.

L'Espagne présente une superficie de 8,546.71 milles carrés ; elle possède, en Asie, en Afrique, dans l'Océanie et en Amérique, 5,137.08 milles carrés ; total, 13,683.79 milles carrés.

L'Espagne, dans sa population d'Europe en 1827, présentait 13,944 259 habitans ; celle de ses colonies fut portée à 3,488,714, ce qui donnerait un total de 17,432,973. Les évaluations de M. Moreau de Jonès présentent pour l'Espagne d'Europe un chiffre de 15,000,000.

En adoptant le total approximatif de 15 millions d'habitans, nous obtiendrons 1,755 ames par mille carré.

Anciennement, l'Espagne se divisait en 12 capitaineries-générales, comprenant 39 provinces, qui, pour la plupart, à différentes époques, constituaient des états indépendans l'un de l'autre. D'après le décret de la régente, du 30 novembre 1833, ce royaume doit être divisé en 43 provinces ou départemens, qui portent chacun le nom du chef-lieu. La Navarre, l'Alava et le Guipuzcoa sont exceptés et devront garder leurs noms.

Voici la dénomination des anciennes capitaine-ries-générales, avec l'indication des nouveaux noms de départemens :

L'Andalousie qui se compose de Cordoue, de Grenade, de Juan et de Séville, constitue la circonscription de 7 départemens, savoir : Juan, Grenade, Almeira, Malaga, Séville, Cadix et Huelva.

L'Aragon est divisé en 3 départemens : Sara-gosse, Huesca, Teruel.

Les Asturies ne forment qu'un département, celui d'Oviedo.

La Nouvelle-Castille est fractionnée en 5 dépar-temens : ceux de Madrid, d'Oviédo, de Ciudad-Réal, de Cuença et de Guadalaxara.

La Vieille-Castille forme 8 départemens : ceux de Burgos, de Valadolid, de Palencia, d'Avila, de Ségovie, de Soria, de Logrono et de Santander.

La Catalogne est démembrée en 4 départemens: de Barcelone, de Tarragone, de Lérida et de Gé-rona.

L'Estramadoure se coupe en deux départemens: ceux de Badajoz et de Cacérès.

La Galice constitue 4 départemens : ceux de La Corogne, de Vigo, d'Orence et de Ponte-vedra.

Le Léon se partage en 3 départemens : ceux de Léon, de Salamanque et de Zamora.

La Murcie compose les deux départemens de Murcie et d'Albacète.

La province de Valence se fractionne en 3 départemens : ceux de Valence, d'Alicante et de Castellon de la Plana.

Enfin, les îles Baléares.

Les possessions espagnoles, jadis si étendues et si populeuses, se réduisent de nos jours à 5,137 milles carrés et 3,450,700 habitans. Elles se composent :

En Asie, de l'île de Manille, du groupe Bissayer, de Babuyanes, de l'île Burchi et d'une partie de la Mandiganao ;

En Afrique, des Présides, des îles Canaries, de Anuaboa ;

En Amérique, de la Havane, de Porto-Rico et d'Eulebra ;

Dans l'Océanie, des îles Mariannes, Philippines et de Luçon.

Tous ces pays présentent 145 villes (ciudades), 4,366 bourgs (villas), 13,228 villages et 18,781 paroisses.

Les villes les plus populeuses en Espagne sont :

Madrid............	200,000 habitans.
Barcelonne........	120,000
Séville	91,000
Grenade	80,000
Valence	66,000
Cordoue...........	57,000

Cadix	53,000
Malaga............	52,000
Saragosse..........	43,000
Lorca	40,000
Carthagène	37,000
Murcie	36,000
Ecija.	35,000
Xérès de la Fronteia	34,000
Santiago...........	28,000
Orihuela	26,000
Alicante...........	25,000
Reuss	24,000
La Corogne........	24,000
Valadolid	21,000
Antequera........	20,000

L'Espagne forme un vaste plateau très élevé, surmonté de plusieurs chaînes de montagnes qui toutes appartiennent au système hespérique. Le point le plus élevé du royaume, le Cerro de Mulhacen, dans le département de Grenade, a 1,823 toises.

Les côtes de l'Espagne ne présentent aucune île de grande étendue. La petite île Léon n'a d'importance particulière que par les villes de Cadix et de Saint-Ferdinand qui s'y trouvent. A 14 milles du cap Saint-Martin, dans le département de Valence, on rencontre l'île d'Iviça, une des Baléares, groupe qui comprend les îles de Majorque et de Minorque, de Formentera, et quelques autres îles plus petites encore.

Parmi les fleuves qui découlent des montagnes de l'Espagne, le Tage est le plus grand ; il parcourt 135 milles du pays et entraîne à l'Océan Atlantique les eaux du Jarama, du Guadarama, de l'Alberege, du Tietar, de l'Alagon, du Zézère et de plusieurs autres rivières. La Guadiana parcourt 120 milles et va se perdre dans l'Océan. Le Giguela est son plus grand affluent. Le Duero, qui tombe aussi dans l'Océan, a 100 milles de longueur. Le Guadalquivir (Guad-al-Kebir, le grand fleuve, des Arabes) eu a 72. Le Mino traverse 40 milles du pays.

Les plus grands tributaires de la Méditerranée sont : l'Ebre, qui a 80 milles de longueur ; le Guadaluviar, qui en a 30 ; le Xucar, 54 ; et la Segura, 42.

Le plus grand lac de l'Espagne est l'Albufera, au sud de Valence. Un autre lac, situé au nord-est de Cartagène, porte le nom de Mar Menor.

Les autres eaux stagnantes ne méritent pas d'être mentionnées.

L'Espagne possède plusieurs canaux d'une importance réelle. Tels sont : le canal impérial, commencé sous Charles-Quint ; il longe l'Ebre, de Juleda en Navarre jusqu'au-dessous de Sarragosse ; il a 16 milles de longueur ; — celui de Castille, qui joint le port de Santander avec le Duero ; celui d'Olmédo ou de Ségovie, qui fera communiquer cette ville avec le même fleuve ; celui de

Huescar, qui doit joindre Carthagène au Guadalquivir, et par conséquent l'Océan à la Méditerranée ; enfin, celui des Alfaques, qui conduit
d'Amporsta à San Carlo ou Alfaques. Les canaux
de la Guadarrama et du Manzanares, dans la
Nouvelle-Castille sont d'une moindre importance.
Plusieurs autres canaux sont projetés, notamment un dit de la Seu d'Urgel, en Catalogne ; un
autre entre l'Ebre et le Duero ; et enfin un entre
Seville et Cordoue.

Le climat de l'Espagne est chaud et varié ; la
température de Madrid pendant l'hiver est de 6.5
degrés ; pendant l'été, de 24.5 degrés ; le printemps a 14.5 degrés et l'automne 14.3.

La température moyenne, à Barcelone, est de
17 50 degrés ; le maximum de 33 degrés. La
moyenne de Cadix est de 20.3 degrés : c'est la
plus élevée de l'Europe.

Des neiges perpétuelles gissent, sous le parallèle
moyen de 40 degrés, à 3,021 mètres au-dessus
du niveau de la mer, sur les pics méridionaux des
Pyrénées, leur limite est à 2,834 mètres et sur les
pics septentrionaux, à 2,525.

STATISTIQUE PRODUCTIVE ET COMMERCIALE.

Le sol de la Péninsule hispanique se prêterait
admirablement à la culture si l'Espagnol dépensait
seulement la moitié de l'industrie qu'emploient
les Hollandais à fertiliser leurs marais ; mais l'a-
griculture est généralement négligée dans ce beau

pays : à peine 1/4 du territoire est-il employé profitablement ; les pâturages occupent presque les 3|5 de la superficie et cette étendue est plus que nécessaire à la nourriture du bétail qui se trouve en Espagne ; les bois ne couvrent que 1|12 de la superficie. Voici, du reste, la classification du territoire, en 1803 :

Culture et jachères..	8,512,000 hectares.
Pâtures et communes.	23,030,000
Forêts et taillis......	3,122,000
Monts et rivières....	2,636,000
	27,300,000

La récolte des céréales, sur cette petite échelle, fournit cependant, assure-t-on, aujourd'hui à la subsistance de toute la population ; ainsi, on obtient du sol 61,658,000 hectolitres, ou à très-peu près le double de la quantité du dernier siècle. L'industrie agricole produit de l'huile, des fruits secs, des vins, la soie, le coton, la canne à sucre et la cochenile.

Le total des valeurs brutes de l'agriculture monte à 1,847,160,000 fr. Le produit net se réduit à 681,690,000 fr.

En 1827, on comptait dans le royaume,

400,000 chevaux.
3,000,000 bêtes à cornes.
18,000,000 bêtes à laine.

On voit, par ces chiffres, que les moutons sont démesurément plus nombreux en Espagne que les chevaux, qui sont dans une proportion bien nférieure.

Les mines produisent par an :

Mercure (1).	1,700,000	kilogrammes.
Plomb.....	3,200,000	
Cuivre.....	35,000	
Fer	17,000,000	
Zinc	200,000	
Antimoine..	500,000	
Houille	1,100,000	quintaux.

Le chiffre de ces produits, qu'on peut évaluer à 16 millions de francs, augmenterait beaucoup si l'on songe que l'Espagne a encore plusieurs mines d'or et d'argent exploitées ou susceptibles de l'être.

L'Espagne tient un rang très-inférieur dans la hiérarchie industrielle de l'Europe; cependant elle se distingue dans certains genres de fabrication ; les mégisseries de Grenade, de Malaga, de Séville et de Valladolid jouissent d'une renommée justement acquise ; Saint-Ildefonse est connu par ses glaces; Alcoy et Madrid pour leurs papiers; Alcora, Andujar et Moneloa, pour leur faience et leur porcelaine; Barcelone, pour ses toiles cirées; Saragosse, Séville, Talaveyra et Valence, pour leurs soieries; Badajoz, Reuss et Santander, pour leurs chapeaux; Burgos et Ségovie, pour leurs

_____

(1) Tout ce mercure provient des mines d'Almaden, en Estramadoure, qui sont sans pareilles en Europe.

draps fins ; la Corogne et Soria, pour leur linge
de table; Almagro et Martorell, pour les dentelles ; Albacète, Tolède et Urrillas, pour la fabrication des armes ; enfin Barcelonne, Cadix, Seville
et Valence, pour l'orfèvrerie et la quincaillerie.

Le total du produit brut de l'Espagne est évalué
à 403,150,000 francs.

L'Espagne est peu commerçante ; cependant
370 milles de côtes la mettent en communication
directe avec toutes les parties du monde. Mais, ce
qui est le plus étonnant, avec ce grand développement de côtes, c'est que l'Espagne paye à l'é-
tranger plus de 12,000,000 de francs pour tout
le poisson frais et salé qu'elle consomme. Son
commerce intérieur et presque nul à cause du
brigandage qui infecte le plus ordinairement non-
seulement les petites voies de communication,
mais encore les plus grandes routes. En 1829, les
relations commerciales avec l'extérieur consistaient
en 51,603,000 francs d'exportations et 95,091,000
d'importations. Total, 146,694,000. Il est à remarquer que ces relations ont dû augmenter notable-
ment depuis cette époque, puisqu'en 1836, la
France seule a importé en Espagne pour 93 millions de marchandises et en a exporté pour 44
millions.

La contrebande s'exerce sur une grande échelle
en Espagne, et on l'estime à 1\3 du commerce
légal.

Les articles exportés pour l'Europe sont : les vins, les eaux-de-vie, l'huile, la laine, les oranges, les citrons, les raisins secs, les figues, les amandes et les autres fruits ; la soie, le sel, la soude, le liége brut et en bouchons ; les sardines en saumure, les moutons mérinos et les chevaux d'Andalousie ; le soufre brut, le mercure et le plomb. L'exportation pour les colonies consiste en toiles, étoffes de laines et de soie, quincaillerie, glaces et autres objets de luxe et de nécessité.

On importe, outre les denrées coloniales, telles que le cacao, le sucre, le café, la canelle, etc., le blé, le poisson, les draps fins et ordinaires, la toile, les dentelles, les étoffes de coton et de soie, la quincaillerie, la bijouterie, les articles de mode, les lins, les chanvres, les volailles, les viandes salées, le beurre, le fromage, le bois de construction, le fer, l'étain, le cuivre, et divers ustensiles de ces métaux ; les ouvrages en bois, les verreries, les porcs et mulets.

Les principales places du commerce intérieur sont : Madrid, Burgos, Saragosse, Valladolid, Badajoz, Cordova, Xerès de la Frontera, Grenade, Albacèse, Murcie, Olot. Les villes commerçantes à l'extérieur sont : Malaga, Alméria, Carthagène, Alicante, Valencia, Castellon de la Plana, Alfaquez de Tortosa, Reuss, Barcelone, Mataro, sur les côtes de la Méditerranée ; Cadix, Séville, Vigo, la Corogne, Férol, Gijon, Santander, Bilbao et San-Sébastian, sur l'Océan.

Voici le tableau de la production agricole, industrielle et commerciale.

Produit brut de l'agriculture. 1,847,160,000 fr.
—— industriel...... 403,150,000
<hr>
2,250,310,000

Produit net de l'agriculture.. 681,690,000
—— industriel et du
commerce.... 351,840,000
— de la propriété bâtie . 175,592,000
<hr>
1,209,122,000

Le produit brut donne 45 francs par habitant ;
et le produit net 24 francs.

STATISTIQUE MORALE ET ADMINISTRATIVE.

On estime à 15,000,000 le total des habitans de
de l'Espagne. Ce chiffre rond n'est qu'approximatif : la guerre continuelle qui afflige ce beau
pays ne permet pas de poser un nombre précis.

Sous la domination romaine, on évaluait la population de l'Espagne à 20 millions d'âmes ; dans
le XIIᵉ siècle, on en comptait 16 millions; dans le
XVᵉ, ce nombre descendit à 14,500,000 ; dans le
XVIIᵉ on n'y trouvait que 10,000,000 ; et au
commencement du XVIIIᵉ siècle, 6,000,000. Depuis cette époque, la population augmente sensiblement : elle monte :

En 1724 à	7,500,000	En 1803 à	10,347,000
1767	9,200,000	1821	10,372,000
1788	10,144,000	1829	14,032,000
1799	10,505,000	1837	15,000,000

Cette population se compose d'Espagnols, de Romans, de Basques, de Bohémiens, tous catholiques.

La répartition des habitans, aux diverses classifications reconnues, et professions exercées, donnait, en 1829, les chiffres suivans :

1,323 grands ou titrés de Castille.
402,059 nobles.
182,371 voués au culte.
27,243 employés du gouvernement.
149,340 militaires.
5,883 juges et avocats.
9,633 notaires.
13,724 procureurs, agens, alguazils, etc.
4,346 médecins.
9,772 chirurgiens.
3,782 apothicaires.
5,706 vétérinaires.
29,812 étudians.
364,514 propriétaires-cultivateurs.
527,423 fermiers.
805,235 journaliers.
25,530 propriétaires de troupeaux.
113,628 bergers.
6,824 négocians.

18,851 détaillans.

5,899 individus cultivant les beaux-arts.

31,238 marins.

16,247 pêcheurs.

2,886 chasseurs.

489,493 fabricans, artisans et ouvriers.

En 1830, le clergé catholique présentait :

8 archevêques.

72 évêques.

2,393 chanoines.

1,869 prébendiers.

16,481 curés.

4,929 vicaires.

17,411 bénéficiers.

27,757 ayant les ordres.

38,422 religieux profès.

2,559 novices.

20,346 laïcs.

23,111 religieuses.

869 novices.

7,393 dames à l'état séculier.

15,015 sacristains ou acolytes.

3,927 servans.

En tout, 179,563 individus, tant prêtres que religieux et religieuses. Le rapport au chiffre de la population, qui est de 15,000,000, est d'environ 1 prêtre, religieux ou religieuse, sur 84 individus.

En 1813, on trouvait encore en Espagne 1,940

cloîtres habités par 30,906 moines; les religieux de Saint-François étaient au nombre de 12,658, répartis en 651 cloîtres. Par le décret de la reine régente, en 1835, tous les monastères ayant moins de 12 religieux, n'étant plus tolérés, 900 établissemens de Franciscains, qui n'arrivaient pas à ce nombre exigé, furent supprimés, ainsi 266 de Dominiquins, 82 de Carmelites, 105 de l'ordre de Saint-Augustin, et 18 de Bénédictins. Une disposition du décret précité affecta en outre le prix de la vente des biens de ces cloîtres au paiement de la dette nationale; le gouvernement, par cette mesure, toucha environ 40 millions.

Le total des revenus du clergé espagnol est évalué à 300,000,000 de fr. Les archevêques et les évêques touchent 13,000,000 ; les chanoines, 9,646,125 ; le seul évêque de Tolède, reçoit 2,750,000 fr., celui de Séville, 1,000,000 ; celui de San-Iago, 790,000 ; celui de Valence, 650,000 ; celui de Saragosse, 325,000 ; et celui de Grenade, 273,000. L'évêque d'Osma reçoit 275,000 fr. celui de Tortosa, 150,000 ; celui de Placencia, 200,000 ; celui d'Astorga, 100,000 ; celui de Lérida, 95,000 ; celui de Coria, 125,000 francs.

Pour l'instruction publique, il y a en Espagne : 15 universités, 163 séminaires, et 19,155 écoles de villes et de villages. L'éducation pourtant est si mal répandue, qu'on ne comptait, en 1803, que 1 élève sur 346 habitans. C'est à cette époque que l'éducation ne fut octroyée qu'aux enfans mâles des Hidalgos et des Bourgeois ; les filles de toutes les classes et les enfans du peuple furent exclus de l'instruction publique, de sorte que, sur 35 enfans, 1 seulement recevait l'éducation nécessaire.

Voici la dénommination des universités avec la date de leur création, et le nombre approximatif des étudians qui les fréquentent.

	Créés en	Etudians.
Valence	1804	1,570
Valladolid . . .	1346	1,250
Saragosse	1474	1,180
Saniago	1532	1,050
Séville	1504	810
Grenade	1531	820
Cervera	1717	580
Iluesca	1354	540
Oviédo	1580	420
Salamanque . .	1404	420
Alcala	1190	370
Onate		270
Tolède		260
Palma		180
Oribuela		130
		9,850

Le fond de la langue espagnole, comme celui de la langue italienne, est le latin ; mais les terminaisons et les mots exotiques qui ont été introduits par les Goths, les Vandales et les Maures, dans la langue espagnole, en ont fait une langue fort

différente de celle à qui elle doit son origine. Du
reste, l'espagnol, qui par la richesse de son idiôme
et les fréquentes émigrations de ceux qui le par-
laient, devait tendre à s'enrichir et à se perfec-
tionner, est resté stationnaire et pauvre par l'apa-
thie et le fanatisme des habitans de la mère patrie.
C'est aussi aux mêmes causes qu'on doit attribuer
le peu d'écrivains que donna aux sciences la nation qui semblait devoir, par son génie, rivaliser
avec les peuples les plus savans et les plus policés
de l'Europe. Pourtant les œuvres de l'immortel
Calderon, de Lopez de Véga, de Cervantes,
de Pétrus d'Avila assurent un rang distingué
dans la littérature de l'Europe, au peuple qui, le
premier, planta ses enseignes dans le Nouveau-
Monde. Les beaux arts ont été plus cultivés que
les sciences. L'Espagne compte plusieurs artistes
distingués dans la sculpture, l'architecture, la
peinture, etc. L'école de Séville est une des plus
savantes et des plus riches de l'Europe.

En 1837, il paraissait en Espagne environ 36
journaux tant politiques que littéraires, dont 21 à
Madrid et 15 dans la province. La presse périodique ne prospère point en Espagne; beaucoup de
journaux ont cessé de paraître sans avoir même pu
se développer. Les feuilles consacrées spécialement
aux arts et aux belles-lettres sont celles qui tombent le plus promptement.

On trouve à Madrid plusieurs établissemens

scientifiques et littéraires ; la bibliothèque royale, riche de 150,000 volumes, possède une précieuse collection de manuscrits ; une belle suite d'antiquités, et un cabinet de médailles où se trouvent des antiques du plus grand prix. Ce cabinet comporte : 90,227 pièces dont 2,672 en or , 30,692 en argent, 51,186 en cuivre, 366 en plomb, 50 en bois, 835 moulées en cire et 336 en plâtre. La bibliothèque de St.-Isidore renferme des ouvrages précieux. Le musée d'Histoire naturelle possède quelques riches collections et le plus beau jardin botanique de la Péninsule. Parmi les sociétés savantes, il faut citer : l'Institut Historique, les académies d'Economie, de Médecine, des Beaux-Arts, et de la Langue Espagnole.

Pour l'architecture, il y a en Espagne trois aqueducs construits du temps des Romains.

L'aqueduc d'Alcantara apporte à Tolède l'eau prise à une distance de 4 milles (7 lieues) ; celui de Ségovie, formé d'une suite de 175 arches, conduit l'eau dans une distance de 2 milles ½. Ces arches s'élèvent quelquefois jusqu'à 104 pieds du sol. Enfin l'aqueduc de Mérida a 80 pieds de hauteur.

Parmi les édifices les plus remarquables, on cite les 8 basiliques suivantes :

38.

| | Longueur | Largeur | Hauteur |
	en pieds.		des tours.
Cathédrale de Cordoue...	510	420	»
— Tolède....	404	203	160
— Placencia ..	405	160	»
— Grenade...	425	249	169
— Séville.....	420	263	258
— Malaga	320	178	207
— Salamanque	378	180	»
Eglise de l'Escurial...	364	230	»

Parmi les monumens remarquables, on doit placer plusieurs ponts du XVe siècle, et qui sont construits sur des arcades d'une belle structure. Leur élévation au niveau de la surface des fleuves qu'ils traversent, a parfois 204 pieds.

Dans chaque province de l'Espagne, le peuple a un physique et un caractère distincts, prononcés ; le Biscayen est petit, mais bien proportionné, léger, surtout fier, irascible, emporté. Le Gallicien et le Catalan sont d'une haute stature : le Catalan est violent, indocile, infatigable ; le Gallicien, au contraire, est triste, sérieux et peu sociable. L'Andalous est svelte, et se distingue par son arrogance et sa jalousie, on l'a appelé le gascon de l'Espagne ; on reconnait le Murcien à sa pâleur, à son ignorance, à son esprit soupçonneux et lourd ; le Castillan se distingue par sa vigueur, sa gravité, son orgueil et son insouciance. L'indolence et la vanité sont la base du caractère de l'habitant de l'Estramadoure ; le Valencien , au contraire, est industrieux et affable ; l'Aragonais aime pardessus tout ses antiques coutumes, et brûle d'enthousiasme pour son pays. En général, le fond du caractère Espagnol est une grande circonspection, le noble orgueil de l'honneur, la persévérance et une sorte d'aversion pour toutes les innovations. Les femmes espagnoles sont bien prises dans leur taille, et se font presque toutes remarquer par la grâce et la voluptueuse souplesse de leurs manières ; leur teint brun est harmonisé par des cheveux du plus beau noir, et leur physionomie expressive et animée contribue beaucoup à la réputation de beauté qu'on leur a justement faite.

Les divertissemens les plus en usage chez les Espagnols sont les combats de taureaux sauvages : ils attaquent ces fiers animaux avec une sorte de lance ou plutôt d'aiguillon , et montés sur des chevaux très-vifs. Les carrousels sont encore en usage et fort du goût des Espagnols : ils sont aussi fort amateurs de processions ; mais celles-ci ressemblent plutôt à des pantomimes bouffonnes qu'à des solennités religieuses, tant elles sont bigarrées et diversement composées.

Le gouvernement suit la forme monarchique constitutionnelle avec deux chambres, qui partagent avec le pouvoir royal la puissance législative. La couronne est héréditaire dans la ligne masculine et dans la ligne féminine.

Les finances de l'Espagne présentaient en 1833,
un total de...... 177,660,000 fr. de dépenses.
et   —   162,000,000   de revenus.

_____

15,660,000   de déficit.

En voici le détail.

Dépenses.

Liste civile (1), et le départe-
   ment des affaires étrangères 16,740,000
Intérieur................... 2,160,000
Justice 4,860,000
Finances.................. 21,600,000
Guerre 64,800,000
Marine................... 11,340,000
Dette.................... 56,160,000

Revenus.

Imposition sur la consommation et
   revenus provinciaux........... 35,100,000
Taxes diverses................. 32,000,000

_____

(1) Les cortès, par un décret du 8 décembre 1834,
ont accordé :

Réal de 27 centimes.

A la reine Isabelle............. 24,000,000
A la reine Christine........... 12,000,000
A l'infant don Francisco de Paula. 3,000,000
A l'infant don Sébastian......... 2,000,000

_____

41,000,000

Douanes et tabacs................ 24,300,000
Taxes attribuées à l'amortissement... 21,600,000
Impôt sur le sel................ 16,200,000
—   les maisons............ 16,200,000
Dimes 10,800,000
Timbre 5,400,000

La dette espagnole, en 1834, montait à 100 millions de francs; cette somme doit être portée au double en 1837.

Armée de terre.

Garde Royale........	5,004	921
Infanterie de ligne ...	39,653	»
Cavalerie...........	7,852	6,144
Artillerie..........	5,458	939
Sapeurs	736	»
	59,309	8,004
Milice provinciale	33,809	
	93,118	

Les cadres de l'armée active sont ceux de 120,000 hommes.

Armée de mer.

Vaisseaux de ligne...	10
Frégates	16
Batimens inférieurs...	30
Soldats et matelots ...	14,400

Places fortes : San-Fernando, de Figueras, Barcelone, Alicante, Carthagène, Cadiz, Badajoz, Olivença, Ciudad Rodrigo, Ferrol, Tuy, San Sébastien, Pampelune, Sardona.

Ports militaires : Cadiz, Ferrol, Carthagène, Ceuta, sur la rive africaine du détroit de Gibraltar; la forteresse de Gibraltar, sur le sol espagnol est entre les mains des Anglais.

Décorations avec la date de leur création.

Ordre de Saint-Jacques-de-l'Épée	1170
— d'Alcantara..................	1177
— de Notre-Dame-de-Montisat ...	1319
— de la Toison-d'Or............	1429
— de Charles-Trois.............	1771
— d'Isabelle-la-Catholique.......	1815
— de la reine Marie-Louise.......	1816
— de Saint-Ferdinand et de Sainte-Hermengilde	1819
— de Marie-Louise-Isabelle	1833

RÉPUBLIQUE D'ANDORRE.

La république d'Andorre, située entre le département français de l'Ariège et la Catalogne espagnole, occupe 9 milles carrés et compte 15,000 habitans. En tout 34 villages.

L'Embaline, affluent de la Sègre, est la seule rivière remarquable du pays.

Les grands pâturages, les mines de marbres, de fer, et les bois de sapins occupent les bras et l'industrie de la population.

Ce petit pays reste sous la protection de la France et de l'Espagne.

Le gouvernement se compose de deux viguiers ou syndics, élus par un conseil de 24 membres nommés à vie par les communes.

ITALIE.

Sous le nom générique d'Italie, nous comprenons tous les pays qui sont situés entre 37° et 47° de latitude boréale, et entre 4° et 16° de longitude orientale. — La Sicile est comprise dans cette région.

La chaîne des Alpes sépare l'Italie de la Confédération suisse et de l'Autriche, au nord ; l'empire d'Autriche, la mer Adriatique et la mer Ionienne la limitent à l'est ; la Méditerranée, au sud ; et cette même mer et les Alpes, à l'ouest.

Le pays, dans ces limites, présente 167 milles de longueur, du midi au nord, et 56 de longueur de l'ouest à l'est.

L'Italie se divise actuellement en plusieurs états

gouvernés séparément ou enclavés dans les possessions de puissances voisines.

Les états indépendans sont :

	Milles car.	Population.
Le royaume Sarde, comprenant la Savoie, le Piémont et la Sardaigne.	1,373	4,420,000
La principauté de Monaco................	2	7,000
Le duché de Parme..	104	440,000
Le duché de Modène.	100	390,000
Le duché de Lucques.	20	145,000
Le grand-duché de Toscane.............	395	1,350,000
Les états de l'Eglise.	812	2,456,000
La république de St.-Marin..............	1	7,000
Le royaume des Deux-Siciles.............	1,978	7,900,000
	4,785	17,115,000

L'Italie sous la domination étrangère, se compose :

	Milles car.	Population.
1o Du royaume Lombardo-Vénitien, appartenant à l'Autriche.....	852	4,280,000

2° Du canton de Tessin, dans la confédération suisse............ 50   105,000
3° D'une partie du Tyrol, districts de Roveredo et de Trente.......... 112   275,000
4° Malte 8   121,000
5° La Corse.......... 178   208,000

1,200   4,989,000
4,785   17,115,000

5,985   22,104,000

Les villes principales et les plus populeuses de la Péninsule italique sont :

Naples...	385,000	Venise...	116,000
Palerme..	170,000	Florence.	95,000
Milan....	170,000	Gênes....	80,000
Rome....	152,000	Bologne..	65,000
Turin....	126,000	Livourne.	60,000

L'Italie comprend deux systèmes de montagnes: le système Alpique, dont le point culminant est le Mont-Blanc, qui a 2,460 toises de hauteur; et le système Sardo-Corse, qui présente le Mont-Rotondo, haut de 1,418 toises, et le mont d'Oro, de 1,361 toises, dans la Corse. Les Apennins, qui traversent l'Italie du sud, ont 1,272 toises au Mont-Vetora, et l'Etna, en Sicile, a 1,700 toises.

39

Les côtes de l'Italie se développent sur une étendue de 480 milles. Elles sont sinuées par les golfes de Gênes, de Gaête, de Naples, de Salerne, de Policastro, de Sainte-Euphémie, de Squillace, de Tarente et de Venise, et sont surmontées par les caps de Mat Argentaro, de Circeo, de Campanella, Nicosa, Palinuro, Naticaco, Leuca, Alice, Nun, Rizzuto et Spartivento. Les îles de Sicile, de Sardaigne, de Corse, de Malte, de Gozzo, de Cornino, l'archipel Lipari, les îles des Égades, de Pantellaria, de Linosa, de Lampeduza, de Caprée, d'Ischia, de Procida, de Vendotena, de Pouza, d'Elbe et de Capraja, surgissent sur divers points dans les mers de l'Italie.

Le Pô est le plus grand fleuve de l'Italie ; il coule de l'ouest à l'est, et forme le bassin principal de la partie septentrionale : le Pô a 72 milles de cours et se jette dans l'Adriatique, qui reçoit aussi les eaux du Lisonzo, du Tagliamento, de la Piave, de la Brenta, du Bacchiglione, et de l'Adige. Le versant oriental des Apennins roule à la même mer les flots du Santerno, du Tronto, de la Pescara, du Tangro et de l'Ofanto ; le versant occidental jette à la Méditerranée l'Arno, l'Ombrone, le Tevere ou le Tibre et le Volturno. — Le Bradano et le Busento coulent dans la partie la plus méridionale. — Le Salso traverse la Sicile ; le Tyrso, et la Flumendosa fertilisent l'île de Sardaigne ; enfin le Golo coupe l'île de Corse.

Les lacs les plus considérables de l'Italie se trouvent sur le versant des Alpes. Le lac Majeur (lago Maggiore) a 8 milles de longueur sur 1 mille de largeur moyenne. Le lac de Lugano est long de 3 milles et large de mille toises. Le lac de Come présente 3 milles et demi de longueur et plus d'un demi-mille de largeur. Plus de 60 rivières formant pour la plupart de belles cascades apportent à ce lac le tribut de leurs eaux. Des nappes d'une étendue moins considérable se trouvent sur les pentes occidentales des Apennins. Les plus remarquables sont les lacs de Perouse, de Bolsène et de Fucino ou Cesano.

Les canaux les plus remarquables et les plus nombreux se trouvent dans l'Italie autrichienne.

Parmi les autres constructions hydrauliques, on doit placer en première ligne : le canal qui conduit de Pise à Livourne; le canal de Censo, qui met en communication Bologne avec Ferrare; le canal qui va de Ferrare au Pô de Maestro ; le canal Tassoui, de Moncasale au Pô; enfin celui qui de Modène va au Panaro. Les autres constructions sont plutôt des réservoirs d'irrigation que des canaux navigables. Leur nombre est considérable.

Parmi les travaux d'une haute importance qui sont en projet, on cite un canal qui devrait joindre les deux mers, l'Adriatique et la Méditerranée.

Cette voie de communication aurait pour réservoir le lac Fucino, dans le royaume de Naples.

Les célèbres marais Pontins d'Italie, situés dans les états de l'Eglise, dans le voisinage de Ter-racine, ont 3 milles carrés d'étendue. Formés par des cours d'eau qui descendent des sommités voisines, ces marais exhalent des miasmes insalubres qui causent de fréquentes épidémies dans le pays; l'industrie des dessèchemens n'a pu jus-qu'ici assainir que de bien faibles portions de ces terrains inextricables.

La température de l'Italie est généralement très-élevée, particulièrement dans le midi, où elle monte jusqu'à 33 degrés; l'été commence en Ita-lie vers avril et dure jusqu'au mois de novembre. Le plus grand froid à Rome est de 5.7 degrés; la plus grande chaleur de 25°; la chaleur ordinaire donne 15o.

Les vents dans cette contrée ont d'autres déno-minations que dans les autres parties de l'Europe: le vent du nord y est appelé Transmontana; celui du sud, Mezzo-Giorno; celui de l'est, Levante; et celui de l'ouest, Ponente. Le vent nord-est est nommé Greco; le vent sud-est, Sirocco; le vent sud-ouest, Libeccio; enfin le vent nord-ouest, Maestro.

La plus grande quantité de pluie, après l'Es-pagne, tombe par an en Italie. Voici les points principaux de ce pays, avec la quantité d'eau en centimètres qui y tombe :

Milan.....	94	Gênes.....	140
Venise....	31	Rome.....	54
Padoue....	101	Naples....	95
Solmezzo. .	220	Confugnana	247
(Frioul).		(Apennins).	
Pise.......	124		

STATISTIQUE PRODUCTIVE ET COMMERCIALE.

En divisant le territoire de l'Italie en 100 parties égales, on trouve que les terres cultivées n'y sont que pour 30 centièmes, les prairies et pâturages pour 10, les forêts pour 10, et enfin les terres incultes pour 50 ou la moitié.

Les plaines de la Lombardie sont les plus riches et les mieux cultivées de l'univers ; aussi a-t-on donné à cette fertile contrée le nom de jardin de l'Europe.

Les principales productions de l'Italie sont : le blé, le riz, le vin, les oranges, les citrons, les limons, les grenades, les pommes de pin, les olives, les fruits secs, etc. Dans les provinces les plus méridionales, on cultive avec succès la canne à sucre ; on y rencontre le palmier, l'aloès et le figuier ; partout le mûrier y nourrit une quantité prodigieuse de vers-à-soie.

Les animaux de l'Italie sont les mêmes que ceux de la plupart des autres contrées de l'Europe, seulement la haute température qui y règne fait qu'on y est incommodé par les insectes beaucoup

plus peut-être qu'en aucun autre lieu de cette
partie du monde ; certains insectes sont particuliers
à l'Italie, entre autres la tarentule, espèce d'arai-
gnée de la grosseur d'un gland, dont la morsure
est si venimeuse qu'elle cause subitement un grand
malaise, qui finirait par la mort si on n'y appor-
tait un prompt remède. On prétend que les plus
efficaces moyens de combattre cette affection mor-
bide sont la musique et la danse.

Le règne minéral donne en Italie, dans les montagnes, des émeraudes, du jaspe, des agathes, du
porphyre, du lapis lazuli, les plus beaux marbres
et d'autres pierres précieuses très-recherchées.

Plusieurs provinces de l'Italie abondent en
sources d'eaux minérales ; les plus renommées
sont : les eaux gazeuses de Saint-Julien ; les bains
de Montecatini ; les sources de Saint-Cassian et les
eaux de Lucques, en Toscane ; les sources de
Santa-Lucia, de Pisciarelli, de Pouzzoles, d'Ischia,
dans le royaume de Naples ; les bains d'Albano,
près de Padoue ; ceux de Rocoaro, dans le
royaume Lombardo-Vénitien ; les eaux d'Aix, les
sources d'Acqui, de Vinadie et d'Oleggio, dans
les Etats sardes.

L'industrie de l'Italie et de ses villes, si floris-
santes dans les siècles passés, est dans un état
bien inférieur de production et de perfectionnement, si on la compare à celles de la France, de
l'Angleterre et de l'Allemagne ; cependant elle se

distingue encore par ses étoffes de soie, son ve-
lours noir, ses gants de fil de pinne marine, justement estimés; elle produit aussi des crêpes, des
gazes, des blondes, des fleurs artificielles, des
cuirs, des peaux, des papiers, des parchemins, du
chocolat, du rosolio, des essences et fruits candis;
des instrumens d'optique, de bijouterie; des ouvrages en terre cuite, en albâtre, en marbres, en
corail, en agathe, en perles fausses, en mosaïque,
en pierres dures, etc.; du savon, du vitriol, des
pâtes, des huiles, de la soie, de la quincaillerie,
du fer, des cristaux, de la verrerie, de la porcelaine, des faïences, des ratines, des draps, des
bonnets de laine, de la cire, des cordes de boyaux
pour les instrumens de musique, des chapeaux
de paille, des chapeaux en feutre. Enfin la typo-
graphie et la gravure des cartes géographiques
occupent une place importante dans l'industrie
italienne.

L'exportation consiste principalement en soie,
huile, blé, riz, sel, chanvre, fruits secs et confits,
oranges, citrons, vins. Les chapeaux de paille avec
le borax forme la principale branche du commerce
d'exportation de la Toscane.

On importe les denrées coloniales, les poissons
salés, les étoffes de soie et de coton, les toiles, les
draps, la quincaillerie, le fer, les vins étrangers,
les objets de modes.

Les principaux ports marchands sont : Gênes,

Cagliari, Nice, Livourne, Civita-Vecchia, Ancône, Snigaglia, Naples, Bari, Gallipoli, Reggio, Cotrone, Messine, Palerme, Trapani.

Les principales places de commerce, dans l'intérieur, sont: Turin, Alexandrie, Arona, Chambery, Florence, Lucques, Modène, Reggio, Parme, Bologne, Ferrare, Ponte di Lago Sacro, Perouse, Foligno, Rome, Foggia, Altamura, Lecce, Avellino, Campo-Basso. Nous n'avons mis que les places commerciales de l'Italie indépendante ; les autres villes sont indiquées dans les états respectifs.

Depuis le commencement de notre siècle, l'Italie est dotée de grandes routes ; c'est à l'administration française que ce pays doit l'initiative de ces améliorations On admire les superbes routes du Mont-Cenis, du Simplon, du Stelvio ; la route de Calabre, qui parcourt 72 milles du pays. On remarque aussi une ancienne voie romaine, reconstruite récemment, et qui lie Brindes, Fondi, Benevent et Bari ; puis les grandes et belles routes de la Sicile ; celles de Turin à Gênes, de Gênes à Livourne, de Gênes à Nice, et de Livourne à Grossetto.

L'Italie n'est habitée que par des Italiens qui appartiennent à la souche gréco-latine. Ils professent tous la religion catholique. Les peuples d'autres familles et religions se trouvent dans les nombres suivans : Piémontais catholiques, 300,000;

Albanais, grecs-unis, 80,000 ; Juifs, 59,000. Les
autres peuples de l'Europe répartissent leurs
membres, du reste peu nombreux, dans les principales villes du commerce, et particulièrement à
Venise, Trieste, Naples, Rome, Livourne.

Les Italiens passent à juste titre pour être fort
habiles dans tous les arts ; la sculpture, l'architecture, la peinture, la musique, la poésie, l'élo-
quence, la législation, la politique et toutes les
sciences humaines doivent à l'Italie beaucoup d'il-
lustrations qui ont servi de maîtres aux peuples
modernes d'Europe. Les monumens des arts sont
si nombreux en Italie que la liste seule formerait
des volumes. La langue italienne est un dialecte
ou plutôt une corruption de l'ancien romain et du
latin. Depuis long-temps, cette langue a été régu-
larisée et enrichie par ses poètes. Rappeler les
noms de Dante Alighierri, du Tasse, de Pé-
trarque et de Machiavel, c'est dire que l'Italien a fixé, avant tous les autres peuples de l'Europe, sa grammaire, sa linguistique, sa poésie et sa
littérature ; la langue italienne est l'idiome le
plus doux, le plus mélodieux et le plus propre à
la musique. L'Italie est la terre classique des
beaux-arts. Ses universités, les plus célèbres en
Europe, étaient à Rome, Bologne, Padoue, Ferrare, Pérouse, Florence, Pise, Sienne, Pavie, Naples, Palerme, Parme. Les universités de Milan,
de Mantoue, de Venise et de Vérone se sont
éteintes sous le gouvernement autrichien ; par

compensation, d'autres puissances d'Italie ont
créé aux sciences des sanctuaires à Cagliari, Turin, Gênes, Sassari, Modène, Catania, Camerino,
Fermo, Maccrata. L'Italie possède en tout 21 universités. Chaque ville possède une ou plusieurs
académies ou sociétés savantes.

Un bibliographe milanais a publié récemment
une notice sur l'activité scientifique et littéraire
des Italiens. Il en résulte que, dans l'année 1836,
il a été publié (dans les divers états de l'Italie et
à l'étranger) 3,314 ouvrages en langue italienne,
qui se trouvent répartis comme il suit : dans la
Lombardie, 788, dont 522 à Milan ; dans les provinces vénitiennes, 843, dont 297 à Venise; en
Sardaigne, 454, dont 211 à Turin ; dans le duché
de Parme, 111, dont 75 à Parme; dans le duché
de Modène, 34, dont 26 à Modène; dans le duché
de Lucques, 27, tous à Lucques; dans le grand-
duché de Toscane, 151, dont 102 à Florence; dans
les états romains, 300, dont 125 à Rome; dans le
royaume des Deux-Siciles, 556, dont 260 à Naples; dans les pays étrangers, 50, la plupart à
Paris et à Lugano, ce qui forme le total de 3,314
ouvrages.

On voit par là que le royaume lombardo-vénitien surpasse de beaucoup les autres états italiens
en activité littéraire et scientifique ; et en effet,
dans ce pays, les établissemens d'instruction publique sont, comparativement, plus nombreux et
mieux organisés que dans le reste de l'Italie.

Les 3,314 ouvrages peuvent être classés ainsi :
théologie, 651 ; jurisprudence, 180, dont 56 procès
criminels publiés dans les Deux Siciles ; géographie, histoire, archéologie et mythologie, 380 ;
biographie, 112 ; philosophie, 75 ; sciences administratives, 72 ; mathématiques, 61 ; physique et
chimie, 113 ; médecine et chirurgie, 290 ; histoire
littéraire, 30 ; philologie, 71 ; poésie, 435 ; pièces
de théâtre, 112, dont 57 libretti ; romans, contes,
nouvelles, 182 ; dissertations, thèses, écrits de cir-
constance, etc., 550.

L'Italien pourrait être appelé le caméléon hu-
main, tant les contrastes de son caractère sont
changeans et diaprés sous les divers aspects où
la diversité de sa vie active et indolente le présente souvent ; ainsi vous trouvez dans l'Italien :
la prudence unie à la ruse, des mœurs faciles,
douces, polies, et à côté une humeur vindicative
et jalouse, puis des vertus viriles et des goûts ef-
féminés ; une sobriété rare et une intempérance
poussée jusqu'au sybarisme, quelquefois de la gé-
nérosité, de la grandeur d'âme et quelquefois aussi
une lâcheté, une perfidie inouïes ; l'Italien, enfin,
résume à lui seul les vertus des temps antiques et
les vices des sociétés modernes.

Les Italiennes sont belles, spirituelles, passion-
nées, voluptueuses par tempérament et par
imagination, aimant le luxe, les plaisirs et les
jeux de hasards. Leur vie, comme celle de leurs

maris, se partage en soupers splendides, en mascarades bruyantes, en courses de chevaux, en processions dévotes, et en cérémonies religieuses.

Durant l'été, les Italiens font de la nuit le jour. Comme chez les anciens Athéniens, leurs jours sont de 24 heures au lieu de deux fois 12, ainsi que dans le reste de l'Europe. Artiste né, l'Italien parle peinture à son berceau, et le ciseau du statuaire est souvent le jouet de son enfance; tous presque sont poëtes, improvisateurs et surtout musiciens.

La forme de gouvernement est monarchique absolue dans tous les états, excepté Saint-Marin, qui est une république.

A la suite de cette notice générale de tous les états de l'Italie, nous donnons la statistique succincte de chaque état indépendant; renvoyant nos lecteurs pour les autres parties à la description particulière de l'état ou royaume dont elles dépendent.

LE ROYAUME SARDE.

Ce royaume présente une superficie de 1,373 milles carrés, avec 4,420,000 âmes de population, 3,219 par mille carré. Cet état se divise en 8 intendances qui forment 40 provinces continentales, et l'île de Sardaigne, qui comprend 10 provinces. On compte, dans tout le royaume, 95 villes, 285 bourgs, et 3,441 villages.

*Divisions administrative*s *du royaume Sarde.*

	Milles carres.	Population en 1833.
Turin...........	149.30	764,552
Coni...........	122.36	521,631
Alexandrie......	110.12	547,662
Novare..........	118.12	437,576
Aoste..........	64.13	71,096
Savoie.........	186.43	501,165
Nice..........	68.30	204,538
Gênes..........	104.00	583,233
Ile de Sardaigne.	448.10	490,050
— de Capraja...	2.25	1,500

Les villes principales sont :

Turin......	120,000	Casale.....	10,000
Gênes.....	85,000	Mondovi...	17,000
Alexandrie.	36,000	Novare....	16,400
Cagliari....	29,000	Verceil....	16,000
Nice.......	27,000	Vigevano..	15,000
Asti.......	23,000	Fossano....	14,300
Sassari.....	21,000	Chieri......	14,000
Cunéo.....	20,000	Savone.....	13,400
Savigliano.	19,000	Chambery..	12,000

La population est composée de 4,000,000 Italiens, 380,000 Savoyards, et de 40,000 Juifs. Les catholiques donnent le chiffre de 4,358,000 âmes ; les calvinistes (Valderi), de 22,000 ; et les juifs de 40,000.

40

L'instruction publique est donnée dans 4 universités, une en Sardaigne, à Cagliari, avec 250 étudians; trois sur le continent : à Turin, avec 810 étudians; à Gênes, avec 420 étudians; et à Sassari, avec 250 étudians. On trouve, en outre, 85 colléges et 39 écoles normales.

Les finances présentent 65,000,000 fr. de revenus et 64,480,000 de dépenses (1).

La dette s'élève à 150,000,000 de francs.

L'armée sarde, en temps de paix, compte 35,000 hommes; en temps de guerre, 70,750 hommes. La marine se compose de 6 frégates, 3 corvettes, 6 bricks et autres bâtimens inférieurs.

Les places fortes sont : Gênes, l'Esseillon, Exilles, Fenestrelle; les citadelles de Turin et d'Alexandrie.

Les ordres de chevalerie sont : 1° Ordine supremo della santissima Annunziata ; 2° Equestre

---

(1) Le commerce d'exportation de la Sardaigne occupe, année commune, environ 3,000 navires, dont le chargement pèse 270,000 tonneaux; les exportations faites par 2,800 bâtimens, présentent le même chiffre de chargement que les importations. La valeur des marchandises introduites s'élève à 120,000,000 de fr. ; les produits exportés sont évalués à 90,000,000. La France, l'Angleterre, le royaume des Deux-Siciles tiennent le premier rang, quant aux objets importés ; la France et l'Autriche quant aux objets d'exportation.

militar Ordine dei santissimo Maurico e Lazzaro;
3° Real ordine militare di Savoja ; 4° Real ordine
civile di Savoja.

Turin est la capitale du royaume ; Cagliari est
la ville capitale de l'île de Sardaigne.

Le roi de Sardaigne est le protecteur de la principauté de Monaco.

PRINCIPAUTÉ DE MONACO.

Cet état est situé dans le voisinage de Nice, a 2
milles carrés d'étendue et compte 7,000 habitans.
Monaco, la capitale a 1,600 habitans; Mantoue,
autre ville de cette principauté, compte 3,000
âmes. Tous les habitans sont catholiques. Les
finances de l'état montent à 400,000 fr.

DUCHÉ DE PARME.

Ce duché a 104 milles carrés et 440,000 habitans, tous italiens et catholiques. Le duché
de Parme se divise en 4 districts et compte 5 villes,
32 bourgs, 763 villages et 52 hameaux.

Les villes principales sont :

Parme.......... 30,000 habitans
Plaisance....... 28,000
Guastalla....... 5,000
Saint-Domino.... 3,000

Il y a, dans cet état 1 université, 1 école supérieure, et 1 académie noble.

Les finances de ce duché montent à 7,800,000 f.; la dette s'élève à 12,700,000, et la liste civile donne le chiffre de 2,600,000 fr.

La force armée compte 1,320 hommes.

Le duché a un seul ordre, celui de Saint-Georges.

ROYAUME LOMBARDO-VÉNITIEN.

(Voir l'Autriche.)

DUCHÉ DE MODÈNE.

Le duché de Modène comprend 100 milles carrés, dont 95 pour le duché de Modène et 5 pour le duché de Massa. La population du duché de Modène est de 360,000 âmes; celle du duché de Massa de 30,000 en tout 390,000. Excepté 2,000 Juifs, tous les habitans sont catholiques et italiens; et habitent 10 villes, 63 bourgs, 463 villages.

Les villes les plus populeuses sont :

Modène........ 27,000 habitans
Reggio......... 18,000
La Mirandole... 8,000
Massa.......... 7,000
Finale......... 6,000
Carrare........ 4,500

L'instruction publique possède:

1 université.
1 faculté médicinale et mathématiques.

5 écoles normales.

1 collége noble.

1 académie militaire.

Les revenus montent à 4,000,000 fr.; (Modène 3,500,000; Massa, 500,000 fr.) La dette s'élève à 1,500,000 fr.

Force armée 1,780 hommes.

DUCHÉ DE LUCQUES.

Ce duché comprend 20 milles carrés, et 145,000 habitans. — 7,250 par mille carré. Italiens et catholiques. — 1 ville, 20 bourgs, 270 villages et hameaux.

Lucques, la capitale compte 22,000 habitans; Viareggio, 2,000.

Revenus...... 1,500,000 fr.
Dette......... 800,000
Armée........ 1,100

Marine: 1 goëlette avec 12 canons et 2 chaloupes canonnières dans la baie de Viareggio.

GRAND DUCHÉ DE TOSCANE.

Le grand duché de Toscane, a 395 milles carrés, et 1,350,000 habitans. = 3,418 par mille carré. Le pays se divise en 5 provinces, et comprend 36 villes; 134 bourgs et 2,517 villages.

40.

Villes les plus populeuses :

Florence	80,000	habitans
Livourne	75,000	
Sienne	24,000	
Pise	20,000	
Prato	11,000	
Arezzo	9,000	
Volterra	4,000	
Cortone	3,500	
Pontremoli	3,000	
Grossetto	2,000	

Parmi les habitans presque tous italiens, on compte 10,000 Juifs.

Pour l'instruction publique, on trouve en Toscane 3 universités, à Pise, Sienne et Florence; 4 colléges nobles; 16 gymnases pitaristes; 16 séminaires.

Divisions administratives du grand duché de Toscane.

	milles carrés.	population.
Florence	101.90	596,258
Pise	60.30	295,649
Sienne	21.98	128,095
Arezzo	91.68	201,292
Grossetto	119.50	53,736

La bienfaisance publique a établi 35 hopitaux, 12 maisons de refuge et 2 institutions pour les aliénés.

Les revenus montent à 17,000,000 fr. Il n'y a
pas de dette publique.

Les chapeaux de paille, avec le borax, forment
la principale branche du commerce d'exportation
de la Toscane. On comptait, il y a quelques années,
que cette contrée expédiait annuellement en Angleterre 900 caisses contenant 24,000 chapeaux,
au prix environ de 75 fr. par chapeau. Les manufactures anglaises font une grande consommation de borax et d'acide boracique (1).

La force armée présente 4,500 hommes.

La marine se compose de 3 goëlettes et de 2 chaloupes canonnières.

Les décorations sont : l'ordre de Saint-Etienne;
et l'ordre de Saint-Joseph, avec 3 classes.

ÉTATS DE L'ÉGLISE.

Les *états de l'eglise* comprennent en tout 812
milles carrés àvec une population de 2,592,329
âmes = 3192 par mille carré — et se divisent en
une comarca, celle de Rome, 5 légations, et 10
délégations. On y trouve 88 villes, 190 bourgs;
3,729 villages.

---

(1) Les lagunes d'où l'on extrait le borax sont uni-
ques en Europe ; répandues sur une surface d'environ
3o milles, et situées au milieu de montagnes rudes,
couvertes d'une terre noire mêlée de craie, elles jettent
une vapeur sulfureuse, dont le volume varie sans cesse.

Divisions administratives des états de l'Eglise.

	Mil. car.	Population.
Comarca de Rome....	40	272,529

Légations :

Bologne.............	67.50	306,675
Ferrare.............	50.50	205,084
Ravenne............	42.50	148,989
Forli..............	56.00	188,097

Délégations :

Urbino et Pesaro......	79.50	216,071
Ancona.............	30.25	155,397
Macerata et Camerino..	67.25	143,820
Fermo et Ascoli......	48.75	160,936
Perouse (Perugia).....	81.50	188,598
Spoleto.............	64.25	148,598
Viterbo, Civita Vecchia	86.85	145,022
Frosinone...........	62.25	117,537
Bénévent............	4.20	22,704
Velletri............	30.50	51,500

Les villes les plus populeuses des états romains sont :

Rome........	152,500	habitans.
Bologne.......	70,000	
Perouze........	30,000	
Ancone........	25,000	
Ravenne.......	25,000	
Ferrare........	25,000	

Fermo.........	20,000
Faenze.........	19,000
Rimini.........	18,000
Forlie.........	16,000
Macerata.......	16,000
Faligno........	15,500
Fano..........	15,000
Benevento......	14,000
Pesaro.........	14,000
Viterbe........	13,000
Osimo.........	12,500
Urbino.........	12,000

La population des légations se divise en 2,576,329 Italiens et 16,000 Juifs.

Excepté les Juifs, tous les habitans sont catholiques. Le culte chrétien est desservi par 6 archevêques, 72 évêques, 2,090 curés. On compte, dans les états de l'Eglise, 1,824 cloîtres d'hommes et 612 couvens de femmes.

Il y a, dans les états du Saint-Siège, 7 universités, (1) qui instruisent environ 2,000 élèves. Le peuple des campagnes ne sait ni lire ni écrire; les hautes classes de la société s'occupent uniquement de la littérature *facile;* c'est-à-dire, des romans et ouvrages de facture légère et d'imagination. Il semble qu'il n'y ait que Rome dans les états

_____

(1) A Bologne, Rome, Perouse, Camerio, Teimo, Macerata, Ferrare.

romains; elle seule, ou plutôt ses anciens monumens, attirent l'attention des voyageurs et des savans. La vie, les désirs, l'occupation des Romains
se concentrent de nos jours, dans les cérémonies
religieuses et les folies du carnaval. Ces deux extrêmes sont les causes de la décadence de l'ancien
peuple-roi.

Les revenus de l'état montent à peine à 37,000,000
de francs. La dette publique s'élève à 216,500,060 f.

La force armée des états romains présente un
total de 17,372 hommes et 1,524 chevaux. D'a-
près une disposition du pape, datée du 29 décembre 1834, l'armée se divise en 10 bataillons d'infanterie et 2 régimens formés d'étrangers; 1 régiment de dragons, 1 corps de chasseurs, 1 corps
de tireurs, et 1 compagnie d'artillerie.

Les places fortes sont : Civita Vecchia, Comac-
chio; les citadelles de Rome, de Ferrare et d'An-
cone.

Décorations : 1° ordre de l'Eperon d'Or; 2° de
Saint-Jean de Latran; 3° de Saint-Grégoire le
Grand.

RÉPUBLIQUE SAN MARINO.

Cet état a seulement 1 mille carré d'étendue et
compte environ 8,000 habitans; 1 ville avec
5,500 habitans et 4 villages.

Les finances présentent 78,000 francs.

Le gouvernement est aristo-démocratique. Le
pouvoir législatif réside dans un conseil de 300

anciens, et le pouvoir exécutif dans un sénat composé de 20 patriciens, de 20 bourgeois et de 20 paysans. Deux gonfaloniers, élus pour trois mois, président le sénat. Ces deux magistrats ont une garde de 30 hommes ; mais quand la liberté est menacée, tout Saint-Marinien est soldat.

La république de San Marino est sous la protection du Saint-Siége.

ROYAUME DES DEUX-SICILES.

Le royaume des Deux-Siciles comprend 1,978 milles carrés, et 7,900,000 habitans. Tout le royaume est partagé en 22 provinces ou intendances, subdivisées en 75 districts, qui comprennent 663 arrondissemens. 15 intendances forment le royaume de Naples proprement dit, et 7 appartiennent à la Sicile. La première partie, le royaume de Naples, porte la dénomination de Domaines en deçà du Phare (Domini al di quà del Faro) ; la seconde partie est appelée Domaines au-delà du Phare (Domini al di là del Faro).

Le royaume de Naples comprend 1,482 milles carrés, et, en 1830, 5,946,500 habitans ; 332 villes, 345 bourgs, 2,046 villages.

La Sardaigne a 496 milles carrés, 1,954,000 habitans, 352 villes, 54 bourgades, 110 villages.

En tout, 689 villes, 399 bourgs, 2,156 villages.

_____

(1) En 1836, ce chiffre monta à 6,981,993.

Divisions administratives du royaume des Deux-Siciles.

Domini al di quà del Faro :

	Milles carrés.	Nombre d'habitans.
Naples...................	8.75	745,390
Terre-de-Labour	110.45	675,349
Principauté citérieure	123.50	492,228
Principauté ultérieure.....	88.88	370,930
Molise	57.37	331,328
Abruzze ultérieure 1re.....	103.57	185,144
Abruzze ultérieure 2e......	53.25	283,694
Abruzze citérieure	79.56	266,948
Capitanate...............	175.18	296,793
Bari	80.69	425,706
Otrante	125.88	357,205
Basilicate................	153.94	458,242
Calabre citérieure.........	166.12	385,360
Calabre ultérieure 1re	70.08	250,802
Calabre ultérieure 2e......	84.28	333,017

Domini al di là del del Faro :

Palerme.................	81.50	467,778
Messine	69.50	290,451
Catane..................	84.20	335,647
Syracuse	62.30	233,956
Caltanisetta	72.30	168,525
Girgenti.................	76.50	226,114
Trapani.................	49.40	171,396

Les villes les plus populeuses sont :

Naples...............	385,000
Palerme..............	170,000
Messine...............	70,000
Catane...............	55,000
Trapani.	25,000
Foggia.	21,000
Marsala	21,000
Modica...............	20,000
Caltagirone...........	20,000
Bari	19,000
Barletta	18,000
San Severino..........	17,000
Ragusa	17,000
Canicatti	16,000
Mopopoli.............	16,000
Castello a Marc........	15,000
Aci Reale	15,000
Girgenti	15,000

La population du royaume des Deux-Siciles se divisait en 1824, d'après la nationalité, en

7,039,780 Italiens.   2,000 Juifs.
   80,000 Albanais

On trouvait d'après les cultes :

7,039,780 Catholiques.   2,000 Juifs.
   80,000 Grecs.

Le clergé, en 1832, se composait de :

41

2 cardinaux.   112 chefs de diocèses.

14 archevêques.   26,806 prêtres ou curés.

77 évêques.   11,733 moines.

17 prélats.   9,521 nonnes.

L'instruction publique, plus répandue dans ce royaume que dans les états de l'église, est donnée dans 3 universités, à Naples, Palerme, Catane; 5 lycées, 11 colléges royaux, 780 écoles latines et de bourgeoisie, 2,130 écoles primaires complètent le mouvement intellectuel.

En Sicile, il y avait, en 1819 , 2,095 écoles primaires, avec 74,713 écoliers.

Les finances présentent :

124,597,000 fr. de revenus.

113,177,000 fr. de dépenses.

La dette, en 1826, fut de :

500,000,000 fr.

La force armée se compose de 53,045 hommes.

Garde.

Infanterie................   6,475 hommes.

Cavalerie...............   1,888

Ligne.

Infanterie   30,434

Cavalerie et artillerie......   4,434

Gendarmerie à pied et à cheval   7,514

Vétérans   2,700

La marine compte :

    2 vaisseaux de ligne.

    5 frégates.

    11 bâtimens inférieurs.

Les places fortes du royaume sont : Gaële, Pescara, Civitella del Tronto, Capoue, Syracuse, Messine, Trapani.

Ordres : 1° de Saint-Janvier (di S. Gennaro), 2 classes ; 2° de Ferdinand et du Mérite, 3 classes; 3° Militaire de Constantin, 6 classes ; 4° Militaire de Saint-Georges de la Réunion, 6 classes; 5° Ordre de François Ier, 5 classes.

—————

MALTE.

Les îles italiennes de *Malte*, de *Gozzo* et de *Comino*, font partie des possessions anglaises. Un bras de mer, appelé canal de Malte, les sépare de la Sicile.

L'île de Malte a 8 milles carrés d'étendue et compte 100,000 habitans. Sa capitale la Valetta, en a 34,600.

L'île de Gozzo a une étendue de 2 milles carrés; on y trouve 16,800 âmes.

Total de la population des deux îles, 117,000 ames : 58,600 hommes et 61,230 femmes.

L'île de Malte, se divise en 107,584 arpens, dont 59,446 sont cultivés. La culture produit les fro-

mens, la meschiate, l'orge; la fève et autres légumes; le coton, les fruits, les fourrages, la sésame,
le cumin.

En 1835, on y trouvait 5,022 chevaux, mulets
et ânes; 12,535 moutons; 6,500 bêtes à cornes;
6,980 chèvres.

Dans la même année, l'industrie des îles de
Malte et de Gozzo, a donné les valeurs suivantes:

Toiles fabriquées avec le coton récolté dans l'île··············	500,000 fr.
Nankin, linge de table, couvertures, toiles bleues et rayées pour pantalons···················	1,482,500
Coton filé à la main········	875,000
Vases, pots à fleurs et autres ustensiles en pierre·············	24,250
Or et argent travaillé, y compris la valeur du métal···········	250,000

Le commerce fut évalué, en 1835, à une somme
de 22,674,750 fr. dont 14,259,550 d'importations
et 8,415,200 d'exportations. — Différence en faveur
des importations 5,844,350 fr.

« La misère est le trait caractéristique de l'île
de Malte, dit M. A. Stade, officier de la marine
royale anglaise; il faut avoir vécu en Irlande
pour ne pas être choqué du spectacle qui s'offre à
vos regards en arrivant à Malte. Les mendians y
ont l'air de sortir des pavés; vous ne pouvez devi-
ner d'où ils viennent. Si vous donnez à l'un

d'eux, vous êtes à l'instant même entouré d'un essaim de malheureux. Toutefois, le climat diminue l'horreur de cette misère; on la supporte plus facilement dans une contrée où le ciel est pur, la température douce, le soleil vivifiant. »

Le même auteur assure que la prospérité de l'île de Malte, qui a déjà considérablement augmenté depuis qu'elle appartient à l'Angleterre, ne pourra manquer de s'accroître de jour en jour. « Elle tend, dit-il, à devenir le centre de la navigation par la vapeur, qui, d'ici à peu d'années, sillonnera la Méditerranée dans toutes les directions, et rattachera la France et l'Italie, aux côtes de l'Espagne, de la Turquie et de la Grèce, cette utile voie de communication étendra ces ramifications du Danube à Trébizonde.

Les Maltais professent la religion catholique et se vouent avec ardeur à toutes les pratiques religieuses. L'amour de la patrie est une de leurs vertus principales. Les Maltais, ont une grande aptitude pour les travaux manuels et pour les arts; cependant les habitans de l'île de Malte, n'excellent dans aucun genre, ni en peinture, ni en architecture, ni en musique. Ils ne se distinguent pas davantage dans les sciences ni les lettres.

ILES IONIENNES.

Les îles Ioniennes, situées dans la mer du même nom, sont considérées comme le complément obligé du territoire du royaume de Grèce.

41.

Cette république se compose de 7 îles, formant trois groupes distincts, savoir:

Le groupe septentrional ou de Corfou, vis-à-vis de l'ancien Epire; comprend les îles de Corfou, Paxo et les îles Antipaxo et Tano;

Le groupe moyen ou de Céphalonie, devant le golfe de Patras, embrasse les îles Sainte-Maure, Theakie, Céphalonie et Zante, et plusieurs îlôts et écueils peu importans;

Le groupe méridional ou de Cérigo, entre la Morée et l'île de Candie, ne comprend que Cérigo et Cérigotto et quelques autres îlôts très-petits.

Les sept îles principales forment autant de petites provinces qui ont leurs administrations et leurs tribunaux particuliers.

Voici leurs dénominations avec l'étendue en milles carrés et le nombre des habitans en 1826.

Corfou	10.76	48,737
Paxo................	1.90	3,970
Sainte Maure........	5.25	17,425
Théaki ou Ithaka....	3.32	8,200
Céphalonie..........	16.30	48,857
Zante	5.60	40,003
Cérigo..............	4.50	8,146
	47.53	175,398

D'après le recensement fait en 1831, la population générale montait à cette époque à 188,177 âmes; 99,854 hommes, 88,863 femmes. En 1837, on la porta à 200,000 âmes. Ce qui donnerait 4,210 habitans par mille carré.

La population se compose de:

> 180,000 Grecs.
> 12,000 Italiens.
> 7,000 Juifs.
> 1,000 Anglais et étrangers.

Sous le rapport des cultes, les habitans se divi-sent en:

> 150,000 grecs catholiques.
> 42,000 catholiques romains.
> 7,000 juifs.
> 1,000 épiscopaux, etc.

On compte dans toutes ces îles 6 villes, 17 bourgs, 357 villages.

Les villes les plus populeuses sont:

> Zante........ 20,000 habitans.
> Corfou...... 16,000
> Amaxichi.... 5,500
> Lixuri....... 5,000

Les îles Ioniennes sont sous un climat tempéré. Leur sol calcaire produit des olives, du coton, de la vigne, des fruits, des grains, du lin et du chanvre. Dans plusieurs endroits, on fait la ven-dange quatre fois l'année, et l'on cueille des roses en abondance en plein hiver.

Les villes les plus commerçantes sont; Zante, Corfou et Argostoli.

Dans les îles Ioniennes, on importe une grande quantité de blé, du bois, de gros et menu bétail, etc.

La forme du gouvernement de cet état, autrefois nommé improprement Etats-Unis des îles Ioniennes, et actuellement appelé les Sept îles Ioniennes, est aristocratique. L'Angleterre y exerce son protectorat par un lord haut commissaire, chef de l'armée; souverain unique, il dirige les affaires importantes avec le président du sénat. Le sénat est élu tous les cinq ans, et se compose de son président, d'un secrétaire-membre, nommé par le lord haut commissaire, et de 5 sénateurs.

L'armée du pays présente 1,600 hommes; mais l'Angleterre, qui a le droit d'y entretenir des garnisons, a une force armée de 4,000 hommes, et ses bâtimens de guerre stationnent dans le port de Corfou, qui est la capitale des îles Ioniennes. Cette ville passe pour la plus forte place de l'Europe.

Les revenus ont monté, en 1834, à 5,021,090 francs ou 200,846 livres sterling.

L'instruction publique est généralement négligée dans les îles Ioniennes; pourtant on trouve à Corfou une université avec plus de 200 étudians. En outre, on y compte 2 gymnases et 61 écoles publiques fréquentés par 2,550 élèves; ce qui donnerait 1 élève sur 70 habitans.

ROYAUME DE GRÈCE.

STATISTIQUE PHYSIQUE ET DESCRIPTIVE.

Le royaume de Grèce est situé entre 18° 24' et 21° 45' de longitude E., et entre 36° 22' et 39° 10' de latitude N.

La Grèce est limitée au nord par la Turquie d'Europe; à l'ouest et au sud, par la mer Ionienne; et à l'est, par l'Archipel.

Le royaume se compose de trois parties distinctes, la partie septentrionale, c'est-à-dire la terre ferme appelée Livadie, dans les temps modernes, et Hellade par les anciens;

La partie méridionale, ou presqu'île de Morée, Péloponèse;

Et la partie orientale, ou l'archipel, groupe d'île, qui s'étend à l'est des deux premières. Voici leur étendue en milles carrés avec la population de 1835.

La Livadie comprend...	360	163,291
La Morée	300	378,675
Les îles	60	146,659
	720	688,626

Ce chiffre donne 970 habitans par mille carré. On compte en tout 116 villes et 2,146 villages.

D'après l'ordonnance du 15 avril 1833, le royaume de Grèce est divisé en 10 *nomes* ou cercles, subdivisés en 27 *éparchies* ou districts, de la manière suivante :

La Morée.

1º Le nome de l'*Argolide et Corinthe*, avec 6 éparchies : Nauplia, Hermionis, Trézène, Hydra, Argos et Corinthe ; Nauplia, chef-lieu. 89,879 habitans.

2º Le nome d'*Akhaie et Élide*, avec 4 éparchies : Kinaitha, Aigialéa, Patras et Elea. Patras, chef-lieu. 86,879 habitans.

3º Le nome de *Messenie*, avec 5 éparchies : Olympia, Triphylia, Méthone, Messéni, Kalamaï. Arkadia, chef-lieu. 62,155 habitans.

4º Le nome de *Lakonie*, avec 4 éparchies : Lakedæmon, Epidauros-Limera, Gythion et Octylos. Mystra, chef-lieu. 60,530 habitans.

5º Le nome d'*Arkadie*, avec 4 éparchies : Mégalopolis, Gortyna, Mantinea, Kynourial. Tripolitza, chef-lieu. 80,871 habitans.

La Hellade.

6º Le nome d'*Attique et Béotie*, avec 5 éparchies : Attika, Egina, Megaris, Thiva ou Thébes et Levadia. Athènes, chef-lieu, 74,552 habitans.

7º Le nome de *Lokride et Phocide*, avec 4 éparchies : Lokride, Phtiotis, Doris et Parnasis. Salona, chef-lieu. 43,740 habitans.

8• Le nome d'*Akarnanie et Etolie*, avec 5 éparchies : Naupaktos (Lépante), Missolonghi, Agrinion, Kallidromi et Akarnanie. Vrachori, chef-lieu. 45,000 âmes.

Les îles.

9° Le nome d'*Eubée*, avec 3 éparchies, 2 dans l'île d'Eubée ou Négrepont : Khalcis et Karystia, et la troisième composée des *Sporades*, dont le chef-lieu est Skopelos. Khalcis est la capitale du nome. 41,552 habitans.

10° Le nome des *Cyclades*, avec 7 éparchies : Syros, Andros, Tinos, Naxos, Thira ou Santorin, Milos et Kythnos ou Thermia. Hermopolis, ou la Nouvelle-Syros, dans l'île de ce nom, chef-lieu. 105,134 habitans.

Cette longue énumération de noms peut servir à faire juger combien les convenances classiques ont été respectées ; car c'est ainsi que tous les anciens noms des diverses parties de la Grèce ancienne ont été conservés. Celui des éparchies n'est quelquefois même que pour la forme, la plupart des anciennes villes n'offrant plus que des ruines.

Les villes de la Grèce qui commencent à secouer leurs cendres et à relever leurs murs en ruines, offrent peu d'importance : Athènes, capitale du royaume, ne compte guère que 15,000 habitans. Voici les autres villes les plus populeuses :

Egribos....	16,000	Patras.....	7,000
Nauplie...	12,000	Modon....	7,000
Egine.....	10,000	Livadia....	4,000
Argos.....	8,000	Thèbes....	2,500
Spezia.....	7,000		

La surface de la Grèce est surmontée de fréquentes montagnes qui appartiennent au système alpique. La plus grande élévation dans la Hellade est de 2,400 mètres, et dans la Morée, de 2,408. Les montagnes de la Grèce se divisent en plusieurs chaînes; celle qui borde au nord le Golfe de Lépante, dominé par le Liakoura ou Parnasse (2,240 mètres), et le Zagora ou Hélicon, dépend de la chaîne du Pinde. Les monts Helléniques disparaissent vers l'isthme de Corinthe. Le Taygète, groupe principal de la Morée, court à l'occident, et se termine au cap Matapan, autrefois le célèbre Ténare. Ce groupe montagneux est indépendant des monts Malévo ou Drakona, l'ancien Olympe du Péloponèse, chaîne parallèle et orientale, qui finit au cap Malée ou Saint-Ange.

L'Astro-Potamos est la plus importante rivière de la Grèce, et pourtant elle n'a que 27 milles de longueur. Elle traverse l'Etolie. Le Mavropotamos, parcourt la Phocide pour se perdre dans le lac Topolias en Béotie. Le Rouphia (l'ancien Alphée), et l'Iri (l'ancien Eurotas), dans la Morée, ne parcourent pas un espace de plus de 15 à 20 milles. La Grèce est dénuée de grands cours d'eau intérieurs. Plusieurs lacs de peu d'importance se trouvent dans la Livadie, tels que Ambrakia en Arcanie, Angelo Castrou, en Etolie, Topolia et et Likaris en Béotie. Mais à la place de lacs nombreux, des marais étendus et malsains se rencontrent dans toutes les parties de ce pays. Les côtes sont particulièrement infectées par ces eaux stagnantes et méphitiques. Les environs de Corynthe sont enveloppés dans un air très-insalubre; la ville de Patras, jadis si célèbre pour la salubrité de son climat, est devenue, par les inondations et la malpropreté, un lieu pestiféré. Le marais de Lerne, dont le desséchement a enfanté la belle fiction d'un des travaux d'Hercule, se trouve dans les environs de Nauplie. L'Arcanie, en Livadie, est aussi pleine de marais.

On ne voit point de canaux artificiels en Grèce; mais ce territoire est suffisamment pourvu de voies de navigation, par sa position même au milieu de mers, divisées en une infinité de golfes, de détroits et de passages.

Le climat de la Grèce est doux et variable; les hivers y sont généralement si peu rigoureux qu'il n'est pas rare de les voir sans congélation. La neige commence ordinairement à tomber sur les montagnes élevées de 1,800 à 2,000 mètres, vers le milieu d'octobre; les dernières neiges arrivent ordinairement en mars. La Grèce n'a pas de neiges perpétuelles. La chaleur, pendant l'été, s'élève au maxi-

42

mum de 32 degrés R. Pendant les mois de juillet et
d'août, elle dépasse presque tous les jours 24 degrés. Les vents de mer rafraîchissent l'air. Il ne
pleut presque jamais pendant l'été. Les pluies ont
lieu pendant l'automne, l'hiver et le printemps.
Les vents du nord sont les plus fréquens pendant
l'été.

Les maladies sont ordinairement des fièvres in-
termittentes ; elles frappent périodiquement tous
les ans certaines contrées, particulièrement les
terrains voisins de marais. L'Attique est la contrée
la plus salubre de la Grèce.   .

STATISTIQUE PRODUCTIVE ET COMMERCIALE.

Le sol de la Grèce est extrêmement fertile,
mais on n'en tire pas encore tous les avantages
qu'il pourrait donner. La longue tyrannie des
Turcs, la guerre de 1821 à 1826, et l'état prépa-
ratif d'organisation intérieure en explique la
cause.

Les vallées sont très-fertiles ; les pâturages
abondent sur les flancs des montagnes ; les forêts
sont riches en chênes, pins, myrthes et lauriers.

La garance réussit le mieux près des rives du
lac Topolias ou Copais dans la Béotie. Les terrains
qui s'inclinent vers le golfe de Lépante et le terrain d'Egine sont favorables à la culture de l'orge,
et produisent des oliviers qui fournissent la
meilleure huile de la Grèce. La Corynthie et l'Ar-

cadie sont couvertes de pâturages et de champs
d'orge : la Corynthie est célèbre par son délicieux
raisin sans pépin ; l'Arcadie par ses bêtes à laine ;
Athènes, par son huile et ses olives ; Argos, par
ses cotons. Le mont Hymète, en Attique, est
comme autrefois habité par ces essaims précieux
qui distillent ce miel d'un parfum exquis et d'une
transparence admirable tant chanté par les temps
antiques. La noix de galle, la manne et l'indigo se
recueillent partout en Grèce; ainsi que des oranges,
des citrons, des grenades, des abricots, des pêches,
des amandes, etc.

L'éducation du bétail, si importante avant la
guerre de l'indépendauce, a considérablement
souffert par suite de cette guerre, et aura beaucoup
de peine à se relever.

On trouve en Grèce, dans les flancs du Taygète,
le beau porphyre vert antique; au mont Trélo-
vanno, l'ancien Hymète, le marbre blanc-grisâtre.
Les beaux marbres blancs ou ornés des plus vives
couleurs, les cipolins, le pentélique, jadis extraits
par les anciens du mont Pentelès, et toutes ces
pierres que le goût et le luxe des génies statuaires
de la Grèce disposaient avec tant d'art dans leurs
somptueux édifices, se retrouvent encore en abondance dans la patrie d'Aristide et de Lycurgue.

Le fer, le plomb, sont en assez grande quantité;
le zinc ne se rencontre qu'en petites masses; le
cuivre, le mercure et le cobalt; l'alun, le salpêtre,

la manganése, et plusieurs autres aigiles estimés abondent en Grèce.

L'industrie grecque se borne de nos jours à la filature et au tissage de la laine, du coton et de la soie, à la fabrication du maroquin et de l'huile. On exporte annuellement environ 75,000 kilo-grammes (60,000 okes) de soie.

Le commerce ne peut guère prospérer qu'à l'aide de l'agriculture et de l'industrie, ce qui fait que les relations d'échanges des produits sont disproportionées : ainsi, en 1831, on a reçu pour 28,000,000 de francs de valeurs étrangères, et on a expédié 7,000,000 de marchandises.

Voici les principaux articles d'importation et d'exportation.

Importations.

Céréales	6,800,000 fr.
Tissus imprimés, rouenneries.	4,233,700
Toiles de coton	2,550,000
Sucre	2,470,000
Soieries	2,360,000
Café	2,100,000
Draps	1,160,000

Exportations.

Soie brute	1,960,000
Raisins de Corynthe	694,000
Laines brutes	665,000
Huiles	650,000
Cuivre	650,000
Vins et eaux-de-vie	465,000

Le nombre total des navires entrés dans les
ports de la Grèce en 1836 a été de 2,219 jaugeant
ensemble 145,712 tonneaux ; et celui des navires
sortis, de 2,251, jaugeant 152,627 tonneaux. Dans
ces chiffres, le port de Patras figure pour 264 arrivages et 178 départs ; celui de Syra, pour 925
arrivages et 1,154 départs ; les ports de l'arrondissement maritime d'Athènes pour 1,010 arrivages et 919 départs.

La Grèce est, sans contredit, l'une des contrées
de l'Europe le plus heureusement situées pour le
commerce. Placée, pour ainsi dire, au milieu de
la Méditerranée, entre l'Europe, l'Asie et l'Afrique,
entourée d'eaux qui lui offrent des communications faciles avec les contrées voisines, elle est ap-
lée à devenir le centre des relations les plus étendues. Ses côtes, découpées à l'infini, offrent une
multitude de vastes golfes, de baies, de ports, et
de rades excellentes.

Les grandes places de commerce de la Grèce,
sont : Syra, Hydra, Nauplie et Patras.

STATISTIQUE MORALE ET ADMINISTRATIVE.

La Grèce, avant la guerre de l'indépendance,
comptait 600,000 habitans ; à la fin de 1829, on
ne trouvait plus que 250,000 âmes, tant le glaive
ottoman avait décimé ce malheureux pays. Après
l'expulsion des Turcs, la population augmenta
rapidement : en 1830, le nombre d'habitans fut
porté à 450,000 ; en 1835, il dépassait 700,000.

'après les documens les plus récens, la popula-
ᴎn de la Grèce montait, en 1837, à 810,000 âmes.
ais le pays, à cette époque, pouvait déjà nour-
ᴄ une population cinq fois plus nombreuse.
ans l'antiquité, le Péloponèse comprenait près
  2,000,000 habitans.

Si les Grecs ont hérité de l'esprit et des qualités
: leurs ancêtres, ils en ont aussi conservé la
ᴎnité, qui enfante la discorde, et la frivolité, qui
it souvent avorter les plus nobles projets. Les
ᴎmmes grecques se distinguent par l'élégance de
ur taille, la finesse et la beauté de leurs traits ;
ᴎ reconnaît encore dans leur costume quelques
ᴎces de l'antiquité.

La Grèce renferme plusieurs peuplades qui, au
n des montagnes, s'étaient créées une existence
elles, telles que les Maïnotes, les Kakovouniotes
les Laliotes.

Les *Maïnotes* habitent toute cette longue suite
  montagnes, nommée par les anciens Taygète.
qui se prolonge entre les golfes de Koron et de
ᴅokythia, jusqu'au cap Matapan. C'est à l'abri
ces montagnes que ce peuple se maintint pres-
e toujours indépendant des Turcs, sous le com-
ndement seulement conventionnel d'un bey.
ᴅa population du Magne est d'environ 60,000
es, répandus dans 100 villes et korions ou vil-
es, suivant les uns, et 70 seulement selon les
res. Le nombre d'hommes capables de porter
armes est de 12 à 15,000.

L'extrémité méridionale du Magne jusqu'au cap Ténare, pays à peu près inculte, couvert de roches noirâtres, sert de refuge à cette peuplade nommée Kakovouniotes ou Kakovougniotes (brigands de la montagne), reste impur de la peuplade des Nabis. Ces forbans, peu nombreux, féroces, forment une association distincte de celle des Maïnotes. Ils ne vivent que de la pêche, des fruits de leur sol, mais surtout de piraterie.

Les *Laliotes*, peuple albanais non moins redouté que les Kakovouniotes, exerçaient leurs rapines sur la terre, et avaient pour refuge la petite ville de Lala, située dans les montagnes à l'est de Gastouni. Ils ont presqu'entièrement disparu pendant la guerre de l'indépendance.

La langue des Hellènes est le grec moderne, appelé *Romaïka*, pour le distinguer du grec ancien ou *Hellenika*. Pendant les trois périodes respectives de la domination romaine, vénitienne, mais surtout turque, il s'y est introduit un grand nombre de mots de ces trois langues; chacune d'elle impressionna d'autant plus la langue vaincue qu'elle la domina plus long-temps ; aussi la belle langue d'Homère et de Platon abonde-t-elle aujourd'hui en barbarismes, en mots, en tournures, en locutions étrangères. Cependant elle possède encore toute la mélodie de la langue antique.

L'instruction publique en Grèce attend tout du rétablissement de la tranquillité publique. Une

commission créée par une ordonnance du 2 avril
1833, a proposé au roi la fondation d'universités
et de gymnases, et surtout d'écoles élémentaires.
Une université a été ouverte à la fin de 1837; on
lui a donné le nom d'Université d'Othon. Vingt-
trois professeurs y enseignent la théologie, le
droit, la médecine, la philosophie.

Religion.

Les Grecs professent les dogmes de cette partie
de la religion chrétienne, qui a pris le nom d'E-
glise d'Orient, ou d'Eglise grecque catholique.
Elle se sépara de l'Eglise latine au milieu du VIIIe
siècle, en refusant de reconnaître que le Saint-Esprit *procède aussi du Fils,* et en rejetant diverses
pratiques de discipline suivies dans l'Occident.
L'élection de l'eunuque Phocius, comme pa-
triarche de Constantinople, en 858, fut le commencement de ce schisme.

L'Eglise grecque, qui s'éloigne des préceptes de
l'Eglise romaine sous quelques rapports, n'en diffère pas sous plusieurs autres. C'est ainsi qu'elle
admet le mérite des bonnes œuvres, la transub-
stantiation et l'oblation, l'adoration des reliques et
des saints, la confession auriculaire, les sept sacre-
mens, la vie retirée des moines, les jeûnes, les pé-
lerinages. Mais le baptême se donne par immersion
entière du corps; la communion, qui a lieu avec
du pain sans levain et du vin mélangé d'eau, est
administrée à tous, même aux enfans; on n'admet

dans les églises aucune statue ni figure en relief;
la musique instrumentale en est exclue; le service
se fait en langue grecque. Les jours maigres sont
plus multipliés chez les Grecs que les jours de
fêtes, quoique ceux-ci soient fort nombreux.
Année commune, on compte 182 jours maigres et
115 jours de fêtes. Il reste 69 jours libres de cérémonies religieuses.

Les dignités les plus élevées sont celles d'archevêque et d'évêque, que l'on nomme aussi *despoten*
(seigneurs), ou *hagioi* les saints. Les évêques or-
dinnent les autres prêtres et officient dans les grands
jours. Les autres grades ecclésiastiques sont les
protopapas ou archiprêtres, les *papas* ou prêtres,
les *diakonen* (diacres), les *hypodiakonen* (sous-
diacres), les chantres et les lecteurs.

Les couvens de moines sont très-nombreux dans
l'Eglise grecque; ils suivent généralement la règle
de saint Basile. On donne aux moines le nom de
kaloghers ou *kaloughiers*, des deux mots grecs
kalos et *gheron*, bons vieux. Ils sont aussi ignorans
que les papas, et passent leur temps en prières et à
la culture des jardins et des champs. Les couvens
de femmes sont beaucoup moins communs. L'abbé
prend le nom d'*higumenos*, et l'abesse celui d'*hi-
gumène*.

D'après un décret de l'année 1832, la religion
grecque a été déclarée religion de l'Etat; quoique
tout autre culte soit toléré, cependant nul indi-

idu, d'après ce même décret, ne sera reconnu
toyen, s'il n'admet la divinité de Jésus-Christ.

Un autre décret, publié vers le milieu du mois
'août 1833 par le gouvernement, renferme les
ises de la constitution de l'Eglise. Il avait été
résenté au synode des évêques et archevêques,
nu à Nauplie, le 27 juillet, et adopté par lui,
près une longue discussion. Le décret est com-
osé de deux articles conçus en ces termes :

Art. 1er. L'Eglise orthodoxe et apostolique de
a Grèce, ne reconnaissant spirituellement d'autre
hef que celui de la foi chrétienne, notre Seigneur
ésus-Christ, ne relève et reste indépendante de
ute autre autorité, en conservant intacte l'unité
ogmatique, conformément au principe émis dès
origine par toutes les Eglises orientales ortho-
oxes. Quant à l'administration de l'Eglise, qui
pparticnt à la couronne, et qui n'est contraire en
icn aux saints canons, elle reconnaît, pour son
hef le roi de la Grèce.

Art. 2. Un synode permanent sera établi et
omposé uniquement de prélats. Il sera constitué
ar le roi et considéré comme la suprême autorité
e l'Eglise; il dirigera les affaires ecclésiastiques
onformément aux saints canons.

Un décret publié postérieurement compose le
ynode de cinq évêques, d'un secrétaire et d'un
ommissaire royal près du synode. Ce décret fut
iivi d'un autre publié par le *Temps grec*, du

mois de septembre 1833, et qui déclare le clerg
du royaume indépendant de celui de Constanti
nople.

Le roi, ainsi que toutes les personnes qui l'o
accompagné, et ceux des employés du gouvern
ment arrivés de Bavière, professent la religion c
tholique romaine. Il en est de même de la popi
lation de quelques-unes des îles de l'Archipel. Da
d'autres, les catholiques en forment une parti
Leur nombre total peut s'élever à 15,000. Ils o
1 archevêque métropolitain de tout l'Archipel,
Naxos, et des évêques à Andro, San-Nikolo (i
Tino) et Milo.

On compte aussi, en Grèce, 4,000 israélites c
quelques protestans.

Forme du Gouvernement.

Dès le mois de décembre 1821, un congrès national s'assembla à Argos et rédigea une constitution pour la Morée, une partie de l'Epire et les îles
qui venaient de secouer le joug des Turcs. D'après
cet acte, le gouvernement se composait d'un conseil exécutif de 5 membres et d'un sénat. En 1827,
une nouvelle constitution, promulguée à Trezène,
déclara la souveraineté du peuple, l'égalité devant
la loi et la liberté des cultes. Le gouvernement se
composa d'un président élu pour 7 ans et d'un
sénat dont les membres étaient choisis pour 3 ans
par le peuple. Malgré le caractère démocratique
de ces deux constitutions, la France, l'Angleterre

et la Russie arrêtèrent, en 1830, que la Grèce formerait une monarchie héréditaire ; et, en 1832, le choix du nouveau roi tomba sur un prince catholique, Frédéric Othon de Bavière, qui fut placé sous la direction d'un régent jusqu'au 1er juin 1834, époque à laquelle il atteignit sa 20e année, âge fixé pour sa majorité. L'ordre de succession au trône fut déterminé par les représentans des trois grandes puissances, le 30 avril 1833.

Administration.

L'administration supérieure du royaume se compose, d'après l'ordonnance du 15 avril 1833, de 8 sections ou ministères :

1° Le ministère de la maison du roi ;

2° Le ministère des affaires étrangères et du commerce maritime ;

3° Le ministère de la justice ;

4° Le ministère de l'intérieur ;

5° Le ministère des cultes et de l'instruction publique ;

6° Le ministère des finances ;

7° Le ministère de la guerre ;

8° Le ministère de la marine de guerre.

A la tête de chacun de ces ministères se trouve autant de ministres secrétaires-d'état, lesquels forment, lorsqu'ils sont réunis, le conseil des ministres, que préside le ministre de la maison du roi.

A la tête de chaque nome est un *nomarque,* ou général commissaire, qui préside le conseil nomarchien, composé de citoyens libres.

Chaque éparchie a un *éparque* ou commissaire de district, qui obéit au nomarque, et est assisté d'un conseil éparchial dans les mêmes conditions que le précédent.

L'administration de chaque démos ou commune est entre les mains d'un démogéronte ou directeur communal, aidé dans ses fonctions par un conseil municipal ou démogérontien, composé des habitans de la commune.

La justice est rendue par quatre sortes de tribunaux : les tribunaux ou justices de paix, les tribunaux d'éparchies, les cours d'appel et le haut tribunal.

Les tribunaux conciliateurs ou de justice de paix, se composent des citoyens les plus vénérables et les plus recommandables de chaque ville, de chaque bourg et de chaque village.

Les tribunaux d'éparchies ou de district sont composés d'employés nommés par le gouvernement et appelés *préfets.*

Les cours d'appel sont au nombre de trois, une pour chacune des trois grandes divisions du royaume.

43

Enfin, le tribunal supérieur au-delà duquel il n'y a plus d'appel, réside à Nauplie.

Au commencement de 1833, il a été créé, pour les peines et délits criminels, trois *tribunaux criminels* dont on peut appeler en première et en seconde instance.

Le premier, placé à Thèbes, est pour l'Hellade orientale et l'île de Salamine ; le second, qui siége à Missolonghi, sert à l'Achaïe et à l'Elide, en Morée ; la troisième résidence, établie à Nauplie, embrasse le reste du royaume dans sa juridiction.

Chacun de ces tribunaux est composé d'un président, de quatre juges, d'un procurateur d'état et d'un greffier.

La Grèce n'a pas encore de Code ; on se règle en partie d'après les coutumes, en partie d'après les décrets des anciens empereurs grecs ou les ordonnances émanées du gouvernement, depuis l'affranchissement.

Les revenus de la Grèce ne s'élevaient, en 1836, qu'à la valeur de 11 millions de francs, et les dépenses montaient dans la même année à plus de 14 millions. Déficit 3,000,000.

La dette publique dépasse 133 millions de fr.

L'armée de terre se compose de 9 à 10,000 hommes, répartis en 8 bataillons d'infanterie de ligne, 10 bataillons de chasseurs, 1 régiment d'ulans à 6 escadrons, 6 compagnies d'artillerie, 1 compagnie du train, 1 compagnie d'ouvriers, et 1 détachement d'ingénieurs avec 2 compagnies de pionniers.

Trois cents jeunes Grecs forment, sous le commandement de Demetrius Botzaris, les gardes du corps affectés au service du roi.

La marine se compose de 131 voiles.

Les places fortes de la Grèce sont : Nauplie, Négrepont, Missolonghi ; les citadelles de Corynthe, d'Athènes ; le château de Morée, celui de Lépante, Modon et Coron ; ports militaires : Navarin, Poros, Lepante.

Ordres.

L'ordre du Mérite, fondé en 1832, a trois classes : des commandeurs, des chevaliers, et de simples croix. L'ordre du Saint-Sauveur, institué le 1er juin 1833, se divise en 5 classes : les grand'croix, nombre limité de 12 membres ; les grands-commandeurs, 20 membres ; les commandeurs, 30 membres ; les croix d'or, 120 membres ; les croix d'argent, nombre de membres illimité.

EMPIRE OTTOMAN.

(TURQUIE D'EUROPE).

STATISTIQUE PHYSIQUE ET DESCRIPTIVE.

La Turquie d'Europe est comprise entre 13° et 28° de longitude est, et entre 39° et 48° de latitude nord.

La Turquie d'Europe est bornée au nord par
les possessions autrichiennes et russes ; au sud,
par le royaume de Grèce et par l'Archipel ; à
l'ouest, par la Méditerranée, le canal d'Otrante,
la mer Adriatique et la Dalmatie ; à l'est, par le
détroit des Dardanelles qui la sépare de la Turquie d'Asie, par la mer Marmara et la mer
Noire.

La Turquie d'Europe s'est amoindrie sensiblement dans les derniers temps ; elle a perdu la
Grèce actuelle, la Servie, la Valachie et la Moldavie. Ces trois derniers états, quoique tributaires
de la Porte-Ottomane, ne forment plus un corps
uni avec ses possessions européennes.

Voici l'étendue de cet empire dans ses limites
d'aujourd'hui, avec la population respective.

	Milles carrés	Habitans.
Romélie ou Eyalet de Roumili, comprenant la Romélie et la Bulgarie..............	4,390.71	5,150,000
Eyalet de Bosnie, comprenant la Croatie, la Bosnie, la Herzogovine et l'Albanie............	1,062.96	560,000
Eyalet des Djezairs, les îles d'Europe et une partie de l'Asie	1,475.20	1,620,000
Eyalets de Knid........	188.20	270,000
	7,117.07	7,600,000

Cette évaluation de l'almanach de Weimar n'est pas admise par tous les statisticiens ; elle n'est même à nos yeux que la plus probable. M. Hoffman, un des statisticiens distingués d'Allemagne, estime la surface de la Turquie d'Europe à 6,531 milles carrés, et sa population à 7,100,000 âmes. M. Balbi lui donne 7,031 milles carrés (112,500 milles carrés de 60 au degré), et admet, pour la nombre d'habitans, le même chiffre que M. Hoffman. M. Huot, dans son *Abrégé de la Géographie*, n'accorde que 4,680 milles carrés (13,000 lieues carrées), et 6,000,000 d'habitans à la Turquie d'Europe. Ces contradictions ne peuvent être critiquées raisonnablement, puisqu'on ne peut vérifier par les évaluations officielles, cet état ne donnant pas de documens de cette espèce.

Les possessions turques en Asie présentent 20,633 milles carrés, et 10,090,400 habitans ; en Afrique (Egypte), elles comp'ent 16,750 milles carrés, et 3,214,400 habitans.

D'après ces évaluations, le total de l'empire ottoman donnerait 44,500 mill. carrés, et 20,804,800 habitans. 467 âmes par mille carré.

Les possessions ottomanes se divisent en eyalets ou principautés, qui se subdivisent en sandjaks ou bannières. Leur nombre et leur étendue n'ont pas de chiffre régulier, car elles changent fréquemment, presque à chaque nouvelle nomination des pachas qui les gouvernent.

Les villes les plus peuplées de la Turquie d'Europe, compris la capitale, sont :

Constantinople ...	580,000 habitans (1).
Andrinople	120,000
Salonique........	70,000
Bosna Serai......	60,000
Sophia	50,000
Larisse	30,000
Philippopoli	30,000
Janina	25,000
Roustchouk......	25,000
Widin...........	25,000
Seres...........	20,000
Delvino	20,000
Scutari	20,000
Silistrie.........	20,000
Schoumla........	20,000
Warna..........	16,000

Les caractères particuliers de l'orographie de la Turquie, dit M. Boué, sont la présence de vastes cavités ou plaines, à des niveaux divers, et au pied des chaînes de montagnes, ces cavités ou plaines sont des restes évidens de lacs et de mers

(1) Un auteur anglais a estimé la population de Constantinople et des environs à 953,000 ames. Ce nombre comprendrait : 480,000 Musulmans, 250,000 Grecs, 65,000 Juifs, 18,000 Arméniens et 18,000 Arméniens-catholiques.

écoulés, et l'existence d'une foule de grandes fractures transversales dans les chaînes.

La Turquie est parcourue par trois chaînes de montagnes : les Alpes dinariques à l'ouest, le Tchar-Dagh et les Balkans (Hoemus) au nord. L'élévation de la première chaîne ne dépasse pas 500 toises ; la seconde est la plus haute : elle a de 1,200 à 1,000 toises ; les Balkans n'ont des hauteurs que de 350 à 500 toises.

Des flancs de ces montagnes jaillissent de nombreuses rivières qui portent le tribut de leurs eaux dans les mers limitrophes de la Turquie.

Telles sont la Wardar, la Stroumla et la Maritza qui se jettent dans la mer de l'Archipel. Les autres rivières importantes mêlent leurs eaux avec le Danube qui forme la ligne frontière entre la Turquie et l'Autriche, la Valachie et la Moldavie. La Bosna, la Drina, la Mitrowitza, la Nissawa, l'Osma, l'Iskier se jettent aussi dans le Danube.

Les cartes de la Turquie ne nous montrent que deux lacs, celui de Janina et de Struga en Albanie ; leur dimension est peu remarquable. On cite encore Takinos, Bitschik, Scutari et Okhrida.

Les côtes très-découpées de ce pays offrent sur la mer Noire le golfe de Bourgas ; sur le détroit des Dardanelles, la presqu'île de Gallipoli ; l'Archipel forme les golfes de Saros, d'Euos, de Contessa, de Monti Santo, de Cassandria et de Salonique ; enfin, le golfe du Driu est tracé par l'Adriatique.

Les îles les plus importantes de la Turquie sont: Tasso, Samotraki, Lemnos, dans l'Archipel, et Candie, dans la Méditerranée.

Le climat de la Turquie, à cause des nombreuses montagnes, est plus froid que sa latitude ne semble d'abord l'annoncer.

STATISTIQUE PRODUCTIVE ET COMMERCIALE.

Le sol de l'empire est en général très-fertile, et produit chaque année une grande quantité de grains et de fruits pour l'exportation. Outre toutes les productions végétales des autres contrées de l'Europe, la Turquie produit avec abondance des oranges, limons, citrons, grenades, raisins délicieux, figues, amandes, olives, café, sucre, coton, et une grande quantité de drogues médicinales, telles que l'aloës, la rhubarbe, la mirrhe, etc.

Il y a, dans diverses provinces de l'empire, des mines d'or et d'argent, de fer, de plomb, d'étain, d'alun, de souffre, etc. Nulle part peut-être, il n'y a des carrières d'un aussi beau marbre ; mais leur exploitation est très négligée.

Presque partout dans la Turquie, on trouve des sources d'eaux minérales chaudes et froides, dont l'usage est très-efficace pour la santé.

Les chevaux de Thessalie ou chevaux turcs sont très-renommés pour leur beauté et leur vigueur. L'espèce des bœufs est très-forte. Les troupeaux

de chèvres sont d'un grand produit ; on se nourrit des fromages et de la chair de cet animal, et
on fait des vêtemens avec son poil.

Les grands aigles habitent le voisinage de Ba-
dadagi. La perdrix et tous les autres gibiers sont
extrêmement communs en Turquie.

Le commerce et les manufactures, ces deux
sources de l'industrie publique, sont très-peu en-
couragés en Turquie. Cependant la position de
cet empire est si belle, qu'il attire à lui le commerce de l'Europe, de l'Asie et du nord de l'Afrique. Ses principales manufactures consistent en
étoffes de coton et de soie, en tapis, maroquins,
armes à feu et savon. Les productions les plus
précieuses du pays sont exportées à l'étranger,
sans recevoir la plus petite augmentation de valeur par le travail des manufactures; ainsi la soie,
le poil de chèvre et de chameau, la laine, le cha-
grin, les peaux, le café, la rhubarbe, la térében-
thine, le storax, la gomme, l'opium, la noix de
galle, le mastic, l'emeri, la terre sigillée, les fruits,
les matrices de perles, le buis, la cire, le miel, le
safran, etc.

Les Français, les Anglais et les Russes font le
principal commerce de l'empire turc avec l'Europe; car les Musulmans se livrent peu au transport des marchandises au-delà des mers. Il faut
que les étrangers leur apportent ce dont ils ont

besoin et enlèvent ce qui forme leur superflu. Le commerce intérieur se fait par les Juifs et les Arméniens en grande partie. Ce sont les facteurs et les courtiers des échelles du Levant.

Dans le manque complet de documens précis sur l'industrie et le commerce de la Turquie, nous nous bornerons ici à citer le mouvement du port de Constantinople pendant 1820 ; il démontrera à la fois, quoique incomplètement, les principaux articles d'importation et d'exportation.

Durant l'année 1830, il est entré dans le port de Constantinople 2,334 navires jaugeant 325,389 tonneaux ; il en est sorti 2,096 navires jaugeant 288,504 tonneaux.

Les pavillons autrichien, sarde, anglais, grec et russe sont ceux qui ont paru le plus fréquemment à Constantinople.

Le pavillon français a couvert, à l'entrée, 29 navires jaugeant 8,012 tonneaux, et, à la sortie, 26 navires jaugeant 4,329 tonneaux.

On évalue à 2,113,700 fr. les importations effectuées en 1830 par les navires français, et à 2,225,500 fr. les cargaisons de retour des mêmes bâtimens.

Parmi les articles importés et exportés sous le pavillon français, on remarque principalement ceux qui suivent :

Importations.

Sucre raffiné	368,500 fr.
Sucre en poudre	103,200
Quincaillerie	360,000
Café	281,100
Soieries	240,000
Tissus de coton	82,000
Cochenille	81,000
Draps	69,000
Vitres	60,000
Poivres	66,400
Bonnets de laine	57,000
Venise	50,000
Vins de Bordeaux	24,100

Exportations.

Soie	718,300
Argent monnayé et autre	596,500
Laine surge	179,800
Laine pelade	55,000
Cuivre neuf	106,500
Cuivre vieux	90,400
Cire jaune	96,600
Blé	91,900
Opium	53,300

A Smyrne, on a importé, en 1835, pour 16,758,600 fr. de marchandises, et on en a exporté pour 25,797,400 fr. A Salonique, on a vu arriver, dans la même année, 467 navires, et 461 ont quitté le port. Les articles importés étaient évalués à 3,798,100 fr., et les exportations s'élevaient à 2,419,059 fr.

Les autres villes de commerce de l'empire ottoman, sont : Gallipoli, Enos et Warna.

Les bateaux à vapeur établis par l'administration des postes françaises, entre Marseille et Constantinople, et qui touchent plusieurs ports de la Méditerranée, ont commencé leur navigation depuis le 1er mai 1837, et maintenant elle continue régulièrement trois fois par mois. Ils ne servent pas seulement pour le transport des voyageurs et de l'argent, mais aussi pour la correspondance, qui, de Londres, arrive ici en 18 jours 3/4; de Paris, en 16 jours 3/4, et de Marseille, en 13 jours 3/4; tandis que celle de Constantinople à Marseille arrive en 18 jours 1/4; celle pour Paris, en 21 jours 1/4, et celle pour Londres en 23 jours 1/4.

STATISTIQUE MORALE ET ADMINISTRATIVE.

La population de la Turquie d'Europe se compose en grande partie des Slaves ; puis viennent des Grecs et des Albanais; le reste se forme des Valaques, des Arméniens, des Juifs et des Ziganes.

Ces derniers forment la population la plus malpropre et la plus vile : il n'y a pas de service auquel ils ne se prêtent, il n'y a pas de crimes qu'ils ne commettent. Les Valaques, les Arméniens et surtout les Grecs s'occupent de l'industrie et du commerce. Les Slaves habitent les campagnes.

Les Turcs, qui sont comme 1 à 12 dans le total de la population, gouvernent les provinces et professent divers métiers. Leur naturel est mou, insouciant, charitable et probe, surtout orgueilleux et méticuleux observateur de ridicules superstitions. Les Turcs aiment l'oisiveté et les plaisirs sensuels ; chaque musulman achète une ou plusieurs femmes, selon ses moyens, pour en faire plutôt une victime de sa brutalité qu'une compagne de sa vie : la polygamie est permise, mais le Koran n'accorde à chaque homme que quatre femmes légitimes. — Il n'y a pas de noblesse héréditaire chez les Turcs ; tous les honneurs y sont personnels.

Les sciences et les arts sont tout-à-fait négligés en Turquie ; on peut même dire que ces véhicules de l'intelligence humaine sont défendus dans cet empire ; le Koran, le seul livre connu des musulmans, est à la fois, le code de l'empire et l'évangile de la croyance, ses préceptes et enseignemens sont adorés et inattaquables, Mahomet, civilisateur et prophète des musulmans, leur ayant enseigné que ce livre lui avait été envoyé par Dieu lui-même.

Le Koran ordonne : la prière cinq fois par jour ; la charité pour les pauvres ; la propreté du corps ;

la circoncision; l'abstinence du vin et de la viande
de porc; une visite au moins en sa vie à la Mec-
que, ville sainte, patrie de Mahomet. Les représentations de théâtre et les jeux de hasard sont
inconnus aux musulmans. Aucune école publique
n'existe dans les pays sous la domination turque;
Constantinople seule possède une école de médecine et des écoles militaires et navales. Cependant,
par ordre du sultan, quelques jeunes Turcs s'instruisent en France, et doivent plus tard, rapporter dans leur patrie les lumières qu'ils auront ac-
quises et les répandre parmi les Ottomans.

La religion mahométane est dominante ; les autres cultes sont tolérés. Le sultan régnant a déclaré
par un édit que tous ses sujets, de quelque religion qu'ils soient et à quelque classe qu'ils appartiennent, sont déclarés égaux devant la loi et
soumis au même code; la différence de religion,
est-il dit dans ce décret, étant une affaire de conscience qui ne regarde que Dieu.

Le christianisme prédomine parmi les habitans
de la Turquie d'Europe.

Le gouvernement est despotique : le sultan en
est le chef. Le grand visir préside le divan ou
conseil des ministres, qui se compose du muphti,
chef de la religion; du capitan-pacha, grand-
amiral ; des deux kadis-asker, chefs de justice en
Europe et en Asie; du chef des troupes de ligne;
du muschir des gardes; du muschir de l'artillerie;

du sous-chef des gardes ; du kiahaïa-bey, du ministre de l'intérieur ; du reiss-efendi, ministre des affaires étrangères ; du tschausch-pacha, grand référendaire ; du hekim-pascha, premier médecin de l'empire ; et enfin du defterdar, chef de la Monnaie.

Les pachas gouvernent les provinces ; et leur dignité augmente avec le territoire qu'ils administrent. Il y a donc des pachas de trois, de deux et d'une queue. Ces queues marquent leur importance.

Les finances de l'empire présentent de 68 à 75 millions de francs de revenus, et environ 260 millions de dette.

Les janissaires sont définitivement abolis. En 1826, on a massacré en même temps, sur tous les points de l'empire, ces troupes indisciplinées, et les janissaires sont remplacés par des soldats dressés à l'européenne.

L'armée turque, en organisation, est censée de 218,000 hommes, savoir :

Infanterie régulière .. 94,000
Cavalerie régulière... 24,000
Cavaleries diverses... 100,000

Un officier anglais, M. Slade, établit approximativement l'état de l'armée turque comme il suit :

Garde.

4 régimens d'infanterie à 4
   bataillons .... 9,400 hommes.
4 bataillons d'artillerie à
   pied, 30 pièces........... 1,200
4 régimens de cavalerie, à
   6 escadrons............ 2,600
2 escadrons d'artillerie à
   cheval, 12 pièces....... 240

Total de la garde... 13,440

Ligne.

21 régimens d'infanterie à
  4 bataillons chacun...... 42,000 hommes.
  2 régim. d'artillerie à pied 2,800
12 régimens de cavalerie.. 6,000
  4 escadrons d'artillerie à
    cheval 500
  2 batail. de bombardiers. 1,200

Total de la ligne...... 52,500

Depuis la bataille de Navarin, la marine turque ne se compose que de 8 vaisseaux de ligne, 24 frégates, corvettes et bricks, 12 bombardières et 8 bâtimens de transport. Le chantier de Constantinople est occupé de la construction de plusieurs vaisseaux de guerre.

Les places fortes de la Turquie sont Widin, Si-
listrie, Roustehouk, Schoumla, Warna, Scutari,
Zwornik, Bihacz, Banialowka et Candie. Les for-
tifications des Dardanelles et du détroit de Constantinople, ainsi que la chaine des Balkans, complètent la défense de ce pays.

La Porte ottomane a deux ordres : 1° l'ordre de
la Lune, institué en 1797 ; 2° l'ordre de la Gloire,
créé en 1831. Ce dernier se divise en 4 classes. La
première consiste en une médaille d'or entourée
de diamans, où se trouve le chiffre du sultan avec
l'inscription : « Nischani Iftichar. » (Marque de
la gloire.) La différence dans les autres classes dépend des ornemens plus ou moins précieux ; la
quatrième classe n'est qu'une simple médaille.

SERVIE (PRINCIPAUTÉ DE).

La Servie, pays tributaire de la Porte ottomane,
est située entre 16° 50' et 20° 50' de longitude est,
et entre 42° 21' et 45° de latitude nord. Elle a pour
limites : au nord, les confins militaires autrichiens ;
au midi, la Romélie, la Macédoine et la Turquie ;
à l'ouest, la Bosnie ; à l'est, la Valachie et la Bulgarie.

D'après sa dernière organisation, accomplie
en 1834, la Servie possède 600 milles carrés et
1,000,000 d'habitans : 1,667 par mille carré.

44.

Belgrade, la plus importante ville de cette principauté, a 30,000 habitans; Semendria, la capitale, en renferme 12,000; Nouveau-Bazar, 8,000; Uszyça, 6,000.

Plusieurs branches des monts Dinariques couvrent ce pays à l'ouest, et la chaîne des Balkans s'étend à l'est et au sud.

La Sawa est la plus remarquable des rivières de la Servie; ensuite, viennent la Morawa, la Mawa, le Bek, la Bernka et le Timok qui, toutes, portent leurs eaux au Danube qui parcourt la lisière du Nord.

Le climat de la Servie est généralement sain, mais moins cependant qu'il ne devrait l'être, eu égard à sa latitude peu élevée; on doit attribuer cet effet aux montagnes et aux nombreuses forêts qui couvrent l'intérieur. Les vents du S.-O. amènent des pluies en juin; de grandes chaleurs règnent durant juillet et août; septembre est souvent pluvieux; octobre et novembre sont assez tempérés.

La Servie a de belles et énormes forêts; son sol est très-fertile, au moins dans la plus grande partie : il produit du blé, de l'orge, du riz, de l'avoine, du chanvre, du lin, du tabac, du coton, les vignes y sont cultivées. Les prairies étendues rendent facile l'éducation des bestiaux qui donnent de riches produits. Les mines peuvent fournir du fer

et du sel, mais elles ne sont que très-peu exploitées. L'industrie n'est qu'à sa naissance en Servie;
le long esclavage de ce pays dans les mains inertes
des Turcs l'a rendue pauvre sous le rapport des
manufactures et des fabriques. Mais tout est en
mouvement, l'agriculture et l'industrie; et on
peut espérer que le gouvernement national, qui
existe actuellement, ne négligera aucun moyen
propre à assurer la prospérité de la Servie.

Le commerce se borne jusqu'à présent en exportations de chanvre, de laine, de bestiaux, de
coton et de tabac. On y introduit toute sorte de
marchandises.

La nation serve est une branche de la famille
slave, qui semble avoir hérité de tout le caractère de cette virile race; la valeur, l'activité et
l'intelligence distinguent les Serviens qui sont
beaux et robustes; les femmes sont réputées pour
leur beauté, leurs charmes et leur sensibilité;
elles cultivent avantageusement les arts agréables
de l'Europe.

Le dialecte servien est doux et harmonieux; il
ressemble beaucoup au dialecte bosnien. Les
chants nationaux, seule poésie connue des Serviens, charment les esprits les plus difficiles, sous
le double rapport de la naïveté et de la grâce.

Les Serviens sont catholiques, et suivent le rite
grec; l'église servienne a son chef particulier.

Le gouvernement a la forme monarchique re-présentative. Le prince Milosz Obrénowitz est reconnu prince héréditaire de Servie depuis le 4 décembre 1834.

Le sénat gouverne d'après les lois nationales. Le prince souverain a voulu introduire en Servie le code français et le système représentatif; mais les obstacles apportés par la Russie, la Turquie et l'Autriche ont empêché le mouvement ascensionnel du progrès civil et politique.

La Servie paie à la Porte Ottomane un tribut annuel de 2,300,000 piastres (environ 760,000 fr., comptant la piastre à 33 centimes).

Les revenus de l'état montent à 4,000,000 de fr.

Bellegrade, au confluent de la Morava et du Danube, est une place forte de première classe. Les Turcs y tiennent garnison.

VALACHIE

(PRINCIPAUTÉ OU HOSPODARAT).

L'hospodarat de Valachie est situé entre 20° 5' et 25° 30' de longitude est, et entre 43° 37' et 45° 50' de latitude nord. Il a pour frontières : à l'ouest, la Bulgarie, la Servie et les confins militaires autrichiens; au nord, les mêmes confins militaires, la **Transylvanie** et la **Moldavie** ; à l'est et au sud, la **Bulgarie**. Ce pays comprend 1,300 milles carrés, et environ 1,000,000 d'habitans : 769 par mille carré.

Les villes principales de cette contrée sont : Bucharest, la capitale, renfermant 45,000 habitans ; Dziurgevo, 8,000 ; Kraiowa, 8,000 ; Brisko, 4,000 ; Kimpolung, 4,000, et Slatina, 4,000.

La Valachie se divise en grande et en petite Valachie. La grande Valachie comprend 6 districts, avec Bucharest ; la petite Valachie est composée de 5 districts, avec Kraiowa pour chef-lieu.

Le nord du pays est rehaussé par les Karpates. d'où découlent le Chyl, l'Aluta, la Yalonitza, toutes rivières tributaires du Danube, qui forme la ligne frontière au sud.

Le sol, surtout au centre, est très-fertile ; il produit abondamment du froment, du millet, de la poix, du maïs et des fruits. De beaux pâturages nourrissent de nombreux troupeaux de bêtes à cornes et à laine ; les chevaux sont de belle race. Le gibier abonde dans les forêts. L'économie rurale soigne l'éducation des abeilles.

Malgré la prodigalité du sol, l'agriculture est dans un état précaire en Valachie. Il faudra bien des années pour que l'activité et l'intelligence des gens du pays exploite profitablement la riche nature de leur sol.

Une mine considérable de sel gemme se trouve dans la partie occidentale du pays, près de Rimnik; elle donne annuellement environ 150,000 quintaux de minéral.

L'industrie est presque nulle en Valachie. Le commerce consiste en exportations de chevaux, bestiaux, porcs, laine, cuirs, suif, beurre, cire, miel, lin, chanvre, sel et salpêtre.

La première ville commerciale de la Valachie est Bucharest.

On conjecture que les habitans de la Valachie, ainsi que leurs voisins les Moldaves, descendent des Daces, dont ils occupent le territoire; des Romains, qui après avoir conquis la Dacie, la colonisèrent, et des Slaves, qui s'y établirent à diverses époques. Les Valaques professent le culte grec, quoiqu'on trouve encore dans leurs coutumes les croyances superstitieuses aux fées et aux sorciers.

Robuste et souple, le Valaque aime les liqueurs et la débauche; la paresse est aussi un de ses défauts.

Les femmes Valaques, belles dans leur adolescence, portent dans l'état de mariage les marques d'une vieillesse anticipée; leur vie de travail et d'esclavage en est la cause.

Les boyards ou nobles sont hospitaliers envers les étrangers, mais durs envers leurs sujets. Fins

et rusés dans leurs relations, les Valaques conservent un esprit vindicatif sous les apparences
de l'amitié.

L'idiome valaque est un latin mêlé de quelques
expressions conservées des habitans aborigènes,
et de plusieurs termes slaves introduits dans le
langage par suite du mélange avec la race slave.
Dans la haute société, on parle le français, l'italien, le russe, le turc et le grec moderne. On semble prendre intérêt aux arts et aux sciences ; il
s'est formé une société savante à Bucharest, qui
possède une bibliothèque publique, un lycée et
des écoles. Tout y marche vers un avenir meilleur.

Le gouvernement a la forme oligarchique. Le
hospodar de Valachie est assisté d'un conseil où
siégent les boyards les plus marquans.

La Valachie paie à la Porte-Ottomane 2,000,000
de piastres (660,000 fr.). Le hospodar, présenté
par les boyards, est nommé à vie par la Porte,
avec l'agrément de la Russie.

Aucun Turc ne peut s'établir en Valachie sans
la permission du gouvernement valaque, qui a
toute puissance sur son territoire.

La Valachie a son pavillon particulier, et commerce avec la Turquie aux conditions les plus
avantageuses.

Les revenus montent à 12,000,000 de francs,
dont 600,000 pour la liste civile de l'hospodar.

Giurgevo et Brailow sont les deux places fortes de ce pays. L'armée valaque n'est pas définitivement organisée. Le nombre de soldats peut monter à 12,000.

MOLDAVIE (HOSPODARAT DE).

La Moldavie est située entre 22° 50' et 27° de longitude est, et entre 45° 12' et 48° 5' de latitude nord. Elle est limitée au nord par la Boukovine autrichienne et la Bessarabie russe; au sud, par la ligne du Danube et la Turquie; à l'ouest, par la Transylvanie et la Boukovine; enfin, à l'est, par la Bessarabie.

Cet état s'étend sur 600 milles carrés, et comprend environ 500,000 habitans: 833 par mille carré. La Moldavie ancienne comprenait, avant 1777, dans ses limites, la Boukovine (178 milles carrés), et la Bessarabie (400 milles carrés), cédée à la Russie en 1812, et présentait ainsi une superficie de 1,078 milles carrés, et une population de plus d'un million d'ames.

Les villes les plus importantes de la Moldavie actuelle sont :

Yassy, la capitale, qui renferme 27,000 habitans; Galatz, qui en compte 7,000; Boloszang, 4,000, et Roman, 1,500.

Le pays se divise en 17 districts.

Les ramifications des Karpates parcourent la Moldavie, dont le territoire est arrosé par le Prouth ; la Bystrzyça aurifère ; le Sereth, la Moldawa, etc.

Les hivers sont souvent très-rudes en Moldavie. En 1788, le thermomètre de Réaumur était à 21° au-dessous de glace. Les étés y sont très-chauds ; le raisin y mûrit à la fin de juillet, et la vendange se fait à la fin de septembre. La Moldavie est sujette à de fréquens orages, mais qui ne sont jamais violens.

Les produits du sol et l'état de l'agriculture et de l'industrie sont presque les mêmes qu'en Valachie ; tout y est à faire.

Les salines d'Okna produisent 1,750,000 quintaux de sel. On admire non loin de là, près de Grosechti, un rocher considérable, formé d'une masse de sel cristallin.

Les Moldaves proviennent de la même souche que les Valaques, et ont les mêmes mœurs, la même histoire, la même forme de gouvernement et le même avenir.

Galatz, sur le Danube, est la ville principale du commerce ; son port abrite des navires de 300 tonneaux. Il est possible qu'un jour Galatz devienne l'Alexandrie du Danube.

La Moldavie, comme la Valachie, paie un tribut à la Porte-Ottomane ; elle est administrée séparément par un hospodar nommé à vie par la Porte,

45

sur la présentation des boyards, et avec le consentement de la Russie. Un conseil de boyards, présidé par l'archevêque, gère les affaires du pays.

Les finances montent à 6,000,000 de francs.

Le nombre de troupes n'est pas déterminé; on
les estime à 6,000 hommes.

---

*Tableau statistique de l'Europe (établi sur les
documens les plus récens et les plus authen-
tiques), comprenant tous les états qui la composent suivant la totalité de leur population,
avec l'indication de l'étendue territoriale de ces
états et le nombre d'habitans relatif à un mille
carré.*

États.	Étendue en Mil. car.	Population absolue.	relative.
Empire de Russie :			
Russie	87,257	47,600,000	546
Royaume de Pologne.	2,270	4,190,000	1,840
Finlande	5,300	1,400,000	264
	94,827	53,190,000	560
Autriche..........	12,153	35,400,000	2,913
France..........	9,754	33,540,908	3,438
Angleterre :			
Iles britanniques	5,528	24,271,762	4,394
Helgoland..........	1/4	2,500	

Etats.	Etendue en mil. car.	Population	
		absolue.	relative.
Gibraltar............	1/4	18,000	
Malte, Gozzo........	10	120,000	12,000
Îles Ioniennes.......	47	230,000	4,210

Confédération germanique, sans l'Autriche, la Prusse, le Holstein et le Luxembourg :

Bavière.............	1,477	4,245,778	2,874
Saxe...............	272	1,796,000	6,603
Wurtemberg.........	360	1,690,289	4,715
Hanovre............	695	1,688,285	2,429
Bade..............	279	1,231,319	4,526
Hesse-Darmstadt.....	177	760,694	4,297
Hesse-Cassel........	208	700,383	3,535
Mecklenb.-Schwerin .	223	466,540	2,083
Nassau	82	373,601	1,517
Oldenbourg.........	116	258,000	2,224
Brunswick..........	71	251,000	3,540
Saxe-Weimar	66	241,146	1,958
Hambourg..........	7	150,000	21,428
Saxe-Meinunghen.....	42	146,394	3,504
Saxe-Cobourg-Gotha ..	37	135,625	3,608
Saxe-Altenbourg......	23	120,514	5,028
Mecklenbourg-Strélitz.	36	85,257	2,261
Lippe-Detmold.......	21	76,730	3,724
Reuss (ligne cadette)...	21	68,854	3,279
Schwartzbourg-Rudol- stadt	19	64,229	3,686

Etats.	Etendue en mil. car.	Population absolue.	relative.
Brême...............	5	57,800	11,560
Anthalt-Dessau......	17	57,630	3,390
Waldeck	21	56,000	2,585
Schwartzbourg — Sonderhausen	17	54,080	3,200
Francfort...........	5	54,000	13,500
Lubeck.............	7	47,000	6,714
Anthalt-Bernbourg ..	16	45,135	2,821
Hohenzollern - Sigmaringen...........	18	42,420	2,308
Anthalt-Kothen	15	40,153	2,677
Reuss (ligne aînée)...	7	30,040	4,412
Lippe-Schauenbourg .	10	27,600	2,760
Hesse-Hombourg.....	8	23,000	2,948
Hohenzollern-Hechinghen	6	21,000	3,230
Lichtenstein.........	2	5,880	2,387
Prusse	5,070	13,837,233	2,532
Espagne..........	8,546	15,000,000	1,755
Deux-Siciles	1,978	7,900,000	4,000
Turquie d'Europe .	7,117	7,600,000	1,068
Sardaigne	1,873	4,420,000	3,219
Belgique	530	4,262,260	8,042
Suède et Norwège.	12,930	4,056,000	314
Portugal	1,722	3,200,000	1,855
Hollande	622	2,800,000	4,500
Etats de l'Eglise ...	812	2,592,820	3,192

Suisse :

Cantons.	Milles carrés.	Population absolue.	relative.
Berne..............	120.83	400,000	3,306
Zurich.............	32.33	232,000	7,155
Vaud..............	55.75	180,000	3,124
Saint-Gall.........	35.27	158,000	4,514
Argovie...........	23.70	152,600	6,334
Lucerne...........	27.71	116,000	4,164
Tessin	48.81	104,000	2,123
Grisons	140.00	96,000	686
Fribourg..........	26.60	90,000	3,334
Thurgovie.........	12.66	89,800	6,908
Genève	4.31	83,900	20,957
Valais	78.38	78,000	1,000
Soleure	12.01	60,000	5,000
Appenzell.........	7.21	57,500	8,142
Neufchâtel	13.22	57,000	4,305
Schwitz...........	15.96	38,500	2,406
Bâle-campagne.... } Bâle-ville........ }	8.71	38,000 23,000	6,778
Glarus............	13.20	30,000	2,307
Schaffhouse	5.46	29,000	5,800
Unterwalden ...`....	12.41	24,000	2,000
Zug	4.03	15,000	3,750
Uri...............	19.85	14,000	700
	696	2,177,430	3,129
Danemarck........	1,019	1,962,680	1,926
Toscane	395	1,350,000	3,418

45.

Etats.	Etendue en mil. car.	Population absolue.	relative.
Valachie	1,300	1,000,000	697
Servie............	600	1,000,000	1,677
Grèce	720	688,626	970
Moldavie	600	500,000	833
Parme...........	104	440,000	4,230
Modène	100	420,000	4,200
Lucques..........	20	145,000	7,250
Krakovie	20	131,462	6,537
Andorre.........	9	15,000	1,666
San Marino	1	8,000	8,000
Monaco	2	7,000	3,500

Distances de Paris aux villes capitales des principaux états de l'Europe.

Villes.	Etats.	Lieues 28 1/2 au deg.	Milles 15 au deg.
Amsterdam..	Hollande....	124	65
Berlin	Prusse	268	141
Berne.......	Suisse.......	146	77
Bruxelles....	Belgique	75	44
Carlsruhe ...	Bade........	142	75
Cassel.......	Hesse-Elect..	187	98
Christiana ...	Norwège....	446	234
Constantinop.	Turquie	888	467
Copenhague.	Danemarck..	348	157

Villes.	Etats.	Lieues 28 1/2 au deg.	Milles 15 au deg.
Dresde......	Saxe.......	245	129
Dublin	Irlande.....	230	121
Edimbourg ..	Ecosse	262	138
Florence.....	Toscane.....	344	181
Francfort....	Allemagne ..	143	75
Hanovre	Hanovre	207	109
Hambourg...	Ville libre...	222	117
Kœnigsberg .	Prusse	444	233
Krakovie....	Pologne.....	386	203
Lisbonne....	Portugal	438	231
Londres.....	Angleterre ..	102	54
Madrid	Espagne.....	314	179
Milan.......	Italie	246	129
Modène.....	Modène.....	299	157
Moskou.....	Russie	749	319
Munich	Bavière	224	118
Naples......	Deux-Siciles.	496	261
Palerme.....	Sicile	686	361
Paris	France......	000	000
Parme	Parme	283	149
Rome.......	Saint-Siége..	424	223
S-Pétersbourg	Russie	700	368
Stockholm ..	Suède.......	480	252
Stuttgart....	Wurtemberg.	161	85
Turin.......	Etats Sardes.	213	112
Varsovie....	Pologne.....	417	219
Venise......	Italie	336	127
Vienne ,....	Autriche ,...	352	155

NOTICES A AJOUTER.

RUSSIE, page 143.

POPULATION DE L'EMPIRE RUSSE, D'APRÈS LE RELEVÉ OFFICIEL DE 1836 (1).

Clergé.

	Hommes.	Femmes.
Clergé grec-moscovite, y compris les familles des ecclésiastiques ..	254,057	249,748
Clergé grec uni........	7,823	7,318
— catholique.....	2,497	——
— arménien......	474	343
— luthériens.....	1,003	955
— réformé	51	37
Moullas mahométans..	7,850	6,701
Lamas bouddhistes....	150	——

Noblesse.

Noblesse héréditaire...	284,731	253,429
Noblesse personnelle, y compris les enfans des officiers........	78,922	74,273
mployés subalternes, soldats en congé définitif et leurs familles	187,047	237,443

Population ayant l'obligation du servic militaire en temps de guerre.

	Hommes.	Femmes.
Cosaques du Don, de la mer Noire, du Caucase, d'Astrakhan, d'Azoff, du Danube, d'Orenbourg et de l'Oural; Bachskirs et Mestchériaks; Kalmouks de Stavropol, et Cosaques de la Sibérie..	950,098	981,467

Habitans des villes ou comptant dans les communes municipales.

	Hommes.	Femmes.
Marchands des trois guildes, y compris les bourgeois notables.	131,347	120,714
Bourgeois et artisans.	1,339,434	1,433,982
Bourgeois dans les villes des provinces polonaises.........	7,522	6,966
Grecs de Néjine, armuriers de Toula, apprentis dans les pharmacies et dans différens établisse-		

	Hommes.	Femmes.
mens d'industrie, courtiers dáns les villes, et employés au service des municipalités	10,882	10,940
Habitans des villes de la Bessarabie......	57,905	56,176

Habitans des campagnes.

	Hommes.	Femmes.
Paysans dans les terres appartenant, sous différentes dénominations, à la couronne, dans les apanages et dans les terres appartenant aux grands-ducs et grandes - duchesses de la famille impériale	10,441,399	11,022,594
Paysans dans les terres seigneuriales	11,403,722	11,958,873

Peuples nomades.

	Hommes.	Femmes.
Kalmouks, Kirghises, et autres tribus nomades dans les provinces caucasiennes.	245,715	261,982

	Hommes.	Femmes.
Habitans des provinces transcaucasiennes..	689,147	689,151
Habitans du royaume de Pologne........	2,077,311	2,110,911
Habitans du grand-duché de Finlande ...	663,658	708,464
Habitans des colonies russes en Amérique.	30,761	30,292
Total.....	28,896,223	30,237,343

Le nombre des habitans des provinces trans-
caucasiennes n'a pu être calculé qu'approximativement.

Les soldats et les matelots en activité de service
dans l'armée et dans la flotte, ou en congé illimité,
ainsi que leurs femmes et leurs enfans, n'ayant
point été compris dans ce recensement; le chiffre
total de la population actuelle de l'empire peut
être porté à environ 61,000,000 d'ames.

RUSSIE, page 146.

D'après un rapport officiel, l'instruction publique a été accordée, en 1836, à 460,576 individus. Nous ne parlerons pas du système d'éducation suivi en Russie, de l'instruction spéciale qu'y
reçoit chaque classe d'habitans, de l'exclusion de
la classe des paysans; nous nous bornerons à re-

marquer qu'à cette même époque, la population de l'empire montait à 56,000,000 d'ames, et que, par conséquent, on n'y trouvait que 1 écolier sur 122 habitans.

Dans le tableau qui suit, on verra que le plus grand nombre d'élèves se trouve dans la population militaire de l'empire et dans les établissemens de bienfaisance; à peine on y apprend à lire et à écrire; d'ailleurs, c'est une instruction de servilisme et d'humiliation, plutôt que celle des sciences et de la vraie morale. Les élèves ecclésiastiques ne sont pas moins nombreux, et on sait quel est l'état du clergé dans l'empire russe. La catégorie du ministère de l'instruction publique offre à peine 1 écolier sur 653 habitans; et c'est précisément sous sa direction que se trouvent les écoles tant soit peu nationales. Ajoutons que, dans cette catégorie, l'instruction supérieure, celle des colléges et des facultés, n'est accordée qu'à 1 individu sur 5,600 habitans, et que, dans toutes les catégories, on n'obtient qu'un étudiant de cette classe sur 1,270 habitans.

Voici le nombre des écoliers dans l'empire de Russie, en 1836, classés d'après le ministère dont ils dépendent. La première colonne indique le chiffre total des élèves; la seconde, celui des étudians en colléges et facultés; la troisième, les dépenses en roubles de papier (1 fr. 10 c.) que coûtent les écoles:

Ministères.	Ecoliers	Etud.	Dépenses.
Instruction publique	85,707	10,000	7,450,000
Guerre............	179,981	10,000	8,687,194
Cultes	67,024	14,590	3,000,000
Ecoles de la bienfai-sance, des prisons, etc.	127,864	9,500	9,596,947
	460,576	44,090	28,727,141

POLOGNE, pages 167 et 165.

D'après le rapport du lieutenant du roi, la population se monte à 4,190,000 ames; 1,840 par mille carré.

Le nombre total des élèves qui fréquentaient les écoles en 1834 fut de 43,791; ce qui donne, suivant la population de cette époque, 1 écolier sur 93 habitans, ou 1 sur 16 enfans dans l'âge de fréquenter les écoles.

BELGIQUE, page 290.

Tableau du commerce de la Belgique de 1831 à 1835, d'après un rapport présente en 1838 au roi des Belges, par le ministre de l'intérieur.— Valeurs en francs.

IMPORTATIONS.

Date.	Par terre.	Par mer.	Total.
1831	83,145,875	72,867,204	98,013,079
1832	52,143,073	161,725,907	213,868,980
1833	55,974,978	150,328,569	206,503,547
1834	66,090,650	126,818,776	192,909,426
1835	65,787,390	133,182,384	198,969,674

EXPORTATIONS.

Valeurs des denrées et marchandises belgès, sorties.

Date.	Par terre.	Par mer.	Total.
1831	41,320,952	23,348,834	104,579,786
1832	104,431,939	20,333,936	124,765,873
1833	91,187,285	31,423,083	122,610,378
1834	97,111,582	38,678,844	135,790,426
1835	105,670,570	55,034,877	160,705,447

Valeurs des denrées et marchandises belges exportées.

Date.	Par terre.	Par mer.	Total.
1831	74,431,759	22,124,515	96,555,274
1832	93,703,786	17,485,596	111,189,382
1833	79,978,406	28,834,711	108,813,117
1834	79,393,908	39,147,009	118,540,917
1835	93,542,632	44,495,063	138,037,595

TRANSIT.

Valeurs des denrées et marchandises étrangères sorties.

Date.	Par terre.	Par mer.	Total.
1831	6,799,193	1,225,319	8,624,512
1832	10,728,153	2,848,340	13,576,493
1833	11,208,879	2,588,372	13,797,251
1834	14,694,462	2,555,047	17,249,509
1835	12,127,938	10,539,814	22,667,752

BELGIQUE et HOLLANDE, pages 301.

Le duché de Luxembourg comprend 126 milles carrés, et compte 312,000 habitans. D'après les divers traités, il revient à la Hollande 46 milles carrés, avec 154,000 habitans, et à la Belgique, 80 milles carrés avec 158,000 habitans. La province de Limbourg a une étendue de 86 milles carrés, et une population de 383,000 habitans, dont 36 milles carrés avec 156,000 habitans reviennent à la Hollande, et 50 milles carrés et 227,000 habitans à la Belgique. On sait que presque tout le Luxembourg et le Limbourg se trouvent comme enclavés dans le territoire actuel de la Belgique. De là, les difficultés qui s'élèvent pour rendre les portions de territoire qui ne lui appartiennent pas aux termes des traités.

SAXE, page 336.

D'après le relevé de 1837, il existe en Saxe 500 mines en exploitation, qui occupent 19 hauts-fourneaux, 15 fonderies de fer, 19 martinets, 3 laminoirs, 4 étirages d'étain, 1 atelier d'outils et de machines, 4 laminoirs et tréfileries de fil de fer et de laiton.

Le travail des mines occupe 15,000 ouvriers, outre 1,600 exclusivement employés aux mines de charbon de terre. Les mines de l'état produisent :

62,250 marcs d'argent d'une valeur de 640,000
        thalers.

12,500 quintaux de plomb.
 2,400   —   d'étain.
 3,904   —   de cuivre.
99,427   —   de fer.

PRUSSE, page 390.

État des recettes et des dépenses de la Prusse,
publié le 23 février 1838 à Berlin, dans le Bul-
letin des Lois, *par* M. *le comte Alvensleben,*
ministre des finances.

RECETTES.

	Thalers de 3 f. 75 c.
Domaines, forêts.	4,083,000
— rachetables.	1,000,000
Mines.	917,000
Postes.	1 200,000
Loteries	928,000
Contributions foncières	9,847,000
Impôts personnels.	7,502,000
Patentes.	1,054,000
Douanes et barrières	20,130,000
Sel.	5,620,000
Revenus divers.	400,000
Total....	52,681,000

DÉPENSES.

Intérêts de la dette	6,108,000
Amortissement	2,470,000
Pensions	2,468,000
Rentes perpétuelles...........	1,073,000
Cabinet secret	293,000
Cultes, instruction	2,817,000
Intérieur.................	2,414 000
Affaires étrangères	671,000
Guerre	23,436 000
Justice	2,166,000
Finances...............	1,389,000
Caisses de l'état, domaines, forêts..	249,000
Routes, etc............	2,925,000
Gouverneurs des provinces.......	1,710,000
Haras	169,000
Fonds de réserve, constructions, déficit	2,323,000
Total....	52,681,000

TURQUIE, page 518.

D'après le rescrit impérial du mois d'avril 1838, on doit établir, dans toute l'étendue de l'empire, des écoles primaires pour l'instruction du peuple. Tous les pères de famille sont responsables en-

46.

vers le gouvernement, quant à l'envoi de leurs enfans dans les écoles. C'est une prodigieuse révolution que ce décret du Sultan ; puisse-t-elle s'accomplir !

TABLE ALPHABÉTIQUE

Des pays, villes, mers, lacs, fleuves, etc., mentionnés dans le premier volume de cet ouvrage.

47.

FIN DU TOME PREMIER.

www.ingramcontent.com/pod-product-compliance
Lightning Source LLC
Chambersburg PA
CBHW031345210326
41599CB00019B/2649